里山里海

生きるための

知恵と作法、循環型の暮らし

養父志乃夫

keiso shobo

口絵1　水田から土手の草刈り場、雑木林、アカマツ林へと続く谷戸の植生配置（島根県江津市、1996年）

口絵2　大豆の脱穀作業をしながら、それとなく孫に方法を教える祖母（福井県大飯郡高浜町、1957年、横田文雄氏・高浜町郷土資料館提供）

口絵3　イネに群がる害虫を誘引して焼き殺すため、集落総出で行う「虫送り」（福井県小浜市宮川、1960年代、福井県立若狭歴史民俗博物館提供）

口絵4　喪主（もしゅ）家族はじめ多くの村人らが亡骸を火葬場まで送る出棺（岡山県津山市旧上川原［北園町］、1955年頃、杉本正一氏提供）

口絵5　集落の相互扶助によって開設された農繁期の季節託児所（福井県旧三方郡三方町［三方上中郡若狭町］岩屋、1930年代、高橋善正氏・若狭町歴史文化館提供）

口絵6　青年団員が中心になって繰り広げる祭の神輿担ぎ（島根県隠岐郡海士町、1960年代、海士町役場提供）

口絵7　千歯扱きによる稲籾の脱穀（和歌山県旧西牟婁郡大塔村［田辺市］熊野、1965年頃、岡田孝男氏提供）

口絵8　田の畦に栽培されてきた大豆・畦豆（長野県松本市中山、2007年）

口絵 9　保存食にする茹でたクサギ若芽の天日干し（和歌山県有田川町沼谷、2012 年）

口絵 10　囲炉裏における煮炊きとその煙による雑魚の燻製保存（愛知県豊田市足助町、2009 年）

口絵 11　牛を育て排泄物によって堆厩肥を生産する飼葉やり（鹿児島県大島郡伊仙町目手久、2011 年）

口絵 12　下刈りや地掻きを継続するアカマツ林から採取されるマツタケ（和歌山県有田郡有田川町沼谷、2011 年、植野克己氏提供）

口絵 13　製塩のため海際に続くビーチロックの窪みで行う海水濃縮（鹿児島県大島郡伊仙町西犬田布、2004 年、水本美恵子氏提供）

口絵 14　枝打ちや間伐がほどこされたアカマツ傘伐（さんばつ）天然下種更新地 10 年生林（奈良県吉野郡吉野町小名、2014 年）

口絵 15　上流から野菜洗い、洗濯、牛の行水に使う里川の洗い場（福井県大飯郡高浜町子生川、1955 年、横田文雄氏・高浜町郷土資料館提供）

口絵 16　梅の花粉媒介を担うニホンミツバチの飼育と和蜜の採取（和歌山県田辺市上芳養石神、2014 年）

はじめに

日本は多くの民を都市に集め急速に経済成長を遂げてきた。しかし、核家族や自殺、児童虐待や孤独死を生み出し、さらには中山間地域を過疎化させ集落を崩壊させてきた。そしてこれらの悪夢は、今や市民生活への底知れない脅威になっている。それだけではない。経済社会は、自然に育まれる暮らしを、また、支えあいながら生きる暮らしを、さらには地域が次代を育て上げる心を、そして徹底循環型の生活を崩壊させてきた。われわれは、これから如何に暮らしを築き、次代を育んでいくのであろうか？

　里山里海のすばらしさは、景観や自然環境、動植物だけではない。そこで営まれた主食の米づくりは、家族とともにみなが結束して手間を交わす共同の〝ちから〟をうみだした。この営みは互いの絆を醸成し、水や土、太陽の〝ちから〟をはじめ、自然に感謝する〝こころ〟を育て上げた。里山里海には、生きていくための知恵と作法、自然とのつきあい方や折りあいのつけ方、互いの絆を増幅させる〝こころ〟などなど、変わることのない暮らしの〝おおもと〟が息づき、次世代を育む〝ちから〟があった。ときには相手と衝突することもあった。しかし、集落の民は互いに折りあいをつけ、ともに暮らす作法を模索した。そうしなければ、自然の〝ちから〟に向きあう暮らしが成り立つことはなかった。みなは豊作と安全を願い、田や山の神に祈りを捧げた。田畑は食を養い、山は煮炊きや家屋の源であったからだ。山に棲む野鳥やイノシシ、ウサギ……など動物たちへの米や野菜のお裾分けは、肉や毛皮を頂くための一つの作法であった。

今はどうであろうか？　スーパーやコンビニエンスストアなどで金と食とを交換する暮らし、燃料を電気やガスに依存する暮らし、食料の六〇%、木材の七〇%を輸入に頼る暮らし、このような暮らしが永遠に続くことはない。本書は、今の日本が、なぜかつての里山里海の暮らしに学ぶ必要があるのか、この本質を解き明かす。

生きていくためには、水や**食糧**（食料）、木材等々の里山の恵みが不可欠である。里山里海では可処分所得が少ない代わり、衣食住を支える礎が存在した。第一章ではまず集落に暮らす人々が生活資源を末永く保続するため、どのように土地を使い分け、平等に分かつためにどのような掟を築き上げてきたのかを例示する。ついで高度経済成長を経た現代、里山里海における**食糧**や木材の生産基盤、それに暮らしがどのような状態にあるのか。経済社会が市井にどのような悲劇を生み出してきたのか。里山里海の置かれた今の現実を解く。

ついで第二〜五章では、全国における聞き書き記録や写真などをもとに、昭和三〇年代までの暮らしの姿を今に伝える。特に第二章では、かつて三〜四世代がともに暮らした家族をはじめ、皆が支えあう集落が、どのような役割を担ってきたのか。そこには生まれる前から逝ったあとまで、苦難を乗り越え、ともに協力して生きていく底力が育まれていたことを検証する。次代を育み持続可能な暮らしを蘇らせるため、家族と集落の役割を解き明かし、現代的な視点から取り戻すべき課題を例示する。

昭和三〇年代までの里山里海には、ほぼすべてを自給できる暮らしがあった。都会の分まで育む〝ちから〟があった。今一度、この〝ちから〟を見直してほしい。わずか一〇〇㎡といえども、里山の土と天水や湧水さえあれば、水田は毎年二〇kgを超える米を作ることができる。第三章では**食糧**（食料）の自給と物質循環の仕組み、難を乗り越えるための救荒食など、第四章では保続利用されてきた山菜や薬草などの半栽培、魚介や野生鳥獣の半飼育のありさまと技法を述べる。山は水や木材、燃料等々を育んできた。第五章では燃料や水をはじめ暮らしの必需品に対する自給と再生の方法を取り上げる。

そして最後に、今もわが国には自然に学び、そのちからを最大限に活かして暮らす里人らがいる。過疎と集落崩壊を跳ね除け、奥深い山里を蘇らせる人々がいる。第六章では、各地の事例を取り上げ、里山に暮らす人々の作法と努力に迫り、持続可能な暮らしのあり方を考察する。また、近年の行政や助成金による地域振興や支援のあり方を見つめる。

なお、取材と写真の提供にご協力を頂きましたみなさまにこころから深く御礼申し上げます。ありがとうございました。

平成二八年一月

著者　しるす

本書を読まれるに際して

1　聞き書き調査と原単位（げんたんい）

本書の燃料使用実績や家畜の餌、牛馬による堆厩肥、人糞尿による下肥などの量に関する昭和二〇～三〇年代のデータは、主に聞き書き調査が基礎になっている。この調査の実施期間は平成一六～二六年であり、対象者は当時の生活体験を有する七〇～九〇歳代の方々である。人の記憶であるから実態とはずれがある。しかし燃料小屋や肥溜めなどの物証が残っている場合は、これによって聞き取った数値を検証し、薪や柴については当時のものを再現したサンプルを作成し容積や重量を測定した。下肥や堆厩肥については運搬用具の容積や大きさを聞き取り、用具が残存している場合は形状を実測した。薪や柴、竹林、茅、それに飼葉などの採取面積は、所有地や**入会地**（いりあいち）を確認できる場合には地形図や現地にて面積の把握を行った。このため使用されてきた当時の物量や実態とは、大きく違わないものと判断している。

2　調査対象地と地名の表記法

聞き書き調査地等の都道府県と自治体名に添える市、町、村は、特に必要な場合を除き初出以降は省略する。北海道札幌市（略：札幌）、新潟県上越市（上越）、長野県松本市（松本）、信濃町（信濃）、埼玉県秩父市（秩父）、神奈川県座間市（座間）、愛知県豊田市（豊田）、石川県珠洲市（珠洲）、福井県越前市（越前）、美浜町（美浜）、若狭町（若狭）、小浜市（小浜）、高浜町（高浜）、大阪府茨木市（茨木）、貝塚市（貝塚）、奈良県宇陀市（宇陀）、和歌山県和歌山市（和歌山）、橋本市（橋本）、海南市（海南）、田辺市（田辺）、高知県四万十町（四万十）、島根県海士町（海士）、岡山県津山市（津山）、鏡野町（鏡野）、鹿児島県伊仙町（伊仙）、知名町（知名）など。

3　聞き書き調査対象者の表記

苗字第一頭文字の読みのアルファベットを、また対象者のアルファベットに重なりがある場合は、第二文字までの読みの大文字アルファベットを用いた。

4　引用文献の取り扱い

古くからの農書は、昭和の時代までの里山里海の暮らしと農の営みに強い影響を及ぼしてきた。また、時代が変われども自然のちからには不変の原理がある。特に江戸時代の農書からは、現代においても将来の方向性を思索するための足がかりを読み取ることができる。本書では各節における農や暮らしの知恵を裏付けるためにその記載を例示する。また、昭和までの暮らしと人々の営み、集落の機能を解析するために、宮本常一氏らの民族学や哲学の著作を引用する。なお、紙面の関係上、原文の意を損じない範囲で変更を加えた。

里山里海――生きるための知恵と作法、循環型の暮らし――　目次

第二章　共同体の絆で成り立つ暮らし……29

第一章　里山里海の姿

われわれの生活には、水や**食糧**（食料）、木材等々の産物が不可欠である。人々は自給力の高い暮らしを受け継ぎ、家族と集落を支える仕組みとしきたりを作り出してきた。資源循環型の暮らしを築き、これらを強か（したた）に守り続けてきた。しかし、そこでは、近年、過疎化や集落の崩壊に加え、多くの動植物が絶滅に瀕するなど、過去に類をみない数多くの問題が発生している。

第一節　土地の使い方

1　集落から同心円状に広がる土地の区分利用

人々は家族を支えるために集落を営み、これを次代へ継承する仕組みと掟を作り、代を重ねてきた。**食糧**（食料）や燃料、木材、水……など、必需品を繰り返し再生し、また資源を保続し分かちあうため

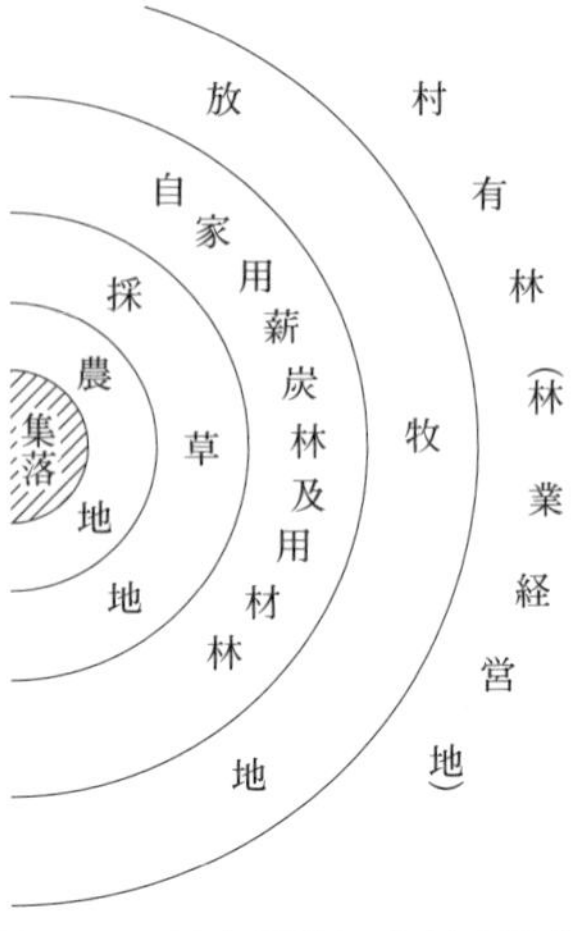

図1－1　同心円状に広がる里山での土地利用形態の模式（広島県旧布野村（三次市布野町）、1953年）

※林野庁（1954）「山村経済実態調査書　林野営農利用篇」第5号から引用。

にどのように土地を利用し、どのように心構えや仕組みを築き得たのであろうか。

里山では、地形の緩急（かんきゅう）や利水（りすい）の難易、土質や土壌の乾湿、肥沃（ひよく）さ、人々が通う頻度によって利用方法が区分されてきた。江戸時代の農書は「屋敷は田地に近いところに設ける。遠く離れていると耕地の見回りも怠りがちになり、牛馬の行き来にも無駄な労力を要する。田畑として最良の場所は、村屋敷の排水が田に流れ込む範囲である」と説く（『百姓伝記』、作者不詳、一六〇〇年代後半頃）。

人々は、集落の傍に畑や水田を置き、そのまわりに自家用の薪炭林や用材林、牧野（採草地、放牧地、茅場）、**入会**林、奥山が順に同心円状に取り巻くよう利用していくようになった（図1-1）。この重層的な土地利用が災害から里人を守り、また、水源を涵養（かんよう）し野生動植物の多様性を保続してきた。

さらに燃料や山菜などを収穫するために人々が通う薪炭林、それに飼葉を再生するために火入れされる牧野が緩衝し、野生鳥獣が田畑や集落に向かうことは少なかった。むしろイノシシやノウサギ、キジなどの野生鳥獣は、人々の蛋白源であり、里に近づくと捕獲される危険性が高かった。このために鳥獣による農作物への被害が抑制されてきた。

牧野や薪炭林の外側を取り巻く奥山には、**木地師**（きじし）などの一部を除き、人が普段近づくことはなかった（3）。人為の関わりが希（まれ）な九州以北の奥山には、その象徴としてブナ林が広がり、ツキノワグマやイヌワシなどを頂点とする多様な動植物を支える生態系が保たれていた。

2　一戸当たりの土地の利用面積

里人たちは、屋敷まわりや土手畦に副食や資材を**半栽培**し、薪炭林では定期的な伐採を加え、鳥獣を捕獲し、牧野では火入れや家畜の放牧を行うなど、集落からの距離に応じて綿密に土地を利用してきた。このように集落から同心円状に広がる用途地のなかで、各戸はどれほどの面積を使い分けてきたのであろうか。

北海道を除く全国一七ヶ所の平均値でみると、昭和三〇年代まで、農家一戸が自家用に使う農地や林地は、およそ水田七反、畑三反、燃料山一町一反であった。過去の経緯から、それぞれの農家が有する水田や畑、燃料山の面積には違いがあり、不足する場合に利用した借地や小作地も含まれる。

また、農地や燃料山に加え、**刈敷**や牛馬の飼葉を得る草刈り場、屋根に葺くススキを採取する茅場、竹林を有する家々も多かった。竹林は、農用材などに使う竹桿やタケノコを収穫するために不可欠な存在であった。たとえこれらの土地を所有していなくとも、また不足しても隣組や集落内を中心に借地や物々交換、お裾分けなどによって、互いの不足分を補いあっていた。地域によっては、用材を生産するスギ・ヒノキ林、また、繭を生産する蚕の餌を作る桑畑に加え、ミカン畑を所有する農家もあった。いずれも収入を補完するために里山を活用してきた。

3　田畑・里山利用の考え方

人々は日々の見回りや手入れ、収穫のため、田畑を集落に連続した最も近い位置に配した（図1-2）。

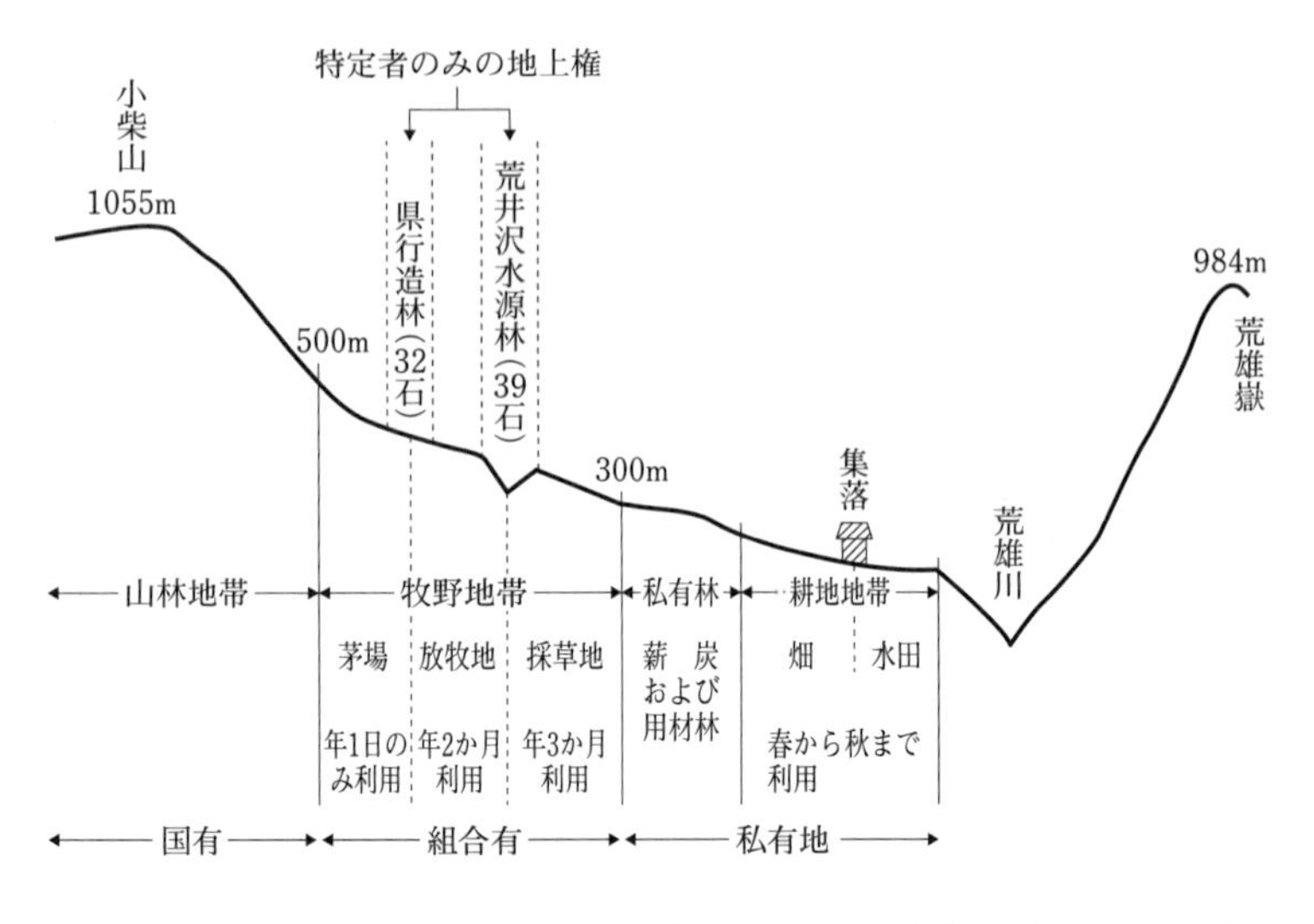

図1－2　里山における土地利用の模式断面（宮城県鬼首村（現 大崎市））

※畜産大辞典編集委員会（1985）『畜産大辞典』養賢堂から引用。

宮城県旧鬼首村（大崎市鳴子温泉鬼首）の事例でも集落の後背に水田を配していた。薪炭林や用材林は落葉落枝の分解によってミネラルを供給する。これらの林の下方に畑を広げた。このことが地力の増進に寄与した。江戸時代の農書『私家農業談』（一七八九年）にも「稲は第一汚泉によろしといって排水などの汚水がかかるのを好む。一つの村のなかでも田地の上に人家があると、家々での朝夕の米の磨ぎ汁、人や家畜が浴びた垢水、肥溜からこぼれ落ちた大小便までが集落の用水に流れ込み、自然と田へ入る。田地の上に人が住んでいる村の土地は、よく肥えて上田になっていく」と指南している(65)（写1-1）。また、奥山から続く山林と薪炭林や用材林のあいだに見通しが効く牧野（牧草地や採草地）を設けた。このことが山から農地に向かう野生鳥獣の緩衝地帯になり、食害を抑制することにつながった。

集落の背後に連続する谷戸（谷津田）では、水田を中心に両側に**刈敷**の採取とイネへの日照を確保するために裾刈り場（草刈り場、**クロ刈り場**）が続き、斜面には燃料や農具用等の材木を得るコナラやミズナラ、アラカシ、シラカシなどの広葉樹林、尾根部には乾燥地や痩せ地に適したアカマツ林が育成された（口絵1）。日射が不足するなど稲作が不適な谷戸の奥（源頭部、谷部）では、成長に土壌水分を求める用材用のスギ林などを育成した。

写1－1　斜面に連らなる多くの棚田

（和歌山県有田郡旧清水町［有田川町］沼、1965年頃、中谷武雄氏提供）

江戸の農書『農業全書』では、生活基盤を培うためにカシ類を育成することの重要性を説いている(64)。「①種子を播くとよく生える。②土地を選ばず石多い瘠せ地でも生育する。③薪にするとよく燃える。④枝葉が生のままで燃える。⑤容易く切り割りできる。⑥火力が強く速く煮える。⑦長時間燃えるので薪を火にくべる手間が少ない。⑧炭にするとよく熾り火力が強く長持ちする。⑨道具の柄として最高に長持ちする。⑩櫓や楫の材として最上である。⑪カシ山は保水力がよい。⑫落葉が土地を肥やす。⑬薪の値が高い。⑭実を保存し飢饉年の食物となる。⑮切り株からすぐ萌芽し速く成長する」。

さらに個人の薪炭林や用材林を取り巻く牧野は多くが**入会地**であり、集落からの距離によって利用頻度と目的が異なっていた（図1－2）。宮城県旧鬼首村（大崎市）をみる

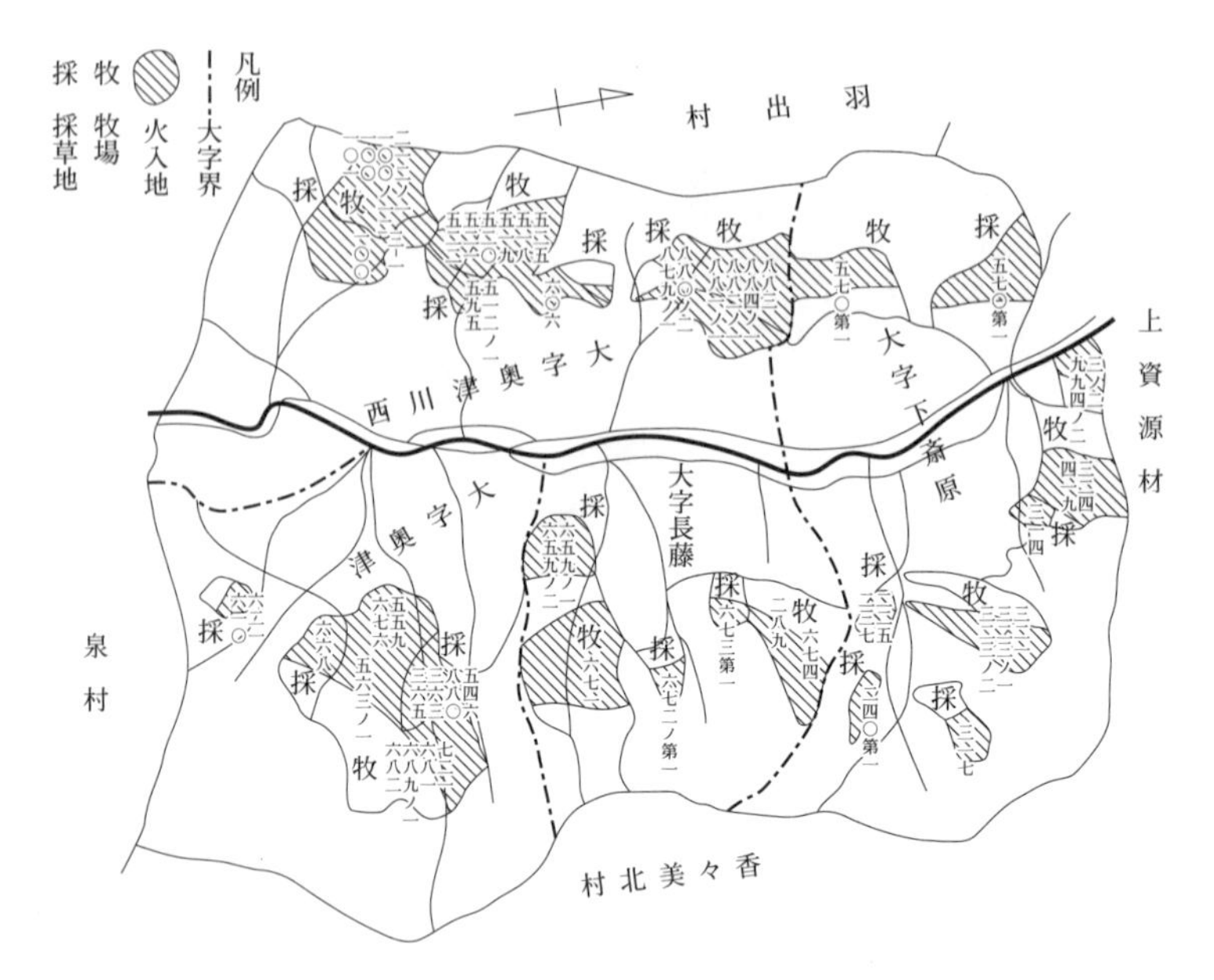

図1-3　下斎原とその隣接大字（岡山県鏡野町）の土地利用と火入れ地

※苫田ダム水没地域民俗調査団編（2004）『奥津町の民俗』奥津町・苫田ダム水没地域民俗調査委員会から引用。

と、集落に近い牧野では年三ヶ月間**刈敷**や飼葉を採取し、外縁では年二ヶ月だけの放牧、その外回りの茅場（茅野）では年一日だけの草刈りに利用した[1]。

牧野にはイネ科草本などが群生する。しかし、放置すると次第に木本が定着し樹林に遷移する。これを抑え、飼葉に適した柔らかい草や茅葺きに使う丈夫なススキを再生させるため、一～二年に一回火入れ（山焼き）が行われた（図1-3）。岡山県苫田郡旧奥津村下斎原（鏡野町）では、三～四月の乾燥期、放牧地と採草地を合わせた計約一〇〇〇町歩のうち、毎年、順に三〇〇町歩ずつが焼き払われた[2]。燃焼後には草木灰が残り、これがカリ肥料などの栄養分を土に還元し、イネ科草本をはじめ各種の山菜や薬草を育てた。この火入れによって牧野に新鮮な草を再生させ、飼い放つ牛馬や屋根に葺く茅を育てた。また、放牧地では牛馬の糞を餌にするダイコクコガネやセンチコガネの仲間が暮らし、栄養分を表土に還元して、柔らかく瑞々しい牧草を再生させた。

ススキやハギの草むらはツユムシ類をはじめ、スズムシやキリギリス、バッタやコオロギなどの住処になった。この草地にはヤブレガモドキなどの野草、ウスイロヒョウモンモドキやクロシジミなど多様な生物種の生息地が存続した。これらの生物は今では草原の森林化などによって絶滅危惧種になったものも多い。かつての里山では、暮らしに必要な一つの営為が、二つにも三つにも資源を保続させ、生物多様性を継承させてきた。

第二節　資源保続と分かちあい

1　田水の分かちあい

水田は主食の生産基盤である。安定的な稲作を行うには灌漑用水が不可欠である。かつてはこの水をきめ細やかな作法で分かちあっていた。新潟県旧中頸城郡頸城村（上越市頸城区）の大字大蒲生田では、天水による山あいの谷戸田を除き、水田はすべて大字共有の溜池の水に依存していた。田水を引くためには溜池の**樋門**を抜かねばならない。また、各水田に水を無駄なく公平に分配する必要があった。このため、大字全二六戸の持ち回りで二人一組の水番を決めた。この当番は、田植えを準備する五月末から一〇月上旬の稲刈り前まで、一週間に二回、早朝から溜池の**樋門**を開け、丸一日かけて田一枚ごとに水路ぎわにある導水口に取り付けられた堰板を引き開け、水がゆき渡ったらつぎの田へと、順繰り全

写1－2　棚田の掛け落とし灌漑
（福井県三方郡美浜町新庄、1957年、小林一男所蔵・美浜町文化財保護・町誌編纂室提供）

水田に水を入れた。渇水時にも水番が公平に配水することによって水争いを抑えた。また、溜池の水は、渇水といっても万一の火災に備え、消火用の用心水を残した。火災から命と財産を守る作法である。

　福井県旧武生市（越前市）曽原町でも、字の規則によって溜池や水路から各戸の水田へ配る水を分かちあった。地区の水田は、すべて山裾に造成された棚田である。平年は最上段から下段の水田へと順に水を入れ、溜まり終わったら水口を閉じすべての区画に水を張った（写1‐2）。イネの成長が旺盛になり水が不足する八月には、水番が各戸の取水状況を監視し田水を公平に配分した。この水番は**常会**のなかで皆の総意によって決められた。

　しかし、何年かに一度は雨不足になる。このような渇水年には水番の役割が特に重要であり、昼夜監視を続けてすべての田に公平に水を入れた。しかし、イネが枯れ込むほどの干ばつになると、全戸**出役**で川の澪筋を狭め、汲み上げた水でイネを守った。普段は上の水田から水を張る。しかし、この時は川から汲む水を下段の水田に入れた。最下段の水田は上からの伏流水もあり最も水持ちがよい。字すべてのイネを枯らすのではなく、上段は**犠牲田**として諦め、川からの補給水で下段の水田を守り字の収穫を確保した。各家の食い扶持が減っても、みのりある収穫を分かちあおうとした。

2　里山とのつきあい方

(1)　資源管理と「口」

①集落に住まう人々の数

里人らは皆の暮らしを守るため、集落で知恵を絞り里山の資源採取に折りあいをつけてきた。福島県南会津郡旧南郷村（南会津町）木伏では、自家の所有地では不足する薪炭や飼葉、**刈敷**を**入会**（共有）林から採取していた。集落はこの使用権を本家五八戸だけに制限し、分家や転入世帯には与えなかった(9)。これは分家等に権利を与えると本家の持ち分が減り、村や家々が存続しなくなるからであった。分家等がこの地で暮らすためには、他所で購入するなど、別の方法で資源を入手する必要があった。

②「口」の役割と各戸の公平性

「口」とは、利用の禁を解くこと、または、その日を指す。牧草や**肥草**の採取地では、資源を保続するために採取物ごとに採取日（「口」）を決め、当日は全戸揃うまで留山とし、その日から皆が一斉に刈り取った(11)。留山とは立木や牧草、**肥草**などの採取を禁じた山を指す。「口」の意味は、資源の平等分配と保護だけに止まらない。福島県南会津郡只見町や山形県鶴岡市、秋田県湯沢市にある集落などでは、採取を解く「口」は、トチノキやヤマブドウなどの木の実をはじめ**入会**林から得る採取物が最も美味しくなる時期であった。また、蔓であれば最も耐久性を持つ時期、飼葉であれば最も栄養価の高まる時期、**肥草**であれば春の芽吹きが最もよくなる時期でもあった。「口」は旬であり、動植物を利用する上で最高の質になる時期という意味を持っていた(12)。

また、福島県南会津郡旧南郷村（南会津町）木伏でも、**入会**林利用に際し、集落の各戸に対する資源の公平分配が大原則であった。**入会**の薪炭林では、事前に山守と集落を構成する各組の代表が山に上がり、材積を見積り境界木に番号を打ち、本家五八戸が等分になるように区画を設けた。さらに全五八戸の持ち分となる区画を籤引きによって決めさらに公平性を高めた。このようにして各戸の採取区域は、複数の監視人らの同意のもとに公平に均等割された。また、福島県南会津郡旧田島町（南会津町）針生の草刈り山では、「口」当日に全員が指定場所に集まり一斉に刈り取った(9)。この集落の草刈り山でも、一戸だけが良い場所を専有することを避け、また、公平性を高めるため、毎年、籤引きで各戸の区画を決めた。このように「口」と区画、籤によって、燃料や肥料資源を保続し、各戸の公平性を維持した。

このような仕組みは、クロマツ林から燃料の枯れ枝や落葉落枝を得ていた静岡県沼津市千本松原、掛川市新井、佐賀県旧東松浦郡浜玉町砂子地区（唐津市浜崎砂子）などの集落にもあった(11)。旧東松浦郡浜玉町砂子地区についてみると、クロマツ林（虹の松原）は、枯れ枝だけを採取でき松葉掻き（採取）を禁止する区域と、枯れ枝と松葉掻きともに可能な区域に二分されていた。枯れ枝と松葉の両方を採取できる区域では、砂子地区が四班に分かれていたので**林床**をⒶ〜Ⓓまでの四区画に区分し、班ごとに順番に指定範囲の松葉を採取した。掻き取り頻度は月一回程度、期間は一〇月末から三月までに制限され、Ⓐ〜Ⓓまでの四区画を一ヶ月単位で班ごとに交代して利用した。採取日は一家から二人ずつ出て松葉を掻き集め、各戸均等に配分した。一人出の家には一人分の採取だけが許されていた。

松葉掻きを禁止する区域ではキンタケ、シロバナなど、枯れ枝と松葉を採取する区域ではショウロ（松露）が発生し、地区の人々らの食卓に上がった。代々、皆の同意で**林床**の利用を調節することによって、多くの種類のキノコを育成していた。クロマツ林は、各戸への防風や防潮機能、燃料供給に加え、副食のキノコを育んだ。**林床**で毎年繰り返される枯れ枝や松葉の採取が松枯れを抑え、その機能を持続

表1-1　滋賀県旧甲賀郡大原村（甲賀市甲賀町）入会林の掟

年　度	条項数	道具制限	防火消火	炭焼き	山林巡回	林区の明確化	罰則規定	刈合場所芝刈りの範囲・制限	保護掛設置	保護掛の職務内容等	制度改正要件	村会議決事項	伐採年齢	伐採方法	伐期規定	枝打間伐技術	土石掻取制限	植樹義務	苗木育成苗園設置
明治10年規約書	全5ヵ条	○	○	○	○														
明治15年盟約	全5ヵ条	○	○	○	○														
明治17年議案	全17ヵ条	○	○		○	○	○	○	○	○	○							○	
明治19年規約	全36ヵ条	○	○		○	○	○	○	○	○	○	○	○	○	○			○	○
明治31年規約	全28ヵ条	○	○		○	○	○	○	○	○	○	○	○	○	○	○	○	○	
明治42年規約	全33ヵ条	○	○	○	○	○	○	○	○	○	○	○	○	○	○	○	○	○	○

※室田武・三俣学（2004）『入会林野とコモンズ』日本評論社から引用。
『大正七年　滋賀縣大原村村有林経営方法および成績書』から著者が作成。

させてきた。

(2) 資源保続

①薪柴や山菜など

人々は暮らすために必須の資源を保続するため、集落で仕組と規約（掟）を作った。また、代々人々のあいだには資源を守る作法が受け継がれてきた。

滋賀県旧甲賀郡大原村（甲賀市甲賀町）の**入会**林では、代々、薪や柴などの資源を保続するため、一八七七（明治一〇）年から規約が定められた。最初の段階では道具制限、防火消火、炭焼き、山林巡回だけにとどまっていた。しかし、過度な採取を押しとどめ資源保続を徹底するため、一九〇九（明治四二）年までには、罰則規定や草刈り範囲、伐採の樹齢やその方法、土石の掻取り制限、植樹義務など、全一八項目に及ぶ規定が設けられた（表1-1）(10)。

岩手県下閉伊郡岩泉町や福島県南会津郡檜枝岐村、兵庫県旧宍粟郡波賀町（宍粟市波賀町）などの集落では、**入会**地の資源を守るため「これからもキノコを採りたかったらタネをつくる一番はじめにでた一番大きいものを残す。ウドは根から採らない。ゼンマイ、コゴミ（クサソテツ）の新芽は途中から切り一株で二本残す」などの規範があった(11)。

②魚介類

集落は川魚のマスやアマゴの資源を保続するために「留沢」を設けた。「留」とは立木などの採取を禁じる留山と同じく、魚介や野生鳥獣を採取させない禁漁や禁猟の区域を指す。

今でも漁協が漁業権を有する河川域ではアマゴやアユ釣りには鑑札（許可証）を入手し、使用漁具、禁漁期や禁漁区等の制限を守る必要がある。

一例をみると、愛知県豊田市や岡崎市等を流れる巴川では、漁業協同組合が資源保護のための規則を作り、漁業者などに細部に及ぶ漁獲制限を加えている。一人当たりの竿や網の数を一つに制限し、火振り漁、毒物・電流利用、動力を利用した**瀬干し**漁等を禁じている。また、魚種ごとに漁期を定め、例えばアユの**友釣り**は、漁協が毎年定める解禁日（口）から一二月三一日まで、引掛け漁は九月一五日正午から一二月三一日などと決めている。また、捕獲魚の体長についても魚種ごとに制限し幼魚の育成を図っている。例えば、ウナギとコイは二〇cm以下、フナは六cm以下、アユは八月一五日まで一〇cm以下の採取が禁止されている。さらに資源を保続させるために、全魚種を対象にした禁漁区を設定し、**簗**漁においては設置期間や漁期末における**簗**の撤去と川の現状復帰、**簗**漁中の魚道の設置などを義務付けている。

また、岡山県鏡野町を流れる吉井川のアマゴ漁は三月一五日〜八月三一日に制限されている。地元にはさらに資源を守る作法があった。S（昭和二一年生）は、夫婦二人と近所にお裾分けする年一〇〇頭だけでアマゴを釣り止めた。集落の人々は組合などの規約に加え、末永く山から頂くために根まで採らず、小さなものを残すなどして山菜や川魚の資源を守ってきた。

3　里海とのつきあい方

(1)　資源管理と住まう人々の数

福井県大飯郡高浜町日引は、京都府境にある大浦半島先端に位置する半農半漁の集落である。**食糧**（食料）生産を担う農地や漁場は決まった面積に限られる。全戸の自給と漁から得られる現金収入を守り続けるため、集落では字における分家を**不文律**によって禁じていた。このため親らは次男や三男を大阪方面に就職させてきた。集落内ではこのような互いの折りあいを通じて戸数を二五戸に制限し、人口を一二〇～一三〇に維持してきた。各戸の大半は婚姻関係にあり大きな家族でもあった。川を挟み一二戸の（南）組と一三戸の（北）組とが暮らしを支えあった。

日引における各戸の現金収入は、大半が字の全戸が共同する**地引き網漁**や**定置網漁**に依存していた。沿岸では地元でも「生け簀」と呼ぶほど魚介類が豊富であり、ホンダワラ類が群生する湾内は、稚魚や稚貝を育む藻場であった。漁業権は二五戸で共有し漁獲収入を均等配分していた。漁は共同**出役**によって営まれ、各戸から最低一人が出た。やむを得ず出すことができない場合には、**出不足**として人を雇い漁に**出役**することが義務づけられていた。また、幾つかの家族が共同で**定置網**を仕掛け漁獲を得た場合には、地区行事などに売上の一部を寄付することにより皆へ還元し、互いの関係性を保ってきた。地区では海草やアワビ、サザエ、イワシ、アミジャコなど、波際の魚介に対する採取制限はなかった。しかし、皆は自給分だけの採取に抑え、無意識に資源の保続を図ってきた。

つぎに福井県若狭湾に面する小浜市泊も半農半漁の集落である。ここでは昭和三〇年代まで全二五戸、人口一二〇～一三〇人を守り続けるために分家を禁止する決議文があった。「大勢にすると区分け（漁業収入等）が減る」（TU、昭和二二年生）。全二五戸の権利は平等であり、全戸が泊漁業協同組合員である。根こそぎ捕り尽くす地引き網を排し、一九七五（昭和五〇）年頃まで全戸が手こぎ舟に乗り一本釣り漁で資源を守ってきた。組合員であれば、平等にアワビやワカメ、ウニなどの貝藻採取権を持つ。禁漁期（一〇月一五日～一一月一五日）を除き、素潜りの採取だけが許可されていた。大半は自給用であり販売用に採取したのは五～六戸に過ぎない。

さらに福井県常神半島の旧上中郡（三方上中郡）若狭町神子でも、環境の容量にあわせた暮らしを続け資源を保続してきた。この集落では戸数三六を固守し、長男が跡を継ぎ分家をさせない**不文律**があった。人口を二五〇人前後に保ち、次男、三男を大阪や京都へ就職させた。大字内では食料と収入を得る農地と魚場が限られている。分家によって人口が増えると各戸の持分が減り、皆の暮らしが立ち行かなかった。

主な収入は漁獲の販売収入に依存した。一九七五（昭和五〇）年頃まで、各戸の収入に占める漁獲収入は七～八割に及んだ。三六戸で漁協を作り全戸で一統の**定置網**（およそ延長三〇〇m、幅七五m、深さ四〇m）を掛け、ハマチやカジキマグロ、タイなどを捕り収益を均等配分した。組合長は選挙で決められ、各戸の権利は平等であった。出漁は各戸一人の**出役**により、出せない場合は代理を雇い補うことが義務付けられていた。また、いくつかの戸が組を作り**定置網**を設置していた。毎年の利用場所は、漁協による年始めの入札によって決められ、支払い金は地区行事を通し各戸に還元された。

(2) 資源保続

資源保続の取り組みは、全国各地に及んでいた。大分県東国東郡国東半島の北方約六kmにある姫島村の姫島は一村一島、七つの大字から構成される。全戸が漁協組合員であり、各大字の代表で構成される総代会が漁協の意思決定を担っている。資源を枯渇させると各戸の暮らしに支障を来たす。

一九〇四年（明治三七）年、代々受け継がれてきた定めが、漁民の憲法である「魚業期節」として文書化された(13)(14)(15)。この文書には、主要な漁業における魚種別の禁漁期と禁漁区、禁止漁法、魚種別漁期における区域ごとの漁法、網の種類や網目規格等一七項目などが収められている。「藻刈」は「旧暦一月一五日〜二月五日までに漁期を限り」、「鯛縄撰（はえなわ）」は「旧暦二月二五日から六月一五日、旧暦九月一〇日から寒中無制限」等々と定めている。この「魚業期節」は、現在も大分県漁業協同組合姫島支店「共第八号漁業権行使規約」に継承されている。

この漁協は昭和六〇年に年二一日の休漁日を決めた。「一日漁を休めば、それだけ魚が太る」からである。細則では休漁日前夜は一八時までに帰港し、共同飲食を交わし皆がともになって危険海域等に対する意思疎通を促すことが決められている。

容量を超える採取を続けると資源が枯渇する。繰り返し再生する資源容量によって暮し得る人数が左右された。灌漑用の共有溜池、燃料や飼葉、**刈敷**、茅を刈り取る**入会山**（**入会**、**共有林**）、魚介を得る里川や里海の共同漁業権域では、資源を保続し公平に分かちあうため、採取期間や量、道具、作法、心得が皆の了解のもとにあった。里人たちが暮らす**共同体**は、自分たちの私欲を抑える仕組みを作り守り続けてきた。この仕組みと規則を守る皆の努力が資源を保続させ、生物多様性と生態系を守ってきた。

第三節　暮らしと里山里海の変貌

昭和三〇年代を境に日本の里地里山、里海は経済成長によって変貌を遂げていく。自然とともに生活し、循環させることによってほぼすべての資源を自給する暮らしが消えていく。資源を保続し集落の皆が暮らしと次代を支えあう仕組みも崩壊していく。人々はこの変化に立ち向かおうとしたが、そのちからには叶うべくもなかった。集落から幾多の里人が消えていった。暮らすことができなくなったからである。その影響はわが国の食料や燃料をはじめ、集落の存続にもかかわる数々の問題を引き起こしている。

1　食糧（食料）

わが国の食料自給率は、七九％（一九六〇年）から三九％（二〇一三年）に低下した（表1-2）。自給率はカナダが二五八％、アメリカが一二七％と、日本は先進九ヶ国のなかで最下位である（二〇一一年）。

畜産物摂取量は、一人当たり年五五・九kg（一九六五年）から一三五・九kg（二〇一三年）と二倍以上になった。しかし、米の消費量は、一人当たり年一一八・三kg（一九六二年）を最高に五九・六七kg（二〇一三年）まで減少した（表1-2）。畜産物や油脂等の摂取量が増え、海外から低価格の原材料や食料品が輸入され続けるからである。米余りは米価を低迷させ、一九七〇年から米の生産調整が始まった（減反(げんたん)）。政府買入価格は六〇kg当たり一八六六八円（一九八四年）を最高値に、一三八二〇円（二〇〇三年）まで下落した。耕地面積は六〇九万haから四五二万ha（二〇一四年）に、米の収穫量は最盛期の

表1－2　わが国における里地・里山・里海の変貌

大項目	項目	過去最高値（または過去の値）	近年
基本指標	総人口	9,920.9万人（1965年）	1億2,706.4万人（2014年）
	国内総生産額	32兆7,422円（1965年）	480兆1,280億円（2013年）
	国の借金残高	1兆円（1965年）	1,053兆円（2014年）
農業	食料自給率（カロリーベース）	79%（1960年）	39%（2013年）
	国民一人あたり年間米消費量	118.3kg（1962年）	59.6kg（2013年）
	国民一人あたり年間畜産物消費量	55.9kg（1965年）	135.9kg（2013年）
	国民一人あたり年間油脂類消費量	6.3kg（1965年）	13.6kg（2013年）
	総農家数	618万戸（1950年）	253万戸（2010年）
	農家人口	3,790万人（1953年）	539万人（2014年）
	農業就業人口	1,454万人（1960年）	227万人（2014年）
	うち農業就業人口に占める65歳以上の割合	44%（1995年）	64%（2014年）・平均年齢66.7歳
	耕地面積	609万ha（1961年）	452万ha（2014年）
	水田面積	344万ha（1969年）	246万ha（2014年）
	水稲作付面積	3,173千ha（1969年）	1,573千ha（2014年）
	水稲収穫量	14,25.7万トン（1967年）	8,43.5万トン（2014年）
	米価（政府買入価格、60kg）	18,668円（1984年）	13,820円（2003年）
	小麦作付面積	856千ha（1943年）	213千ha（2014年）
	小麦収穫量	1,792千トン（1941年）	852千トン（2014年）
	耕作放棄地面積	13万ha（1975年）	40万ha（2014年）
	野生鳥獣による農作物被害額	－	199億円（2013年）
林業	林野面積	2,561万ha（1960年）	2,485万ha（2010年）
	人工林の割合	25%（1959年）	41%（2012年）
	森林蓄積量	1,887百万㎥（1966年）	4,901百万㎥（2012年）
	うち人工林蓄積量	558百万㎥（1966年）	3,042百万㎥（2012年）
	林家戸数	113万戸（1960年）	91万戸（2010年）
	林業就業者人口	26.2万人（1965年）	6.9万人（2010年）
	木材生産産出額	9,891億円（1971年）	2,221億円（2013年）
	林業所得	1,269千円（1970年）	113千円（2013年）
	スギ中丸太1㎥価格	36,900円（1980年）	11,500円（2013年）
	ヒノキ中丸太1㎥価格	76,400円（1980年）	19,700円（2013年）
	薪生産量	132,950.0万層積㎥（1940年）	5.1万層積㎥（2009年）
	炭生産量	269.9万トン（1940年）	2.5万トン（2009年）
	竹材	1169.8万束（1974年）	1.0万束（2009年）
	マツタケ生産量	12,222トン（1941年）	24トン（2009年）
	タケノコ生産量	172,793トン（1980年）	30,812トン（2009年）
	外材輸入量	770.5万㎥（1960年）	5431.0万㎥（2011年）
	木材自給率	94.5%（1955年）	28.6%（2013年）
漁業	漁業就業者数	79.3万人（1953年）	17.3万人（2014年）
	漁業生産量	1,282万トン（1984年）	479万トン（2014年）
	漁業生産額	2兆9,772億円（1982年）	1兆4,396億円（2013年）
	魚介類自給率	113%（1964年）	60%（2013年）
環境	藻場面積	20万7,615ha（1978年）	14万2,459ha（1998年）
	干潟面積	8万2,621ha（1945年）	4万9,380ha（1998年）

▭：過去に遡って把握した記録を掲載。

*国内総生産額など基本指標、畜産物消費量、油脂類消費量には過去最高値欄に1965年度を参考値として掲載。

**：総人口は総務省、国内総生産額は内閣府「国民経済計算」、国の借金は財務省資料による。

***：農林水産関係データは農林水産省資料による。

****：藻場等環境関係のデータは環境省資料による。

外材輸入量：1995年最大量8939.5万㎥

1層積㎥：丸太0.625㎥

一四二六万トンから八四四万トン（二〇一四年）へと六割弱に減少した。

しかも、里地里山を支える原動力になってきた農業所得が物価の上昇に及ばなかった（表1-2）。このため農家人口は、三七九〇万人（一九五三年）から五三九万人（二〇一四年）に、農業就業人口は一四五四万人（一九六〇年）から二二七万人（二〇一四年）へと八四％も減少した。さらに現場で働く農業就業人口の平均年齢が六六・七歳に上昇し、六五歳以上の高齢者が全体の六四％に達している。これらの影響を受け全国の耕作放棄地は、滋賀県の全面積に相当する約四〇万haに拡大している。しかも耕作放棄地の増加と人工林の拡大、育林の放棄、捕獲圧の減少などによって、野生鳥獣による農作物への被害が年一九九億円（二〇一三年）にも上っている。これらの要因は、日本の食料（**食糧**）自給の将来に大きな課題を投げかけている。

2　燃料

わが国の一次エネルギー自給率は、一九五三年の八〇％に対し、二〇一〇年には四・四％に低下した（経済産業省）。温暖化の主因ともいわれるCO_2排出量は、年一二億四一〇〇万トンに及ぶ（環境省、二〇一一年）。大気中のCO_2濃度は、一九五〇年の二九〇ｐｐｍｖに対し、二〇一四年には約一・三八倍の四〇〇ｐｐｍｖになった（気象庁、二〇一四年）。年平均地上気温は一・一℃／一〇〇年の割合で上昇し、一九九〇年代からは高温になる年が続出している。しかし水力を除いたわが国の再生可能エネルギーの利用割合は、スペインの二二・五％やドイツの一八・九％に対し、わずか二・二％にとどまっている（経済産業省、二〇一四年）。

里地里山には雑木林の木質バイオマスをはじめ、水力など大量の再生可能エネルギー源が眠っている。

萌芽更新で半栽培する薪や柴は、切株から再生して大気中のCO_2を吸収してエネルギーに循環する。収穫後繰り返し再生する薪や柴を、木チップやペレットなどの燃料や発電に回すなど、現代的視点から資源の利用方法を見直す必要がある。ただし、いずれも再生可能な範囲内での活用が不可欠である。

わが国の里山で再生産される木質バイオマスは、年約三〇〇〇万㎥に上る。里山の雑木などの未利用樹やタケ、ササ、残廃材などである。このバイオマスによって年約一二〇〇万キロリットルのバイオエタノールが生産できる。また、木質バイオマスを活用し、熱利用も兼ねた発電事業も実用化されている。さらに菜種を栽培して種子を絞り食用油を作る。このとき発生する絞り糟（油糟）は、田畑の肥料に循環する。家庭や事業所では菜種油を利用でき、使い切った廃油を精製して自動車や船舶、農業機械のバイオディーゼル油（BDF）に再生し運用する。余分なCO_2などを出さず食料や燃料、肥料に循環させること、また、エネルギーを地域レベルで循環させる仕組みづくりを促すことが重要である。

3　用材生産など

わが国では化石燃料の普及が急速に進み、里山に暮らす人々は木質燃料による販売収入を失った。そこで多くの里人らが用材生産に将来を託し、薪炭林を皆伐してスギやヒノキを植林した。このために林野面積に占める人工林の割合は、一九五九（昭和三四）年の二五・四％から二〇一二（平成二四）年には四一％に増加し、面積は一〇三三万haに達している（表1-2）。天然林が約三八〇万ha減る傍ら人工林が四一〇万ha分増えた。また、人工林の材積蓄積量は、五五八百万㎥（一九六六年）から三〇四二百万㎥（二〇一二年）と五・五倍に達している。

しかし、一九七〇年以降、安い外材の輸入が増えたために、木材自給率は九四・五％（一九五五年）

から二八・六％（二〇一三年）に低下した。外材輸入量は、過去最高年八九四〇万m³（一九九五年）に達し、近年でも年五四三一万m³（二〇一一年）におよぶ。このため国産材の価格が急落し、スギ中丸太一m³の価格は、三六九〇〇円（一九八〇年）に対し一一五〇〇円（二〇一三年）と半値以下に、ヒノキの場合では中丸太一m³が七六四〇〇円（一九八〇年）から一九七〇〇円（二〇一三年）へと四分の一にまで下落した。さらに竹材やマツタケ、タケノコの生産量も輸入品が取って代わり国内生産量は激減している。

用材に加え竹やマツタケなどの特用林産物が、里山に経済的価値を生み出し続けることはなかった。広大なスギやヒノキの人工林が放置され景観や生態系に重大な影響を与えている。薪炭の経済的価値をはじめ米価や材価の低迷、安い食材の輸入は、津々浦々で里山里海での人々の暮らしを破綻させてきた。働き手は収入を求めて大都市に転出せざるを得なかった。農林業就業者の減少と急速な高齢化は、わが国の一次産業の存続と**食糧**（食料）等の安全保障の上からも大きな問題となっている。

4　重層的な土地利用の消失

化石燃料によって経済的な価値を失った薪炭林には、スギやヒノキが植え拡げられた。わが国の森林面積二四八五万haのうち人工林はすでに一〇〇〇万haを超えている（表1-2）。しかし、材価が低迷したために保育されない人工林では立木（たちき）や樹冠が密生化し、**林床**（りんしょう）まで太陽光が届かず低木類が育たない。さらに残った雑木林も放置され、立木や樹冠が密生状態に繁茂したために、果実や芋を作る低木や草本類が消失しつつある。このため野生鳥獣の餌場が衰退の一途である。

集落と**食糧**（食料）を生産する田畑が、野生鳥獣の暮らす放置状態の雑木林や人工林とに直結するようになった(4)（図1-4）。集落を中心に同心円状に連続する土地利用が解消されていった。餌場を失った鳥獣は雑木林や人工林から集落や田畑に侵入し、穀物や野菜、柿や栗などの果実を食害する。

一方、里地里山では農業の機械化や圃場整備（ほじょうせいび）、化学農薬の頻用などによって動植物も減少の一途である。薪炭林の薪や柴、落葉落枝は、有史前から生活資材として不可欠であった。しかし化石燃料等がこれを不要にした。燃料の大転換は里地里山の自然環境に、史上、類をみない変化をもたらした。雑木林の大径木林化や低木層の密生化に加え、照葉樹林帯ではカシ林やシイ林への遷移を進めた。雑木林の

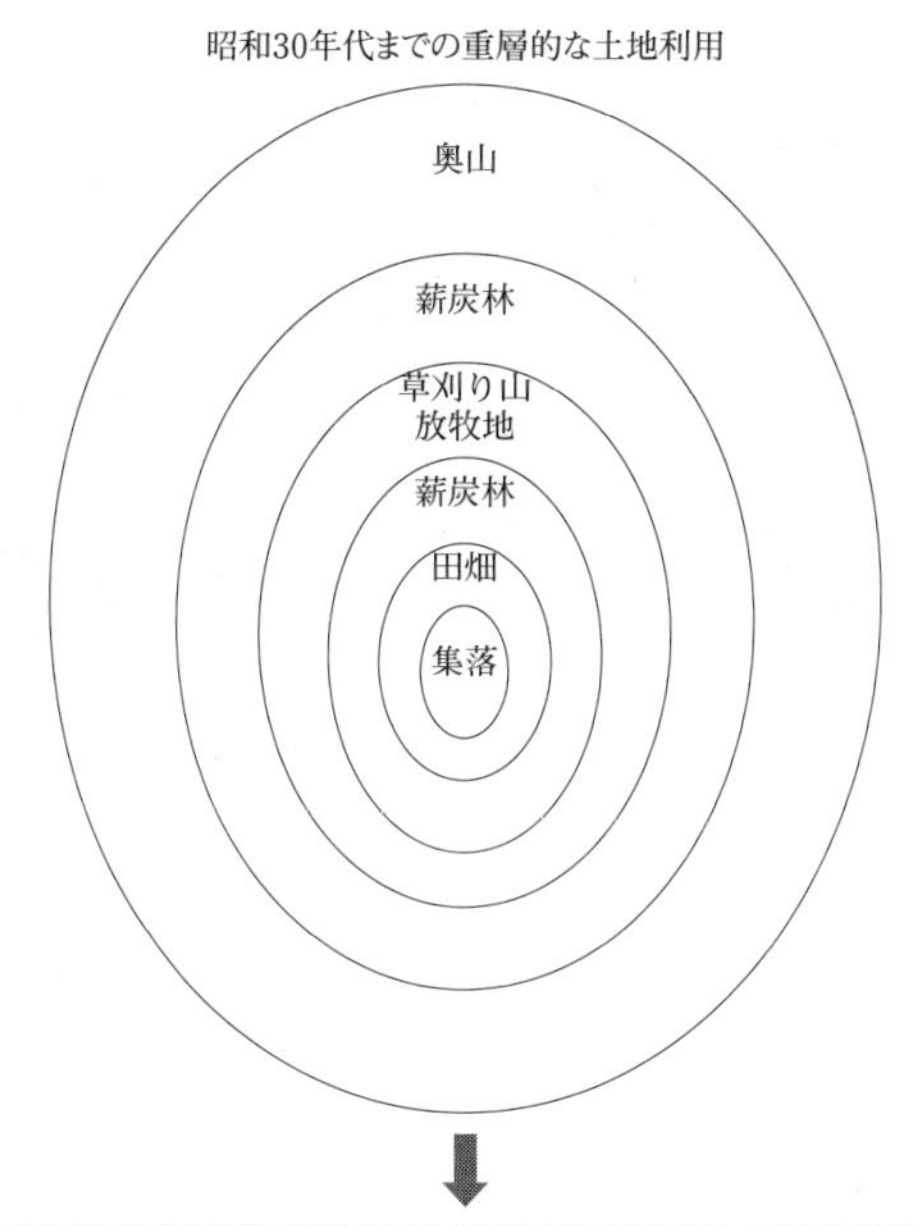

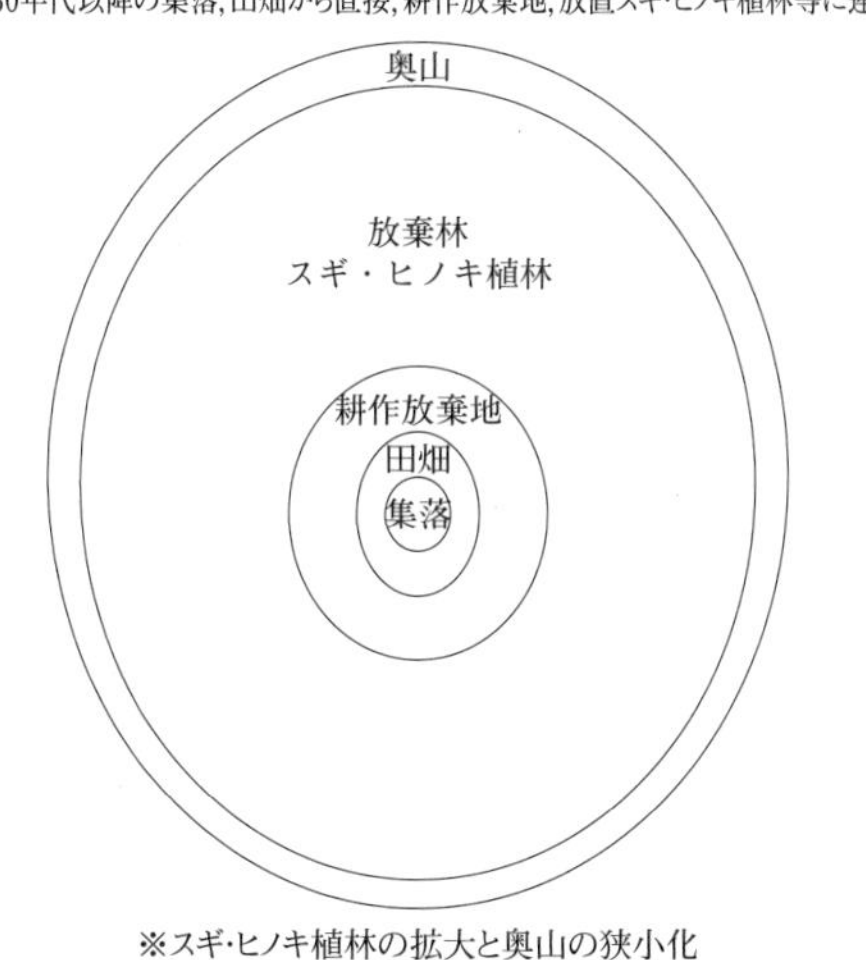

図１－４　重層的な土地利用の消失（概念図）

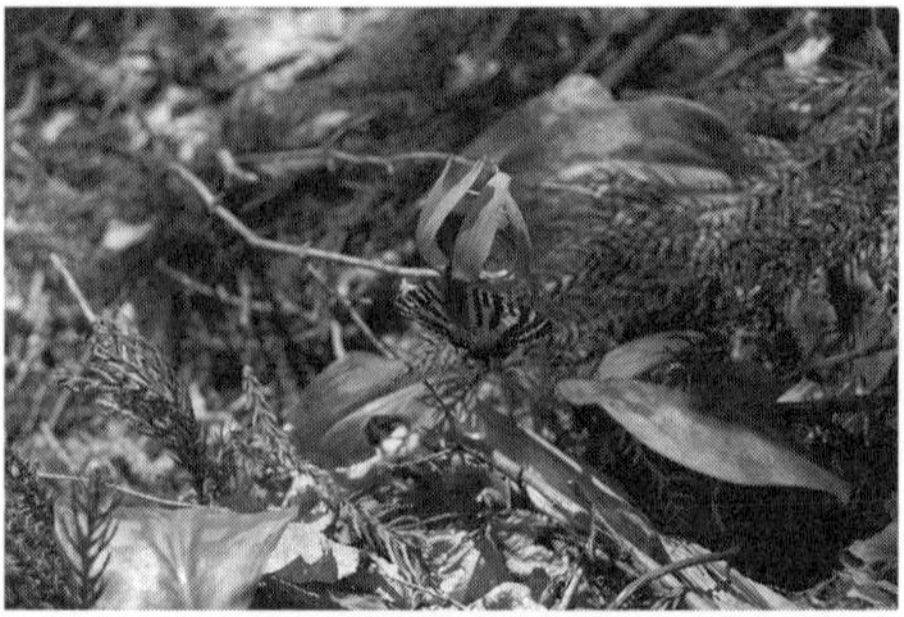

写1－3　里山の放棄によって減少が著しいカタクリと環境省準絶滅危惧種のヒメギフチョウ

（長野県旧南安曇郡堀金村烏川［安曇野市堀金烏川］、1997年）

生物は、燃料採取で繰り返し保続される光や温湿度環境に順応し個体群を存続させてきた。キンランやギンラン、カンアオイ類、カタクリ、オミナエシ、キキョウを始め、カンアオイ類を**食草**（しょくそう）とするギフチョウをはじめ多くの生物が激減した（写1－3）。

絶滅及び準絶滅危惧種・情報不足含む絶滅危惧種は、魚介類を除く動物と**維管束植物**（いかんそく）だけでも四五〇〇種以上に達し、評価対象種数に対し脊椎（せきつい）動物と**維管束植物**では二〇％以上にもなっている(17)。二〇〇六〜二〇〇七年に比べ二〇一二年には、昆虫類、貝類、**維管束植物**の絶滅危惧種が大幅に増加した。すでに哺乳類や鳥類、**維管束植物**をあわせて五〇種以上が絶滅している。これらの種の生息地は、半数以上がこれまで順応的な生産管理が施されてきた里地里山である（表1－3）。

第四節　一極集中と過疎化

経済成長は、日本列島に極端な人口の偏在をもたらした。雇用需要が都市に人口を集中させたため、里山里海は過疎化と集落崩壊の危機に陥っている。一方、人々が集中した都市では、核家族化をはじめ

表1－3　わが国の絶滅危惧種等の抜粋（2012年）

		評価対象種数	絶滅	野生絶滅	絶滅危惧Ⅰ類	絶滅危惧Ⅱ類	準絶滅危惧	情報不足	合計
動物	哺乳類	160 (180)	7 (4)	0 (0)	24 (35)	10 (7)	17 (18)	5 (9)	63 (73)
	鳥類	約700 (約700)	14 (13)	1 (1)	54 (53)	43 (39)	21 (18)	17 (17)	150 (141)
	爬虫類	98 (98)	0 (0)	0 (0)	13 (13)	23 (18)	17 (17)	3 (5)	56 (53)
	両生類	66 (62)	0 (0)	0 (0)	11 (10)	11 (11)	20 (14)	1 (1)	43 (36)
	昆虫類	約32,000 (約30,000)	0 (0)	0 (0)	171 (110)	187 (129)	353 (200)	153 (122)	868 (564)
	貝類	約3,200 (約1,100)	0 (0)	0 (0)	244 (163)	319 (214)	451 (275)	93 (73)	1,126 (747)
	その他の無脊椎動物	約5,300 (約4,200)	1 (1)	1 (1)	20 (17)	41 (39)	42 (40)	42 (39)	146 (136)
維管束植物		約7,000 (7,000)	32 (33)	10 (8)	1,038 (1,014)	741 (676)	297 (255)	37 (32)	2,155 (2018)

※環境省（2012年）資料より引用。
※（　）内の数字：第３次レッドリスト（2006、2007年）の種数（亜種、植物のみ変種を含む）を示す。

暮らしの変化が大きな社会問題を引き起こしている。

1　人口の社会的増減

わが国の総人口は、約一億二七〇〇万人（二〇一四年）、これは一九六五年の一・二八倍にあたる（表1-2）。しかし一九五〇～二〇〇〇（昭和二五～平成一二）年、人口の社会増は一都三県で九〇四万人、近畿二府四県で二一七万人、計約一一二〇万人に上った。一方、特に昭和二五～四五年、戦後復興期から高度成長期の減少が著しく、平成一二年までの期間に北海道、東北、甲信越、北陸、中・四国などにおける社会減は、約一二一〇万人に達した。大都市へと一都三県（千葉、埼玉、神奈川県）を中心に一千万人を超える人々が吸い取られていった。

さらに都市計画区域内（市街化調整区域

表1-4　各地方圏の過疎地域等における集落数と高齢者の割合

圏域	過疎地域等の集落数合計	65歳以上100％		65歳以上50％＜100％		65歳以上25％＜50％	65歳以上25％＞	無回答
			うち75歳以上100％		うち75歳以上50％＜			
北海道圏	3,957	24	8	438	45	2,622	685	188
東北圏	14,072	65	27	962	139	11,193	1,673	179
首都圏	2,508	12	3	300	73	1,468	294	434
北陸圏	1,748	32	14	292	51	1,223	201	0
中部圏	4,008	42	20	833	157	2,701	385	47
近畿圏	3,154	27	11	534	136	2,228	297	68
中国圏	12,694	154	53	2,518	503	8,211	1,611	200
四国圏	7,216	126	47	1,624	393	4,415	871	180
九州圏	15,308	93	22	2,001	297	10,704	2,217	293
沖縄圏	289	0	0	14	4	147	119	9
合計	64,954	575	205	9,516	1,798	44,912	8,353	1,598

※総務省2011年資料による。

含む）の居住人口が総人口の九〇％（一億一千万人）を超え、広大な計画区域外の人口は全体の一〇％を切った。国土のわずか三・八％の市街化区域に総人口の六七・一％が集中するようになった（国土交通省、二〇〇五年）。

　このように工場やオフィスの集中する都市部へ人口を集中させた。その結果、日本の国内総生産額は一九六五年の約三二兆円から二〇一三年には四八〇兆円に増加した。製造業やサービス業をはじめ経済成長には多くの労働力が不可欠であった。

2　過疎と集落崩壊

　過疎市町村は、人口減少率、財政力指数、一五歳以上三〇歳未満の人口割合などによって認定される（過疎地域自立促進特別措置法）。わが国の過疎市町村面積は、全市町村面積全体の五八・七％に達し（二〇一〇年）、そこでの人口減少総数はわずか五ヶ年で計八四万人強に上る（二〇〇五〜二〇一〇年）。大半が里山里海である。県土に占める過疎市町村の面積は、秋田県で最高の九〇％、次いで島根八五％、高知八〇％と続く。

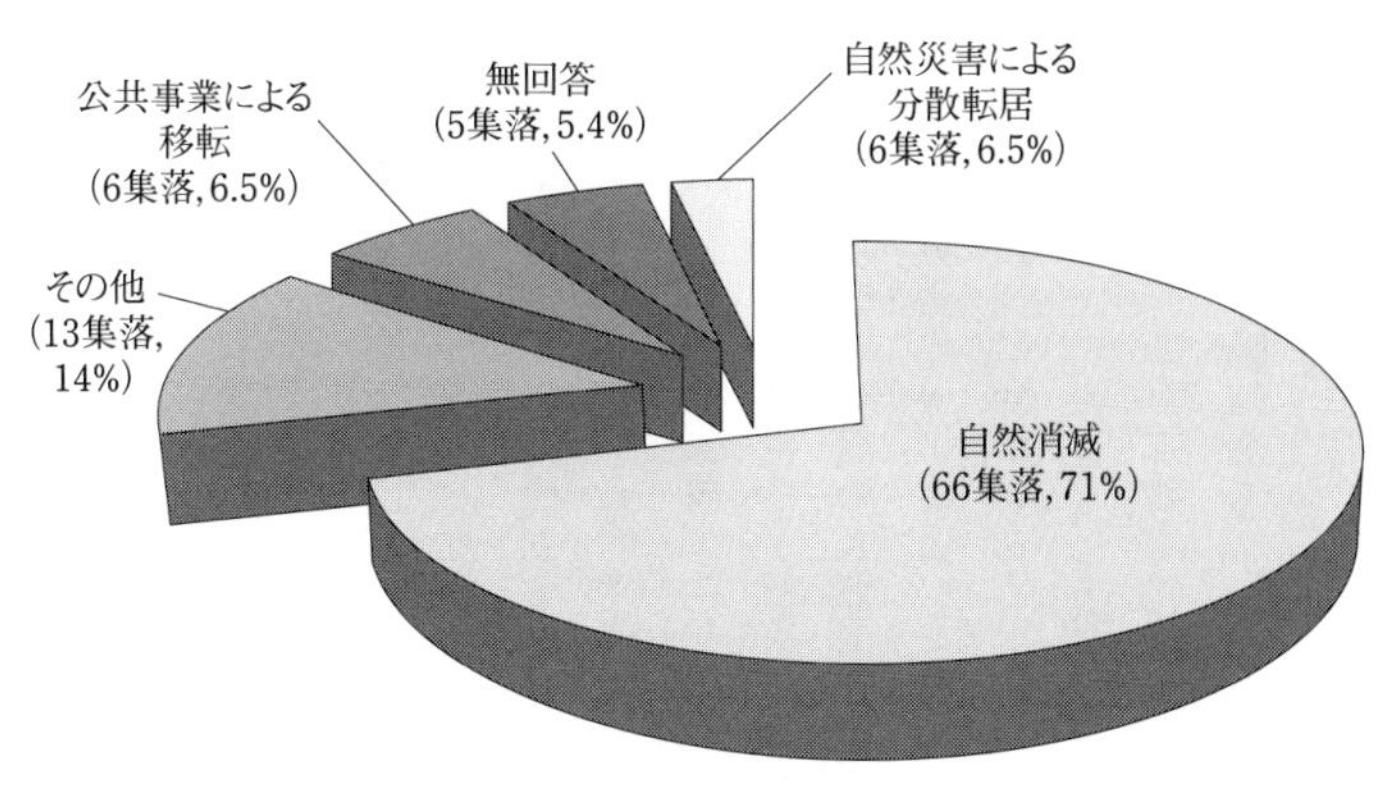

図1－5　過疎地域等における集落消滅の原因

※その他：公営住宅の解体、企業の事業縮減に伴う社員住宅の取り壊し、高齢により移転、住宅の解体に伴う集落の消滅、住宅の取り壊しにより町内に転居、牧場の閉鎖等
※総務省2011年資料による。

過疎地域の集落数は全国で六四九五四件に達し、そこでは高齢化が顕著である（総務省、二〇一一年）。全構成員が六五歳以上の集落は五七五件、うち七五歳以上が一〇〇％の集落が二〇五件、六五歳以上が五〇％を超える集落は全体の一五・五％（約一〇〇〇〇件）に上る（表1-4）。すでに九六集落が消滅し、主な原因は自然消滅であり全体の七一％を占める（図1-5）。また、全国の集落のなかで一〇年以内に消滅する集落は、四五四件、いずれ消滅する集落は二三〇〇件を超える（国土交通省、二〇一一年）。一〇年以内、または、いずれ消滅する集落数は、世帯数九戸以下、高齢者の割合が五〇％以上、地域区分では山間地において特に顕著である。過疎と高齢化によって草刈りや**道直し**、清掃等の共同作業や地域行事、相互扶助など、集落を支える力が衰弱しているためである。

集落が消えゆくと地域の歴史や文化、田畑や水路などの**食糧**（食料）生産機能、互助を礎とする暮らし、生きる技を伝える仕組みが消滅する。一九六八年、日本は高度経済成長によってＧＮＰ世界第二位の先進国になった。しかしこの成長を支えるために里山から幾多の人を吸い上げてきた。

3　崩壊する心の絆

少し前までは集落に生まれて同じ集落に暮らし、一生を終えるのが普通であった。経済社会は高度成長を続けるため、仲間が互いに支えあい、自然と向きあって暮らす仕組みと互いの絆を崩壊させた。都市に人々を集め互いに成果を競わせた。勝ち組が高収入を得る一方、多くの負け組を生み出し続けた。

わが国の世帯構造の変化は、単独（単身）世帯と核家族の増加に対し、三世代世帯の減少によって特徴づけられる。三世代世帯は五七五・七万戸（一九八六年）から三六四・八万戸へと四〇％近くも減少した（二〇一二年）。三世代家族では祖父母が子育てを補い、生きていくための技や作法を伝えることができた。子供と親夫婦、祖父母が一つ屋根の下で暮らした家々は、多くが単独世帯や核家族に変化した。二〇一二年、単独世帯と核家族の割合は、世帯総数の八五・四％にも達している。

地方から雇用を求め大都市に移住した人々は、地縁や血縁関係に乏しく多くが無縁の間柄である。そこでは「集落の子供」という心性が育ちにくい。地域で子供を育てる絆が途絶えた。核家族では個が個を育てる現実に向かいあう。児童を持つ世帯のうち核家族の割合は、世帯総数の七八・六％に上る（厚生労働省、二〇一二年）。子育てに疲れた親の虐待によって傷を負う子供や虐待死もあとを断たない。虐待を受けた子供の総数は、統計上だけでも年六・六万人に上る。うち約八〇％、年五・二万人以上が小学生以下の年齢にある。児童虐待等による子の死亡数は年二五〜一四二人に上る（厚生労働省、二〇〇三〜二〇一一年）。

さらに単独世帯や核家族の増加と三世代家族の減少は、高齢者の介護や看とりに大きな支障を及ぼし、孤独死を多発させている。六五歳以上の家族を持つ世帯のうち、三世代世帯の割合は五四％（一九七五年）から一三％に低下した。二〇一三年には二五・六％が単独世帯、三一・一％が核家族である（厚生労働省）。最期を見送る仕組みと絆が失われつつある。単身者の孤独死は、東京都二三区だけでも年四五〇〇人に上り、うち六五歳以上が全体の六五％に達する（東京都、二〇一三年）。ビルや団地の谷間では孤独死があとを断たない。

第二章　共同体の絆（きずな）で成り立つ暮らし

われわれの生活には水や**食糧**（食料）、木材等々の産物が不可欠である。昭和三〇年代まで、わが国の里地里山・里海は、水と空気、土、茅場（かやば）や雑木林から植林、果樹園、竹林、田畑、土手、畦、水路、溜池、屋敷、**納屋**（なや）、家畜小屋などの一連の構成要素と、さらに川、湖、干潟、沿岸海域と、これらを含む生態系、それに里人たちの共同と相互扶助、心の絆が一つながりになった暮らしの場であった(18)。

第一節　家族・集落のちから

1　家族の礎（いしずえ）

農業の基礎単位は、一組の夫婦とその子供、それに祖父母らが加わった単婚家族である。同じ屋根の下や同じ屋敷地、そして隣近所に、三～四世代がともに生活するのが普通であった（写2-1）。老人や

写2－1　三世代がともにする食事
（福井県三方郡美浜町上野、1963年、美浜町文化財保護・町誌編纂室提供）

子供はそれぞれの力に応じ仕事を分担した。

　夫婦が労働の中心であり、姑、舅らは子供夫婦の暮らしに協力し、また、暮らしの伝承者として孫子を世話してきた。「若い妻となると、女たちは野良で働き、昼間の子守りは年寄りの役目となる。子供らは年寄りから、昔話や祖先のことや宗教のことを聞いて成長する」。「四つ位から祖父につれられては田や畑へ行った。お前がたとえ一本でも草を引いてくれると、わしの仕事はそれだけ助かる……。〈中略〉そのかわりエビ（野蒲萄）やら野苺などをよく見つけて食べさせてくれる。野山にある野草で食べられるものと、食べられないものと薬草になるかならぬかなど、その名や言い伝えはこうして祖父に教えられた」。「七歳のころからは、労働に参加しつつ、村人としての生活を身につけて行く。母親が身のこなしや礼儀を教えたのに対し、父親は百姓仕事を教えた。そしてものの見方を教えた」（宮本常一伝）(52)。

　鹿児島県徳之島や沖永良部島でも昭和三〇年代の各戸の家族数は七～九人、分家を除くと三～四世代が同じ屋敷で暮らした。家族が多いので障害を持つ者も皆で支え、育てることができた。祖父母は孫の面倒をみた。水汲み、藁草履や箕づくり、薪採り、味噌づくりのほか、一緒に畑に連れ出し野菜運びなどを手伝わせながら教えた（口絵2）。姑は母親代わりに孫の養育を下支えしていた。

　子供らは幼いときから生きるための知恵と作法を五感で学び、家族の一員として仕事を分担してきた。

徳之島、大字阿三（伊仙）のSH（昭和八年生）らによると、学校から帰ると遊ぶということはなかったという。井戸水汲みや薪集め、牛追い、子守等々の作業は、子供らの仕事であった。小学生のときは、イネが稔るころになると、登校前に兄弟三～四人で籾に傷をつけるカメムシを駆除した。下校後は田水を汲んで枯れ葉や薪で風呂を焚き、湧水地から生活用水を持ち帰るのが日課であった。

夫婦や親戚、隣近所のあいだには、ときにして諍いや揉め事が起こる。年寄りらは、これまでの経緯を熟知している。衝突が起これば何気ない言葉をはさみ、それぞれの関係を回復させていくことが多かった。日常の暮らしのなかで姑や舅が若嫁や若婿に強い言葉で指南することもある。こころは、一家の次代に耐え抜くちからを授けたい気持ちからであった。こころ悩ます若嫁や若婿は、隣近所や同じ敷地に暮らす先達などに癒やされ、姑らとの折りあいをつけていく。また、三～四世代がともに暮らしたからこそ、稲作や生活を守るためにちからをあわせることができた。そこでは皆の支えがあるからこそ身体に障害を抱えた子供らも生活することができた。

姑らは生業や家事の主役を退いても、孫や曾孫の子守、炊事や洗濯、行水、掃除、畑仕事など自分の体の及ぶ範囲で活躍することができた。高齢化とともに次第に子供や孫夫婦、曾孫らに生活の支援を受けるようになる。体力の衰えとともに後継者らが身のまわりのことを手伝う。そしてまた往生までの永きにわたり家族や親戚らにあたたかく見守られ人生を全うすることができた。

2　共同と相互扶助

主食にする米は、一家族だけ作ることは難しかった。なぜならかつては田植え機やコンバインなどの農機、水路や土手を造成する土木機械がなかった。水路や土手畦、溜池作りや補修、田植えや稲刈りに多くの人手を要した。それぞれの家族は、互いに田植えや稲刈り、水路や土手の補修などに労力を提供し、作業を補いあう必要があった。だからこそ家々がまとまり一つの集落（ムラ）をつくり継承することが求められた。そこでは田水に加え、野山から採る**刈敷**などの肥料を平等に分かちあう仕組みと掟が必要であった。また、集落は、構成家族を支えるため、互いに補い助けあう仕組みと規範を育んできた。その一例が**結**（**結組**）や**手間返し**と呼ばれる労務の受け渡しや**出役**（**ムラ人足**）や**普請**と呼ぶ共同作業、水や燃料資源を保続するために隣近所数戸で行う共同風呂（**結風呂**）などである。そして冠婚葬祭をはじめ皆が暮らしの隅々までを支えあう相互扶助の礎を築き上げた。

世代を重ねると、過去の経緯によってそれぞれの家族のあいだには、暮らし向きに差が生じることがある。多くの家族が集落から脱落していくと、**食糧**生産や災害復旧など、人手を要する共同作業に**人足**が不足する。だからこそ経済的に困窮する家族や独居老人らを物心両面から応援し、互いに支えあう必要があった。さらに、各戸の暮らしを守るため、親類縁者や字のなか、近隣村とのあいだで金に困窮した家族を助けあった。これが経済的な救済組織の一つである**頼母子講**（**無尽講**）である(45)(46)(47)。このようにして家々が不可分に、また、有機的につながり、集落全体が一つの大きな家族や**共同体**としての役割を果たしてきた。

この**共同体**が里人たちを支配し、家族ごとの階層分化や相互監視、家父長制や封建制を温存させたとして弊害を指摘する考え方も根強い。しかし、里人たちは、限られた資源と土地のなかで暮らしを支え子孫を残すため、結果としてその仕組みを**共同体**に求めていた。**共同体**であるからこそ、ともに資源を保続させ、災害や火災から皆を守るために、また、為政者からの搾取を乗り切るために結束して立ち向うことができた(45)(46)(50)。この一連の仕組みと規範は、米を主食にするインドネシアやフィリピン

表２-１　調査地区の昭和20～30年代における集落構成

聞き書き対象地	暮らしを支える運営母体	大字の規模	結いや相互扶助でつながる共同体の最小単位	聞き書きした小字、垣内、組	昭和20～30年代の戸数と人口
上越市大蒲生田	大字	26戸、200～230人	班（隣組5～6戸で構成）	一班	5～6戸、45～55人
秩父市堀切	大字	38戸、約240人	上・下組	下組	16戸、約90人
越前市曾原	字	16戸、約90人	同左	同左	同左
豊田市新盛	大字	70戸、約300人	組（一～六組）	一番組	10戸、60人
豊田市久木	大字	約60戸、約450人	組（一～六組）	一・二番組	各組70～80人、一番組:10戸・二番組:11戸
豊田市北小田（大和自治区）	大字	14戸、約100人	組（一～三組）	一番組	5戸、約30人
豊田市追分	大字	350～360人	小字	田振	16戸、約70人
宇陀市田原	大字	40戸、約300人	垣内	片岡	6戸、40～50人
海南市孟子	大字	82戸、約400人	垣内	荒糸	10～20戸、50～100人
田辺市熊野	大字	約30戸、約200人	小字	杣谷	10戸、60～70人
鏡野町下斎原	大字	32戸、約260人	小字	明王寺	9戸、70～80人
まんのう町吉野	大字	565戸、約3100人	小字（11～12軒ずつ上、中、下班）	旭東	34～35戸、150～160人
四万十町日野地	大字	25戸、約150人	同左	同左	同左

※各大字（字）とも半数が子ども。

など東南アジア各国にも共通するところが多い。

３　共同体としての集落

明治二二（一八八九）年の町村制施行後、藩政村を継承した行政区として大字が残った。多くは行政組織の末端に組み込まれてきた。大字のなかには地縁や血縁などで一つのまとまりをもった字（小字）や**垣内**、**ムラ組**が内在していた（表２-１）。これが集落としてのムラに相当する。これらは制度外の自治組織である。相互扶助（以下、互助）の単位であり大字を構成する**小共同体**である。いくつかの小字をあわせ組（**ムラ組**）をつくる地域もあった。小字や組の家どうしは、婚礼や葬儀の宿、埋葬の穴掘り役等を務め、食物の融通など「遠くの親類よりも近くの他人」といわれるほど、物心両面から互助の関係を形成した[45][46][47]。

表２－２　「下斎原自治会規約（平成11年版）」抜粋

【義務】

第８条　会員等は次の事項の義務を負う。

２）別に定める年会費を納めること

３）別に定める特別加入金（一部の会員）を納めること

４）事業推進を図るため、出役（出歩）をすること

【処罰】

第10条　次の者は役員会・総会の議決により処罰の対象とする。

２）故意に本会の共同活動を妨げ、会員相互の共同精神を疎外し、辱めるような行動をとるもの、又は第８条の義務を１年以上怠るもの。

(1) 注意(会長口頭)　勧告(役員会口頭)　警告(文書)　戒告(内容証明)……………………………………………………………役員会で決定

(2) 資格停止　資格剥奪………………………………総会で議決

※下斎原：岡山県鏡野町の大字の一つ。

※特別加入金：新たに居住し会の目的に賛同する入会希望者。最初は準会員になり２～３年を経て役員会の許可を得て正会員になる。

※出役：普請や消防団等の役。

※処罰：区長によると、実際には発動されたことはない。

豊田市大字新盛には大月、栃ヶ洞などの小字を含む一組、須ノ夫、三升蒔などを含む二組、引地、下蔵連などからなる三組など、六つの組があった。それぞれの組が同じ集水域の田水を分かち、**結**や互助でつながる**共同体**の最小単位であった。

ムラ組や字は、その運営と存続のために規約や規則を作成した。**食糧**や燃料の生産、防災等々、暮らしは一家族だけでは成り立たない。ムラには**寄合**を受け継ぐ協議機関があり、そこでは役員の選出、予算、決算に加え、**入会山**や用水、道路管理、警防などを取り決めた。多数決ではなく、協議では全員の了解のもとに結論を出した。まとまらない場合は、過去を知る長老の助言で合意に至ることが多かった。規約には入退会や財政、秩序、倹約、祭事、農業技術のほか、**ムラ人足**、**普請**と呼ぶ労役奉仕が明記された。構成員は、道**普請**、**入会山**の管理、宮掃除、用水路や溜池の補修や落水、池干し、**番水**、火災の消火、災害時の救出、復旧作業に無償で**出役**した。この役務に欠席や規則違反を繰り返すと、皆の暮ら

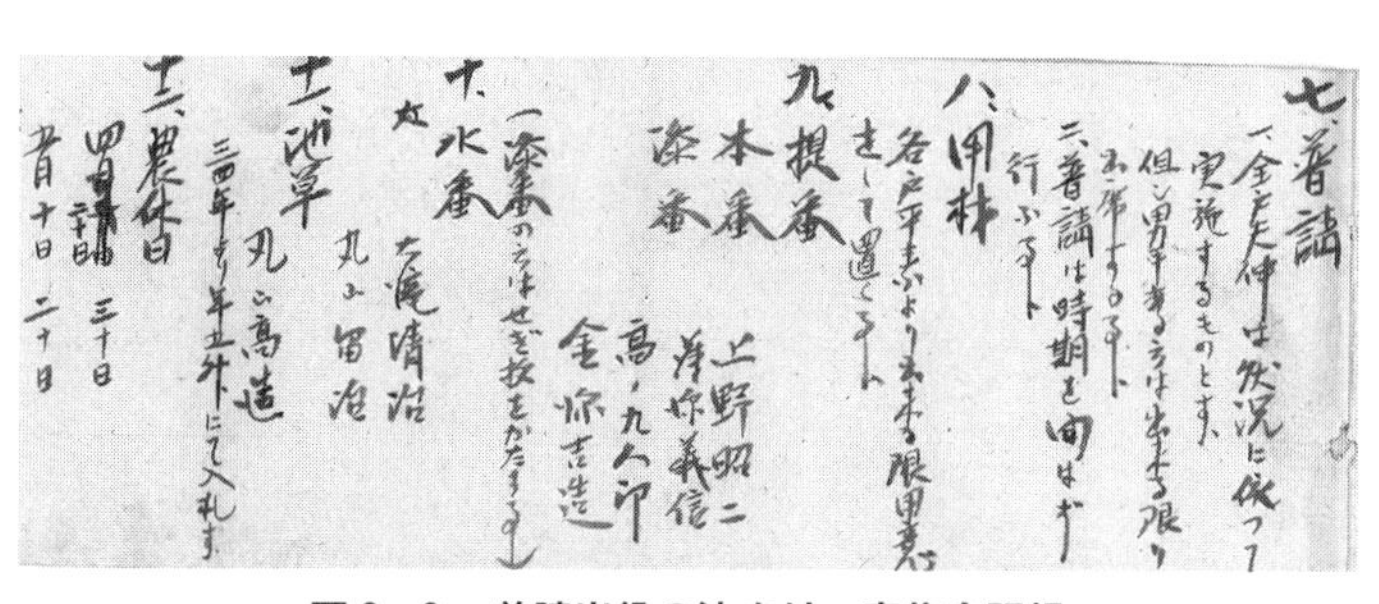

七、普請

二、普請は時期を問はず行ふ事

九、提番

本番　上野昭二

添番

十、水番

十二、農休日

写2-2　普請出役の決まり・春集会記録

（新潟県中頸城郡頸城村［上越市頸城区］大字大蒲生田、1960年、藤澤 史氏提供）

しが成り立たなかった。定めを破る者には陳謝や除名、絶交（**村八分**）等、制裁を科すこともあった（表2-2、写2-2）(45)(46)(47)。**番水**は、同一の水源や水系下での灌漑用水の配分制度である。公平に田水を分け、干ばつの被害を最小限に抑えるために続けられてきた。

奈良県旧宇陀郡大宇陀町（宇陀市）大字田原では、昭和三〇年代まで大字の戸数は四〇、片岡、笹岡など六つの**垣内**からなった。この地域の人々は大字をムラと呼び、家族のようにつきあい、大字、**垣内**の共同行事を続けてきた。一月の初集会（初寄）、**道直し**、田休み、**御日待ち**、草刈り、観音会式、無縁仏法要、秋祭、清掃活動など、大字、**垣内**で行う行事の日程や役割分担、規則が細かく明文化され守られてきた。秋祭と正月行事においては、氏子総代をはじめ、**当屋**（**頭屋**、本**当屋**）と相**当屋**（相**頭屋**）、これらの家が属する**垣内**の評議員ほか、構成員の役割、準備物の内容、祭司への祝儀や経費などについて取り決め、家々に周知されている。相**当屋**とは、**当屋**を手伝い、次期に**当屋**を担う戸主を指す。**当屋**に不幸事があると代理を務める。大字田原では簡素化されたとはいえ、集落行事の多くが現在でも引き継がれている（二〇一五年）。

新潟県旧中頸城郡頸城村（上越市頸城区）大字大蒲生田（以下、大字大蒲生田）は、五つの組からなる。冬季の最深積雪深は雪が減ったとはいっても年平均三一五cmもあり、根雪日数が年四五～一三〇日に上る。このため家族の暮らしは、一戸の努力だけでは立ちゆかなかった。助けあいは田植えなどの農作業にとどまらず、除雪や**雪踏み**等々に及んだ。この大字では全戸の暮らしを守るため、毎年三月の春集会では、祭や婚礼、出産祝い、葬式、**雪踏み**、**普請**、堤や水番、集会などの共同行事、生活の心得などについて、区長などの役員とともに毎年見直しを行い、詳細を取り決めていた（上越、F家保存「昭和三五年春集会記録」以下「春集会記録」、写2-2）。

このように人々は、集落を支えるために字や組などを単位として協議機関を運営し、**結組**や**普請**などの互助関係を築き上げてきた。この仕組みと作法を継承させ生活を守るためには掟や規則が求められ、皆が従うことで暮らしが守られた。かつては常日頃からのつきあいを通し互いの家々のことを了解していた。

このほかにも情報の交換や助けあいを促す**寄合**（よりあい）がたびたび持たれていた。「戸主の集まる寄りあいのほかに、女だけの寄り合いもまた行われることがある。〈中略〉たいてい有志の集まりである。村の慣行自治に関するものではなく、親睦か信仰または労作業を主としたものであり、茶飲みという集まりは頻繁に繰り返されてきた。〈中略〉その間に村の色々な情報交換が行われる。それで十分にそれぞれの家の性格をのみこむことができるのである」。「女はまた、共同体の中で大きな紐帯（ちゅうたい）をなしていたが、それは共同体の一員であるまえに女としての世間を持ち、そこで話しあい助けあっていた」（宮本常一伝）(49)。このような人々の結びつきが規範や規則を破ろうとする者の思いを踏みとどまらせてきた。

第二節　どのように暮らしの礎を守ったのか

1　皆の結束を促した宮寺などの多くの共同催事

共同体の仕組みが無理なく機能するためには潤滑油が必要である。どのようにして皆が絆と結束を固め、どのようにして互いの信頼や心性を増幅させてきたのか。**共同体**に暮らす人たちは、古くから字の氏神や菩提寺を心の拠り所にしてきた。宮では祭事や相撲行事などが行われ、ムラ人たちが持ち回りで準備し、皆が参加したためほぼ大字や字の催しというべきものであった。

新潟県頸城平野の山裾にある大字大蒲生田（上越）には、氏神の神明社と菩提寺の賢法寺があり、隣組五～六戸からなる五つの班が守り続けてきた。春祭は四月一六日、秋祭は九月五日である。春祭前の境内や宮掃除は一班、秋祭前は二班が担ってきた。昭和二八年、氏神の神明社を新築する際は二反（約二〇〇〇㎡）ある大字の**入会**林に加え、全戸が不足分の材木を供出した。大字が宮大工を雇い、木材も人夫も大字の皆で供出し氏神を守った。また、福井県越前市土山町には集落の多くが檀家を務める菩提寺の願成寺がある。まわりには寺が所有する水田があり、この田植えから水管理、草刈り、稲刈りに至るまで、ほぼすべての作業を檀家らが持ち回りで行っている（二〇〇七年）。この収穫米が、代々住職らの主食や行事の炊飯などを賄ってきた。このように集落の宮寺を共同で維持する営みは全国的にも普通であり、今も受け継がれているところもある。

大字大蒲生田の「昭和三五年春集会記録」（一九六〇年）には、祭に必要な宿、使、神主への謝礼、湯の花、洗米、宿料等の詳細が記されている（写2-3）。湯の花とはササの葉を浸け浄めの御祓いに使う

一、春祭典
典日　四、一五日
宿　藤澤
使
謝禮　参百円
湯の花　五拾円
洗米　一升
糯米　二升
宿料　五百円
二、秋祭典
典日　九、五日
宿
使
謝禮　三百円
糯米　二升
洗米　一升
宿料　五百円
春秋祭典には神酒各一升
大字持ちとす。

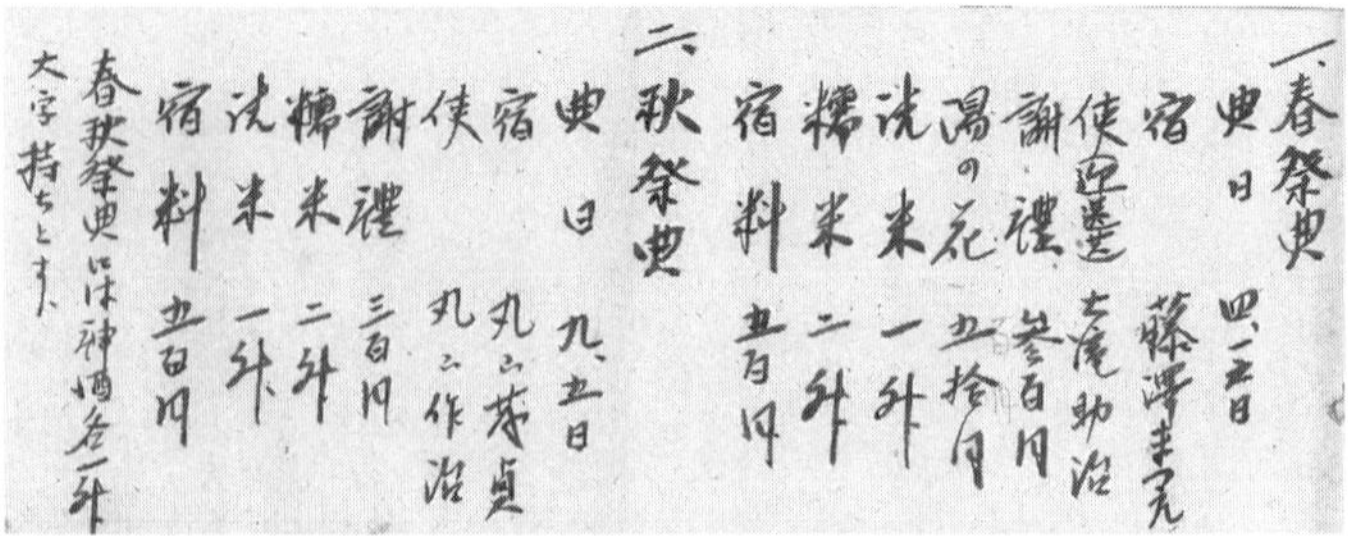

写2－3　春秋祭の決まり・春集会記録
（新潟県中頸城郡頸城村［上越市頸城区］大字大蒲生田、1960年、藤澤 史氏提供）

湯、宿とは宮入前後に神主の接待を行う家、宿料とは神主を招く家で使う費用をいう。氏子や檀家の大半は、同じ大字や小字、組の構成員である。各戸や組が持ち回りで境内の清掃、社やお堂の修理、草刈り、**雪囲い**の組立、屋根の雪下ろし、除夜の鐘突、焚き火などの管理、祭事運営を担当した。皆で行う管理や祭の準備等が集落のなかでの一体感を醸成した。

愛知県東三河の山里にある大字新盛（豊田）では、小字の栃ヶ洞や大月は、岩屋、中洞、石亀とともに一番組を構成する。組の庚申堂には正月と三月、薬師如来堂には正月と九月、地蔵尊には八月末と一〇月に組内の有志が**般若心経**などを唱えに集まり会食する。このとき持ち回りで役を担当する**当屋（当家）**が、花や菓子、団子を供え、全戸が料理を持ち寄った。組の全戸のあいだでは、「薬師如来尊祭禮当番札」や「地蔵尊祭禮当番札」を回しあい、当番家が一年間、札を預かり日頃の掃除や飾り付け、祭の準備を行ってきた。一年を通して寺には住職の説法会を聞きに、また、**般若心経**や**御詠歌**を唱えに集まった（写2‐4）。

福井県三方上中郡若狭町神子には、一二月三〇～三一日に催される大晦日神事の供物と設え方を綴った「神事麻当準備事項志備録」が伝えられ、現在も行事が受け継がれている（二〇一〇年）（写2‐5）。

そこには、「有難く思い身をひきしめて任務に努めなければならい」と麻当（**当屋・頭屋**）に対する心得が付記されている（写2-6）。さらにこの集落では毎年正月に行われてきた「神事講元順序及記録帳」が受け継がれている。一八四四（天保一五）年からの**筵**や弊竹、弓竹など神事に要する準備物の種類と数量が記されている（写2-7）。この綴は明治、大正、昭和の時代に書き改められ現在に至っている（二〇一〇年）。弊竹とは宮に奉納する供物に使う竹を指す。

写2-4　菩提寺の境内で御詠歌を唱える檀家の主婦たち
（福井県旧武生市［越前市］土山町、1970年代、内上修一氏提供）

また、一九一二（大正元）年から現在に至るまでの、集落の寺（堂）宮で正月に行う祭事における毎年の**当屋**と相**当屋**が記録されている（写2-8）。

　福井県三方郡美浜町字坂尻でも、共同行事が代々皆の紐帯を深め末永く受け継がれてきた。この集落では昭和三〇年代まで五〇戸、二五〇人ほどが暮らした。区長は六〇歳以上の者で任期は一年、選挙によった。集落は一五～一六戸の浜、中、南の三組からなる。三つの組には、それぞれ「神事当番帳」が綴られ、毎年順番で回る行事の当番や準備物等が記録されている。彌美神社大祭では、毎年、順に役割（大御御幣、常番、下げ番）を担い、各組では順に回る世話人二人を中心に準備した（表2-3）。年六回開催される神事は神官を招いた祀りであるとともに、坂尻の全戸主が集まり懇親を深める共同飲食の場でもあった。この神事以外にも現役を退いた

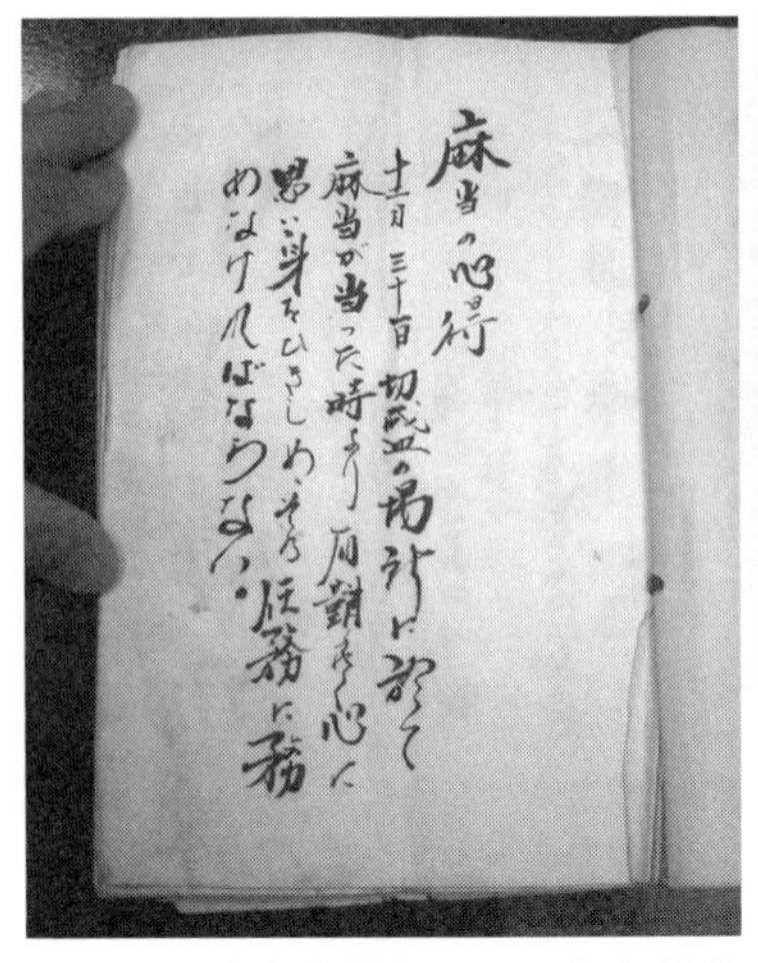

麻当の心得
十二月三十日切盛の場所に於て
麻当が当った時より[illegible]心に
思い身をひきしめ、その任務に務
めなければならない。

写２－５　神事に要する準備事項を記した志備録抜粋
（福井県三方上中郡若狭町神子、2010年）

写２－６　神事志備録に記された担当する当屋の心得
（福井県三方上中郡若狭町神子、2010年）

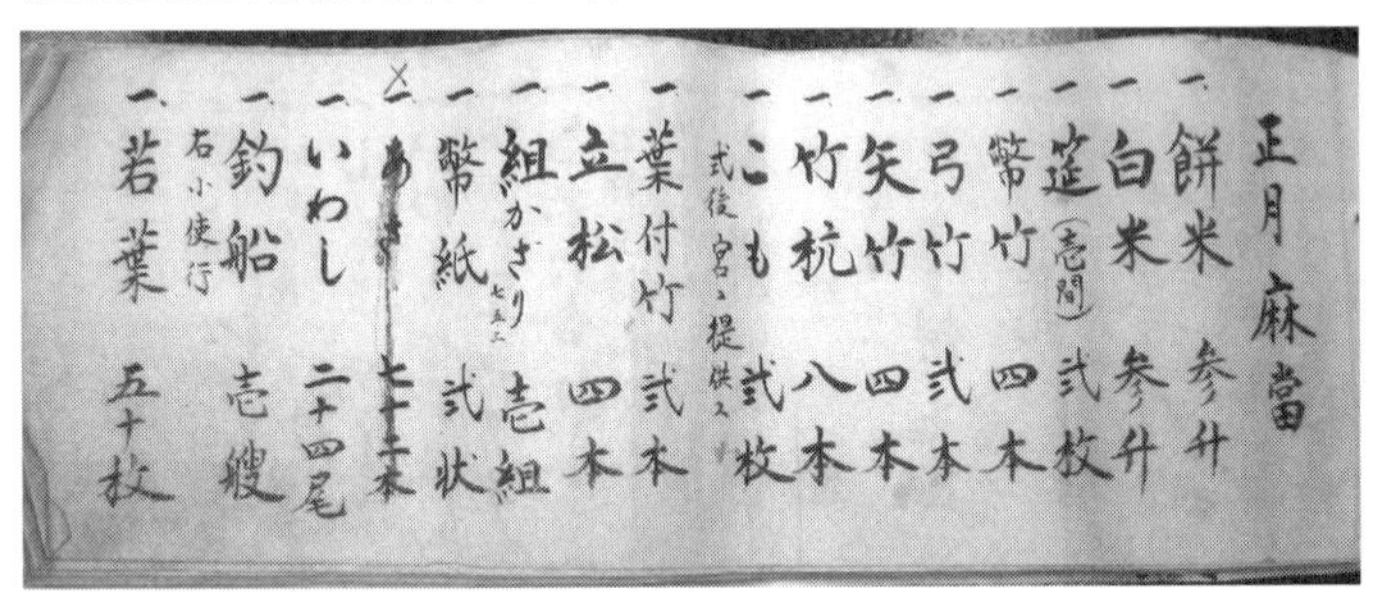

正月麻當
一　餅米　参升
一　白米　参升
一　筵（壱間）　弐枚
一　幣竹　四本
一　弓竹　弐本
一　矢竹　四本
一　竹杭　八本
一　こも　弐枚　式後　宮ニ提供ス
一　葉付竹　弐本
一　立松　四本
一　組かざり　七五三　壱組
一　幣紙　弐状
一　あさ　七十本
一　いわし　二十四尾
一　釣船　壱艘　右小使行
一　若葉　五十枚

写２－７　正月の神事に集落で準備する品々を記した綴
（福井県三方上中郡若狭町神子、2010年）

隠居女性による念仏講が毎月一七日にあった。また、漁協の組合員どうしでは毎年四月に恵比寿講が催されたほか、若狭町にある末野恵比寿神社へ、代表で参拝する者（代参）を籤引きで選んでいた。必要な費用は漁協の入札収入と組合員の持ち出しで賄い、これを惜しむものはいなかった。

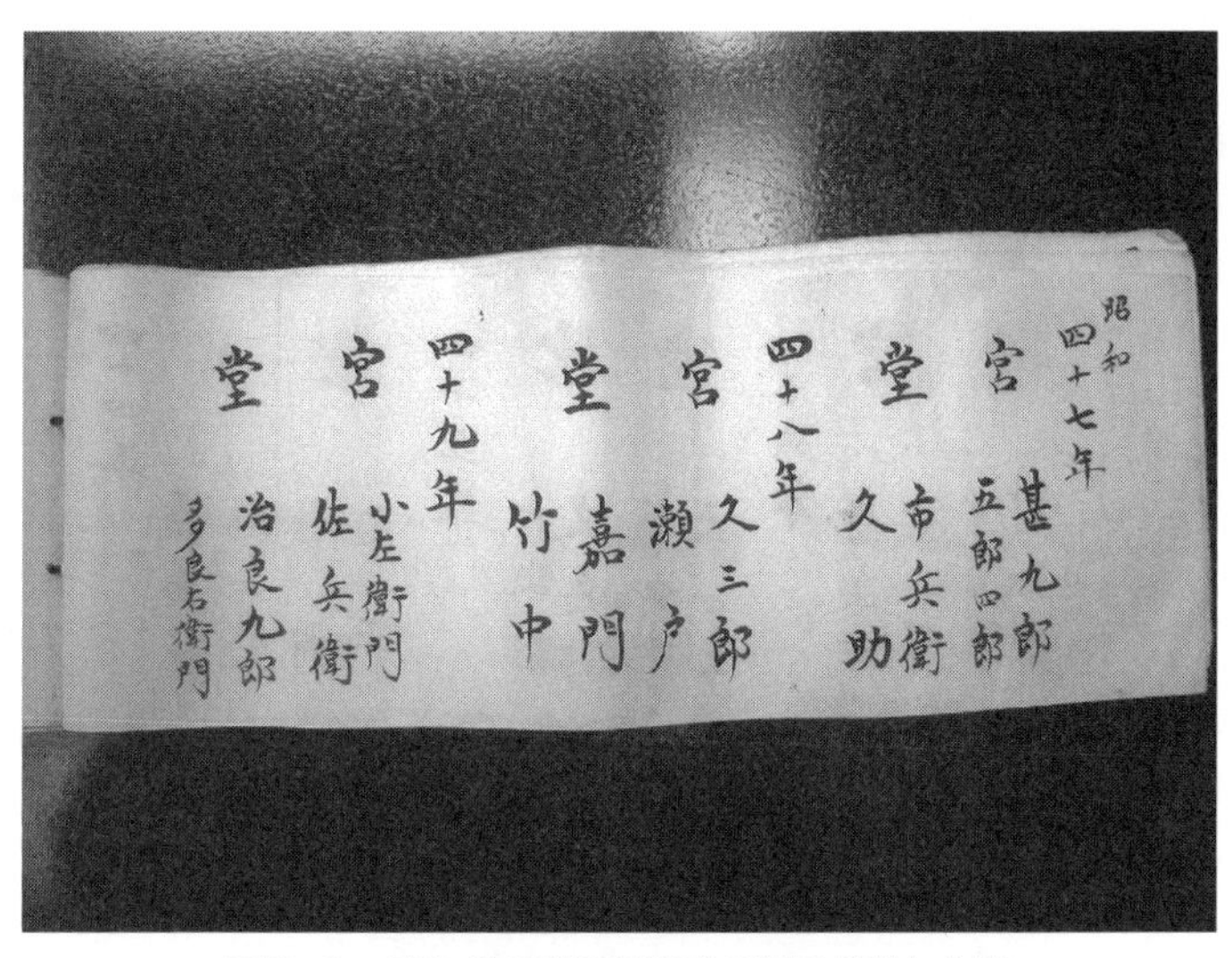

写2－8　宮と堂の当屋担当者の順番を記した綴
（福井県三方上中郡若狭町神子、2010年）

さらに若狭湾に沿う福井県小浜市泊では、昭和三〇年代まで一二五戸、人口一二〇～一三〇人が暮らした。区会への出席は全戸主の義務であり、年間行事予定は毎年の初**寄合**（一月一〇日）で決定された。皆の総意で字独自の休日を決め、宮寺を中心とする行事は年二五回を超えた。心の拠り所は氏神と菩提寺である。特に一月と九月には皆が六～一二回も集まり、また、共同飲食するムラ独自の休日もあった。これには伊勢神宮への代参や氏神（若狭彦神社）の奉告祭、桃の湯、**御日待ち**等々があり、それぞれ酒を伴い戸主をはじめ多くのムラ人が集った。桃の湯とは、魔除けのため**神酒**の代わりに釜で沸かした湯を飲むことを指す。この字では過去を教訓に日々を見つめ直すために「大火災」（三月二五日）と「水害日」（九月二五日）を設けている。明治三〇年の大火災で一二五戸中一二二～一二三戸が焼失し、昭和二八年には人命を失う台風水害を受けた。この二日を休日とし、皆が

表２－３　福井県三方郡美浜町坂尻区の「神事当番帳」に記された神事とその概要

日程	名称	概　要
1月14日	御日待ち講	・彌美神社大祭では、浜、中、南組が、それぞれ、順に役割（大御幣、常番、下げ番）を担い、各組では順に回る世話人２人を中心に準備する。「神事当番帳」（昭和36年）には各組の順番表が綴られ、大御幣番組による大御幣の作り方、調達用具等々のほか各係の氏名が記されている。常番組は、警護などの担当係を決めて準備する。下げ番は片付け役を担う。 ・その他の神事は、浜、中、南組のいずれかの組が、毎年順に担当組になり実施し、他組が寄る。担当組には２人の世話人が順に選ばれ、この２人を中心に準備と運営を行う。「神事当番帳」には世話人氏名に加え、各組出席者数、準備物、献立、一戸当たりの負担金、残金の使途等を記載。
5月1日	彌美神社大祭	
9月14日	放生祭	
9月15日	豊前祭	
10月25日	一言主神社大祭	
12月1日	霜月祭	

※福井県美浜町坂尻地区中組の「神事当番帳」（昭和36年）による。
※御幣：お祓いのときなどに使う白色や金・銀の色紙などを細長く切り幣串にはさんだもの。

集まって火災や水害を語り継ぎ、日頃からの備えを喚起した。

　鹿児島県奄美群島では、集落のものが共同で**ハレの日**を作り出し、これが小字や大字内の絆を増幅させてきた。徳之島大字阿権（伊仙）では旧六月一五日は八幡神社で六月燈を催した。旧六月は米の一期作目の収穫時期である。五穀豊穣と無病息災を願い、大字に暮らす全三六〇戸の八割にあたる七〇〇～八〇〇人が参加した。当時は電燈がないため各戸が提燈を用意し、趣向を凝らした一重（重箱料理）一瓶（酒）を持ち寄り、踊りを交え飲食した。旧暦七月には「浜下り」が催された。徳之島など奄美群島の各集落では、全戸が一重一瓶を携え、近くの浜に下りて一日中共同飲食や余興をともにした。男衆は追い込み漁で食材の魚介を捕り、女衆は塩水で米を炊きおにぎりを作るなど食事を賄った。集落の子供たちは、互いに魚捕りやスイカ割りなどで遊んだ。旧八月一五日の彼岸も**ハレの日**であった。集落が紅白に分かれ、大人も子供も参加し、大字の広場（ミャー）では、昼は闘牛、夜は綱引きや相撲を楽しんだ。旧暦九月九日には、重陽（ちょうよう）の節句（せっく）を催した。集落全体で闘牛を行い、浜に下って共同飲食をしながら懇親会を開いた。これらは皆の長寿を願うとともに忙しい農作業や生業の疲れを癒（い）やす休日であった。ミャーとは、元々、神事や神遊びなどが行われる神聖な広場であった。

このほかにも、全国津々浦々の集落で盆踊りや地蔵盆など多種多様な行事が行われてきた。そこでは地域は違えども全戸もしくは順番で各戸が催事を準備し、共同飲食によって相互の親睦を深めた。皆は先祖を預かる菩提寺（ぼだいじ）に加え、願いをかなえる氏神（うじがみ）様や地蔵様、**庚申塔**（こうしんとう）場などを心の拠り所にして大切にした。これらの信仰に伴う経読（きょうよ）みや祭事、宮世話（みやぜわ）や地域行事に伴う**寄合**は、皆の健康や経済状態をはじめ、作物の出来具合等々、世間話を通し構成員の情報交換や相談事の場になった。行事ごとにひと月に何度も顔を合わせるつきあい、この交わりが互いに収穫物や料理などを融通しあう場を作り出し、若者や嫁婿に字で暮らす作法を教える舞台にもなった。

寺宮（てらみや）行事は、それ自体の役割に加え、**結組**や共同**出役**とともに、暮らしの礎と**共同体**の信頼関係を築き、結束と絆を深める原動力でもあった。これらの集まりによって生まれる結束は、事あるごとの共同飲食でさらに深まっていった。

2　共同体が育んだ互助の心とちから

信仰や行事の寄合、集いに加え、各戸が互いに**手間返し**する田植えや屋根葺き、葬祭などが皆の暮ら

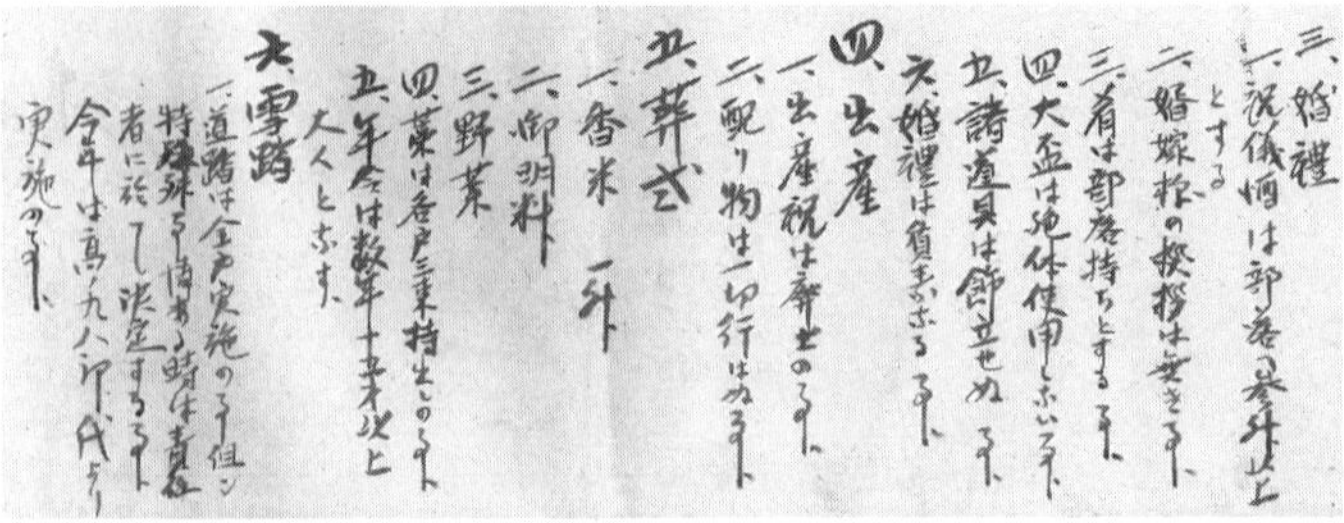

写2-9　婚礼、出産、葬式、雪踏みの決まり
（新潟県中頸城郡頸城村［上越市頸城区］大字大蒲生田、1960年、藤澤 史氏提供）

しを支えてきた。このような共同は、わが国にとどまらず規模や形、宗教や民族が違えども東南アジアの国々にもあった。これらの営みは労務の受け渡しなどを通し、互いの気持ちや思いやり、集落を愛する心を育んだ。

(1)　結組による稲作や総出で行う「虫送り」

①稲作

結組は作業を短期に集中させ、各戸が耕す水田全体の収穫期を揃える効果を生み出した（写2-9）。女衆は田植えや草取り、稲刈り、男衆は牛耕や人力での代掻き、**畦塗り**、土手畦の補修など、力の要る作業を担った。**結**による収穫によって脱穀、籾すりなどの作業に集中でき、労務を効率化させることができた。人手が足りないときは食事と手当を出し、水田を持たない同じ集落の炭焼きや竹屋を雇った。これは水田を持たない者に対する搾取ではなく、米による収入を集落で再配分することを意味していた。炭焼きも竹屋も共同**出役**などで集落を支える不可欠な存在であったから、爪弾きにすることができなかった。このような一時に集中する労力の受け渡しは、持ちつ持たれずの関係によって成り立っていた。

和歌山県旧西牟婁郡大塔村（田辺市）大字熊野の田植えは、小字全戸の**結組**によった。小字杣谷では一〇戸の各家から一～二人が手伝いに出た。雑貨商や郵便局員など、水田を持たない家からも手伝いに出た。田植えの**当屋**は労力を頂くと米や野菜などの食材、ときには日当を出した。水田を持つ家が持たない家に米や野菜などを融通していた。当地は市街まで二〇kmもあり当時は簡単に買い物に行くことができなかった。このため物々交換で生活必需品の多くを入手していた。

写2-10　集落総出で行う虫送り
（福井県小浜市宮川、1960年代、福井県立若狭歴史民俗博物館提供）

誰かが欲を張ると各戸の暮らしが立ち行かない。そこには分かちあいのこころが通いあっていた。やっかいな習慣のようにみえる。しかし、山あいの大字熊野などでは平地がなく各戸の**反別**が少ない。水田がない家では米がない。このような食材や料理などの融通が家どうしの暮らしを支えた。

②「虫送り」

昭和三〇年代頃まで水田害虫の大発生を抑えるため、小字や大字単位の虫送りが各地で行われた（口絵3、写2-10）。この虫送りでは、毎年八月のお盆前後、一九～二〇時頃、全戸から一～二名が出て脂の多い**肥松**の根を**松明**に全戸の田を練り歩いた。一mほどの間隔でイネの上に燃した**松明**を振りかざし、火の明るさでウンカやメイガなどの害虫を誘引し火の熱さで焼き殺した。個々に虫送りを行うと害虫が周囲の水田に飛散してしまう。駆除効果はともかく、小字、大字全戸が全水田で虫送りすることで被害を最小限にくい止めようとした。

写2-11　結組で行う茅普請
（福井県旧武生市［越前市］曾原、1981年、堀江照夫氏提供）

(2) 屋根普請や屋敷づくりの手伝いなど

昭和三〇年代頃まで農漁村の家屋は、多くが茅葺きであった。個人または**入会**の草刈り山から茅を採取した。これは主にはススキの茎葉である。葺き替えの作業は、隣組や小字内などの結で協力しあった（写2-11）。風雨に加え雪が多い地方では茅が傷みやすく、四面ある屋根を三年ごとに一面ずつ葺き替えるところもあった。福井県旧武生市（越前市）曾原の葺き替えは、職人三～四人と字内三～四戸の夫婦が**結組**による手伝いに出て行われた。職人も同じ村や字から来るため地域にお金が落ちた。当地の結では、盛（字会計の決算期）までに同じ作業でお返しできなければ、手間賃を金で清算する習わしがあった。労務のやり取りで互いの関係を拗れさせないようにしていた。

山あいの家々では、まわりから入手しやすい木板とスギ皮を屋根材に使うのが普通であった。風雨や湿気による損傷によって屋根は八～一〇年ごとに葺き替えられ、作業は小字や組各戸の**結組**による家が多かった。葺き替えが終わると**当屋**は皆を労い料理や酒を振る舞い、互いの親睦を深め、疲れを癒やした。子供たちも作業を手伝い、古皮の剝ぎ取りや搬出、芯に使う割竹の作り方、新皮を運び上げ、雨漏りしない皮の張り方などの作業を覚えた。

家の建て替え時にも、組や字の各戸が互いに手伝い（オトリモチ）に出る地域が多かった。それは屋敷の地盤固めから屋根瓦の運搬に至る細部にまで及ぶ。大工費用を抑え家主の負担を互いに減らす工夫でもあった。手伝ってくれた家の改修などの際には必ず出向いた。各戸の祝いは全戸の祝いでもあった。**建前**（たてまえ）になると**当屋**は屋根から菓子やおもちゃを撒き、手伝いに出た家々を招いて慰労会を開いた。

鹿児島県徳之島大字浅間（天城）でも、各家の修復と屋根の葺き替えは小字内の家**普請**で助けあった。冬でも青草が生え、栽培するサトウキビの葉があるため藁を牛に与える必要がない。各戸ともに葺き替え用の藁を**ホヤ積み**で保存していた。OT（昭和一一年生）によると、小組内五〇～六〇人、親類が仕事を一時中断して家主の手伝いに集まった。男女、老人すべてが、木材の切り出しから屋根葺きまですべてを分業した。「みんな、行きたくなる気持ちが自然と湧いてくる」。棟上（むねあ）げ式には、家主が振る舞う食事に皆が一重一瓶を持って集まり、お祝いをした。

徳之島大字西犬田布（伊仙）でも昭和三〇年代の家屋は茅葺きであり、茅も自給するため各戸が畑の土手にハチジョウススキを植え広げていた。小字単位で結を組み、四人一組の作業により、四面を二組で葺き替えた。屋根の木枠に茅を広げ並べる人、これを縄で縛る人、地上から茅を担ぎ上げる人、竹針を刺し葺いた屋根を留める人、この四人が一組である。小字内の人々が交代で作業した。隣組が屋根の上で茅を縛りつける縄をチガヤで編み**普請**の見舞いとして持参した。障害者や高齢者を除き小字の全員参加が原則であった。葺き上がると祝いの共同飲食が催された。家主が焼酎を用意し各戸が一重一瓶を持ちより女衆が賄った。

鹿児島県沖永良部島、大字久志検（知名）でも、野菜などの食材、料理等々は、隣組、友人、親戚どうしの物々交換で融通した。茅葺き、茅刈り、運搬、**建前**、田植え、脱穀（だっこく）、**高倉**（たかくら）への穀物担ぎ、サトウキビの収穫等々、生活に伴う多くの作業を**結組**で進めた。年寄りだけの家には、**手間返し**を求めず作業を手伝いにいくことも多かった。島の集落には、共に支え、共に生きる気風が強く息づいていた。だからこそ厳しい気象条件、限られた水、食料……だけで暮らすことができた。

(3) 出産や通院

旧大塔村大字熊野（ゆや）（田辺）は、一〇〇〇m級の山々に囲まれた深い山あいにある。**産婆**（さんば）の住む町まで遠く、昭和三一年頃までは近所の手慣れた小母（おば）さんが、産気（さんけ）づいた母親から赤子（あかご）を取り上げた。生まれるときから皆の応援を受けた。このように先達が**産婆**（さんば）の役割を担い、自宅で出産する例は各地にあった。

当地では昭和二四年に隧道ができるまで、二〇㎞もの急峻な山道を越え、しかも標高五〇〇〜六〇〇mの尾根を上り下りし、小字の男衆（おとこしゅう）が病院まで重病人を運んだ。病人を寝かせるため、布団を載せた戸板の両端に太い棒を結び、四人交代で担いだ。風雨、積雪に耐え、誰一人文句を言わず運んだ。帰りには男衆を労（ねぎら）い、途中の集落が腹の足しに茶粥（ちゃがゆ）を出した。集落を越えての助けあいである。このような病人らへの心遣いは、かつて全国各地の農山村にみることができた。

徳之島大字西犬田布（伊仙）でも昭和三〇年代まで医者がいなかった。重病人が発生すると隣組が戸板を組み合わせ、これをタンカの代わりに患者を町の中心にあった病院まで運んだ。馬を飼う家は率先して患者を乗せ、医者の往診時には車代わりに提供した。障害者と暮らす家庭では家族や親戚が食事などの面倒を見た。家族が多いからできた。百姓仕事ができない重度の障害者が住む家庭には、組の皆が山海の品を持ち寄り、暮らしを助けるのが普通であった。

(4) 作業や品々の融通

さらに大字や小字、組のなかでは、いくつかの戸や全戸による互助が暮らしを支えあった。野菜などの食材の融通とお裾分けなど、日常生活は金では換算できない関係性によって成り立っていた。

旧大塔村大字熊野（田辺）では、普段から互いに食材や料理を分かちあった。ある家で作った料理をお裾分けすると、皿にはその家が別の料理などを盛って返しにきた。また、現世の人だけでなく、亡くなった仏にもつきあいがあるとして、春秋の彼岸には、隣組どうしの仏壇に供え物が行き交った。

山あいでは日照時間が短いから、場所の違いで育ち具合や病虫害の発生に違いが出る。このため作物の収量に大差が生じる。長野県多野郡上野村では、収量が多かった人々が少なかった集落へ野菜を持って行く。お返しには、そこでよく採れた作物をもらってくる。この繰り返しが収量を平準化させた。作物をもらった人は、それを同じ集落の不作の家に配った。そこでも小さなお返しが繰り返された(50)。

徳之島大字阿三（伊仙）でも、各戸の難事は周囲の応援で乗り切ることができた。地主は仕事のない人には仕事を出し、賃金を払って支えた。台風で家が傾き、茅が飛散するなど被害が大きいときには、災害復旧のためにその家に大字の全戸が集まった。「元気づけに、手伝いに行きたい気持ちがわき出す。いつも一緒に顔を見あわせている集落の人は、皆、親子のような気持ち」であった。「技術を持った人は、喜んでそのちからを出して協力した。昭和五二年の水害で三人が海に流されたときも全員で海岸を捜索し続けた」。子供が生まれると隣組が互いに祝いあった。夫人らは互いに子持ちである。事あるごとに幼児を預かり各戸の暮らしを支えあった。

徳之島大字西犬田布（伊仙）は、昭和三〇年代まで約一七〇戸、七〇〇〇人前後であった。大地主が存在せず多少の違いはあっても皆がほぼ平等な状態にあった。家々の暮らしは、半農半漁による**食糧**（食料）調達と各戸での物々交換、品々の融通、助けあいによって成り立っていた。サトウキビを運ぶ牛車、キビ汁を煮詰める小屋のない家は、隣近所から借りることで済ませた。貸し借りはごく普通の気持ちであった。貸し手は、借り手が植付けや収穫、運搬などの手間で借りを返すことを了解し、相互扶助が暮らしを支えていた。集落行事では会費は徴収しない。各戸各自が格式張らず、歓待の気持ちをもって重箱料理と酒を持ち寄って宴会を開くのが習わしであった（一重一瓶）。

(5) 講の役割

① 頼母子講で支える物入りどき

生活を続けるためには、家の建替えや大病の治療費等々、まとまったお金を要するときがある。庶民には多くの蓄えはない。昭和三〇年代まで大字や小字では仲間を組んで金を用立て、物入りどきの家族を応援した（**頼母子講**）。今でいう金融機関を集落の仲間とのあいだで運営していた。それは銀行のように取り立てや担保の保護預かりを条件にしたものではなかった。

金融機関から遠い四万十町大字日野地では、昭和五〇年頃まで、**頼母子講**がまとまったお金を工面する唯一の手段であった。大字や近隣の大字を跨ぎ二五～二六戸が参加し各戸の資金繰りを支えた。皆で集めたお金は、家の建て替えや医者への支払いなどに貸し出された。「嫁さんが寝込んでどうもならんとき、助けてやれと思う気持ちでお金を出した」（T夫妻、昭和六、一〇年生）。参加者の情と信用で成り立っていた。二〇人で三ヶ月に一回一万円を出しあい、一五ヶ月で一〇〇万円が集まったとする。このお金を利子付きで借りた者を**当屋**と呼ぶ。**当屋**は三ヶ月に一回利子を払い、最終日までに元金を返済した。利子を座料と呼ぶ。皆が集まって開く共同飲食などにこの座料を使い、講に参加した全員に還元された。

②講で支える皆の**参詣**旅費

かつては伊勢参りや熊野詣など、各地の神社にお参りするのが暮らしの拠り所でもあった。しかし、個人が**参詣**に要する旅費をすべて用立てるのは難しかった。このため小字や大字では仲間を募り、金を積み立てた（講）。この費用で講員が交代で参拝し、その年にお参りできない講員のために全員の御札を持ち帰った（代参）。講員とは講の構成員を指す。講のおかげで個人では行けない遠方の宮まで、年を違えて全員が行くことができた。これは**共同体**としての絆を深める知恵でもあった。

大和自治区（豊田）には、静岡の秋葉総本殿に行く秋葉講、愛知の豊川稲荷に行く豊川講があった。大字ごとに一四～一六戸がお金を出し、毎年、順番で代参した。大字田原（宇陀）には一四戸と六戸からなる二つの伊勢講があった。お金を積み立て旧暦の一、五、九月の一五日、内宮祭に合わせて伊勢神宮へ参った。代参する二名は、出発時に皆に見送られ全員のお札を持ち帰った。各地にあった代参は、**参詣**者が途中に観光地などを巡って気分転換を図り、**共同体**の息苦しさを解消させ、新しい見聞を持ち帰って仲間を啓発する役割も担っていた。

(6) 生活弱者や経済的困窮者に対する支援

小字や隣組、**垣内**のなかでは皆が家族同然の関係にあった。困窮者が出ると内々にお金を貸し、米も分けた。また、荷役などの仕事を探して人夫として働きに出させ、収入を得ることができるように応援した。大字大蒲生田（上越）では、働き手が大病で稲刈りや雪下ろしなどが遅れた場合、その家に手伝いに行った。大字熊野（田辺）でも小字の**常会**長を中心に米や野菜、漬け物等々を持ち寄り、困窮者を応援した。

新潟県旧東蒲原郡上川村（阿賀町）滝首集落では、昭和四〇年代まで雪中でも交代で独居老人を訪問し、生活を見守る習慣が続いてきた。冬季の最大積雪深は平地でも高さ一三〇㎝に達する。地域のちからが老人の暮らしを支えてきた。そこには銭金を伴わないこころ通じる「デーサービス」があった。

長野県多野郡上野村では、昭和三〇年頃まで、経済的に困窮する人には山上がりすればよいといった。森に小屋を作り自然のものを採取するだけで暮らす。その間、働ける者は出稼ぎして借金を返し、山に上がった家族は以前の里の暮らしを回復させることができた。そこには条件があった。誰の山に入ってもよいこと。必要な木を誰の山から伐ってもよいこと。味噌だけは集落や親戚が十分に持たせる必要があった。暮らしの再生は、豊かな森や川、自然を利用する村人の知恵と技、山上がりした家族を応援する**共同体**があるからこそ可能であった[51]。

福井県若狭湾に面する大字日引（高浜）では、破産しかけた家が出ると「市をたてる」と称し、家財や土地家屋を字内で余裕ある家が買い取った。このときだけは時価の三倍までお金を出してもよい決まりがあった。個人資産も「ムラ全体の資産」という意識が強く皆で救おうとした。今まであった「市」は、昭和初めからの約八五年間で二件に過ぎない。そうなる前に**頼母子講**や親方、子方のつながりなどで知恵を絞り解決してきた。全戸でその家を守ったのは、家族に対する思いに加え、構成員の個人資産が外部へ移動し新たに別の家族が移住してくると、ムラの規律や限られた土地と漁場で生きる暮らしに混乱が生じるためであった。

徳之島、大字阿三（伊仙）では、四〜五軒の隣組が身動きできない一人住まいの老人や盲人が住む家の生活用水を交代で汲みに行った。「ほっとく訳にはいかん。互いに助けあわないと生きていけん」。生きていくためのたしなみであった。隣組どうしは、野菜などの融通で支えあった。畑仕事ができなくなった老夫婦は、農繁期には後継者夫婦らはもとより、まわりの暮らしを下支えした。孫と一緒に隣近所の子供を世話し、離れた家から子供の泣声を聞くと連れ帰って漬物や水を与え、腹を空かした子供をなだめた。「こうするものだと教えられたことも教えたこともない。親のやっていることを子供の頃から覚えてきた」だけである。

(7) 少ない反別を互いに補うこころ

水田を所有する職人や勤め人の家では、組や小字で田植え**結**を組んだ場合、相手の手伝いに行くことができない。このため自家の田植えには日当を出し、近隣に手伝いを求めた。お金を出して給与収入の一部を地元に再配分していた。日当は、戸主が集まる初寄など公の場で決められた。誰もが納得した金額である必要があったからである。

かつてはおよそ大字に一つ、萬屋、桶屋、籠屋、和傘屋、木工道具屋、鍛冶屋、下駄屋などがあり、暮らしに必要な品々を地域に供給した。愛知県旧東加茂郡足助町大字追分（豊田市田振町）では、かつてホオノキやキリの材木を持って下駄屋に行くと自分の足にあったものを作ってくれたという。また、沿岸では里海からの漁獲が魚の仕分けや貝の身外しなど、さまざまな生業を生み出した。さらに、海岸からは砂、山からは石材を採取し土木用に出荷する生業、筏流しや大八車による材木や石の運搬を生業とする暮らしもあった。集落では、農地や林地を所有しない家々でも加工や販売、運送などを行い、暮らし続けることができた。これは、**反別**や所得が少ない家を支える仕組みでもあった。

採り過ぎを抑え資源を守った。かつては農作物を作る農地や燃料山に事欠いても、家族の暮らしを守る礎があった。

(8) 分かちあう生活用水

離島や半島の生活水は、雨水のほか一定範囲の集水域に湧き出す水や井戸水だけに依存していた。全戸が生活水を確保するため、集落では有限の水を分かちあう独自の規則を設けていた。

福井県若狭湾に面する内外海（うちとみ）半島の先端、小浜市泊区における初**寄合**の決議文では、「新規の入居、脱退は、事前に区長に連絡し区内で協議する。生活、防火用水の給水容量には限界がある。新規入居者による給排水施設の使用は一切認めない。〈中略〉決議項目に全面協力すること、違反した場合は区が制する相当の補償に従う」とある。決議文がない集落でも、若狭町神子、高浜町日引などのような半島部では、水などの生活資源を保続するため分家を禁じる**不文律**があった。

日本海に浮かぶ島根県知夫里（ちぶり）島（知夫村）では、集落を流れる里川に水場を設け、米を研ぎ、野菜や衣類を洗った。全戸が飲料水や風呂水などを井戸や川水に依存していた。個人所有のほかに薄毛（うすげ）地区三〇戸には六つ、古海（うるみ）地区六〇戸には三つの共同井戸があった。井戸水を使い過ぎると海水が逆流し塩辛くなるため各戸が使い過ぎを戒めた。盆前にはカワザラエと称し、各戸の**出役**によって井戸を掃除し屋根などを修理していた。

知夫村では、毎朝、各戸が汲み上げた水を家まで運び、直径六〇cm、高さ八〇cmほどの壺に保存し大切に利用していた。昭和三〇年代までは、水や燃料を節約するため風呂を週一回程度にとどめ、夏は川での行水で済ませた。当時、薄毛地区では三〇戸中約一〇戸が四～五日おきに風呂を焚き、一戸に七～

八人が集まり入浴した。各戸が順に燃料の薪柴を持ち寄り、余裕ある家が不足分を補った。昭和三七年までは毎日二三時に送電が止まり、灯りが消えた。このため長風呂は許されなかった。老若男女が縁台（えんだい）に座り順番を待った。子供たちは遊びや大人の会話を小耳（こみみ）にはさんで地域の気風や習慣を学び、大人も世間話を介して互いに思う心を深めた。共同風呂や風呂結（ふろゆい）は、限りある水や燃料を無駄なく使う心得でもあった。

奄美群島、徳之島は、面積二四八㎢、昭和三〇年の人口は五万人強であった。暮らす人々の水は、島に降った雨による湧水と川水だけである。度々干ばつに見舞われた。水は**食糧**とともに命の源である。暮らしを守るためには、水を絶やすことは許されない。隣接する島どうしが船で水を運び分かちあった。

水汲みは小学生からの日課であった。親たちは、子供たちに独居老人宅へ水を運ばせ、支えあう心性を学ばせた。燃料と水を節約するため、四～一一月頃までは風呂を焚かず、畦に座って田水で行水することが多かった。各戸が燃料の薪柴に加え、湧水を守るために風呂は週一回ほどにとどめ、普段は田水で洗濯し風呂を焚いた。隣組五～六戸が順に風呂を焚き、各戸が貰（もら）い湯に集まった（風呂結（ふろゆい））。洗い水は再び田に流れ養分はイネに吸収され食に循環していた。

(9) 先達を弔う集落の人々

永きにわたる相互扶助のしきたりは、**共同体**のなかに逝く先達を皆で手厚く弔（とむら）う心性と絆を育てた。喪主の家には大字や小字から多くが弔いに集まり、字や組が棺桶や**草鞋**作りをはじめ、会場準備に至るまで葬儀の多くを手伝った。また、喪主の負担を減らすため、各戸が米や油揚、麩（ふ）、コンニャク等の食材を持ち寄り、親類も手拭いや調味料などを持参した。

大字大蒲生田（上越）「春集会記録」における葬儀の取り決めでは、各戸が通夜や葬儀、**夜伽**で料理に出す米の一升や季節の野菜のほか、御明料や遺体を燃す藁三束を持参するなど、大字の皆で死者を弔い、喪主家族の負担を減らした（写2-9）。御明料とは通夜などに使う蠟燭、またはその代金相当を指す。

小字の区長が葬儀委員長となり、喪主と告別式や初七日を決めて大字に連絡し小字全戸に役割分担を知らせるところもあった。皆に経験を積ませるため役を順番で持ちまわるところが多かった。手伝いに出た男衆は、会場設営、棺桶や藁草履作り、役場や親類縁者への連絡、書類作成、受付や死亡届などの各種の手続き、遺体を火葬場まで運ぶ御輿と装飾作り、遺体を燃やす火葬の焼番などに奔走した。女衆は、会場や食事の準備に尽くした。

出棺には喪主家族と親類ほか同じ字をはじめ村人の多くが加わった（口絵4）。喪主が火葬用の薪や炭を準備した。焼番は二人一組で字の各戸が順番に担当した。出棺前に火葬場を掃除し、夕方、到着した遺体を火葬枠に納め、参列者らが点火した。焼番は夜通し延焼防止や遺体の焼け具合を点検し、朝方には焼け残りを燃すなど、寝ずの番で骨拾いに備えた。土葬の場合には、数人の穴掘り役を決めた。重ね掘りを避けるため、墓標と墓標の間を掘った。掘り穴は、獣による掘り返しを防ぐため、**座棺**の二・五倍を超え、深さ一・五m、縦横一・二mに及んだ。当番には酒一升と肴が届けられ、酒を飲んで別れの辛さや作業の疲れを癒した。初七日がすむと喪主が感謝を込め字の皆を宴会に招く。このとき焼番が上座の中心に座り、葬儀長から順に膳を囲み亡き人を偲んだ。

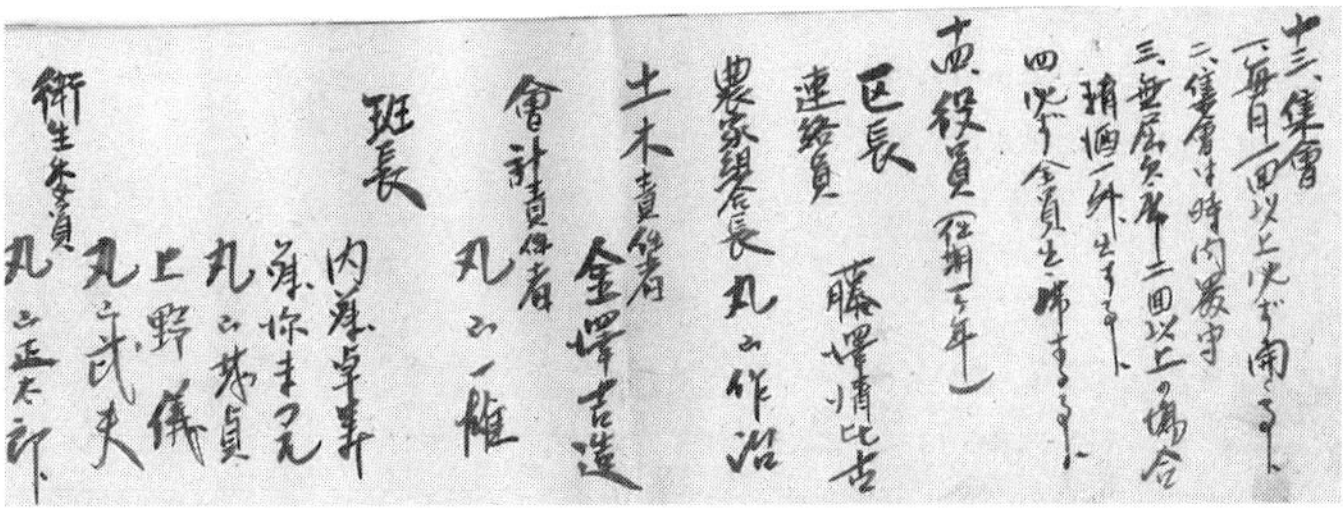

写2-12　集会の決まりと役回り

（新潟県中頸城郡頸城村［上越市頸城区］大字大蒲生田、1960年、藤澤 史氏提供）

3　共同出役で守った暮らし

(1)　暮らしと生命を守る共同出役（しゅつやく）

各戸の暮らしと生命を守るためには、大字や字、組、**垣内**、班など、作業規模ごとに単位を決めた共同**出役**が不可欠であった。**道直し**、水源や湧水地、水路や河川の清掃、溜池改修、防災、防火活動には全戸の参加が原則であり、皆の賛意で規則を作り**出役**を計画した。これに人を出せない家は、**出不足金**として字に日当を払う義務を持つ地域があった。この金（かね）は、**出役**日の昼食代や慰労会などによって**出役**者に還元された。母子家庭や障害者、高齢者だけの家庭には、役（やく）が免除されるところが多かった。しかし、できる限りのことをしようと惜しむことなく作業の応援に出た。

火災や災害から命と財産を守るため、地域消防団が組織された。消防団の最小単位は小字であることが多かった。山あいでは、火災の初期消火や災害に対する初動活動を担う地域消防団の役割が大きい。そこでは救出・救護・消火・警戒活動、避難路の確保、援護を含む避難誘導、救援物資の備蓄・配分、炊き出しなど、家族構成や年齢、職種などをもとに各戸の役割が決められていた。皆の命や財産を守る絆と共同が、被害を最小限に食い止めた。

大字大蒲生田（上越）の「春集会記録」には、集落運営に関する重要

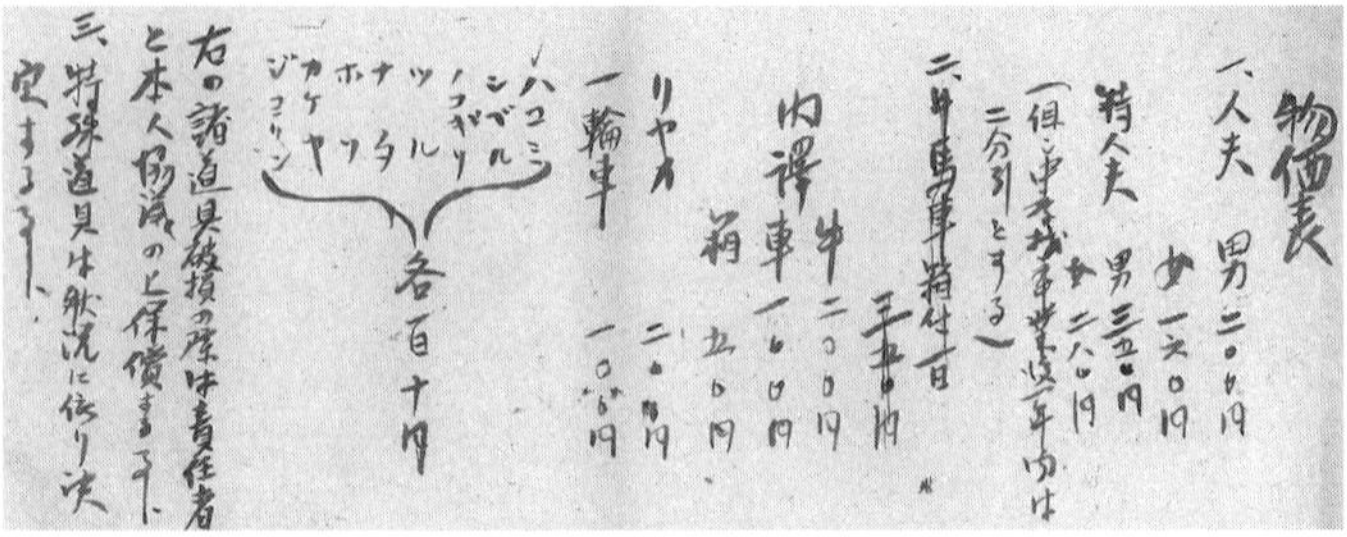

写2-13　出役時の物価表

（新潟県中頸城郡頸城村［上越市頸城区］大字大蒲生田、1960年、藤澤 史氏提供）

な記録が残されている。「集会は時間厳守。無届け欠席二回以上の場合、清酒一升を出す。必ず全員出席する」とある（写2-12、写2-9）。道の草刈りや用水の泥浚い、**入会**林の草刈りには、各戸一人が**出役**し、漏水する溜池堤の改修や災害による緊急復旧作業、村道など**雪踏み**には、働けるもの全員が**出役**する義務があった。放置すると大字の暮らしに支障がでた。一五歳以上を大人とみなし、男は一人一**人工**、女は一人〇・八**人工**とする規則があった（写2-13）。母子家庭や障害者を持つ家では女一人を一**人工**と見なし、皆で暮らしを支えあった。木橋や里道、石段の補修、社や共同作業場の改築等には、大工や左官などの技術を持つ職人が必要である。大字ではこのような人夫を特人夫と呼び、**人工**の代価を高く設定した。暮らしに不可欠なインフラを支える仕組みであり、大字で職人を育てる作法でもあった。

「用材（杭材）を各戸平素より出来る限り用意をして置くこと」と定め、土手や道の補修に必要な杭材や道具類もすべて持ち寄った（写2-2）。**普請**では各戸がそれぞれ道具類を一つずつ持ち寄る義務があった。追加で道具や**人工**、道の補修に使う茅、寒い時期に燃す薪などを供出した場合、代価は皆から徴収した大字会費から賄われた。一日当たり人夫二〇〇円、特人夫三五〇円、ただし中学卒業後一年目は二分引き、また、牛二〇〇円、一輪車一〇〇円、ハシゴ、ノコギリ等各一一〇円など、価格が記載されていた（写2-13）。道具が破損した場合は、**普請**の責任者と持ち主とが協議の上で補償するとある。道具の購入や修理には費用や労力を要する。また、一人余分に出すと自家の百姓仕事が遅れる。これらの費用を大字の皆で負担しあった。子沢山の貧農は、人夫を多めに出して収入の足しにした。末永く集落の皆の暮らしを支え続ける共生の作法であった。

徳之島、大字浅間（あさま）（天城）には一二〇〜一三〇戸、約一〇〇〇人が暮らした。昭和二〇年代末まで小中学校の校舎は茅葺きの木造校舎であった。台風で壊されると大字全戸が一名ずつ**出役**し校舎を再建した。重労働ができない老人も一人足として認めあい、男女と老人とがそれぞれできる作業を分業した。男衆は**入会**林の木材を切り出し、女は屋根の基礎にする竹を出し、老人は竹の結束作業などで下支えした。「やるべきことはみんなで絶対に成し遂げる。皆には浅間魂が根付いている」。

徳之島、大字目手久（めてぐ）（伊仙）では、宮や集会所の修理、**普請**に必要な費用などの物入りには、家々が気持ちの寄付を続けた。それぞれが出す金額の多少については皆が了解していた。大雨後の道**普請**や共益施設の修理作業などには最低各戸一名が**出役**し、加えてお茶や食事の準備などに全戸全員が協力した。寝たきりの高齢者や障害者など、**普請**に出ることができない住民のことを了解し、**出不足金**を求めるようなことはなかった。大字西犬田布（伊仙）では、大字を東西二組に分け、各組全戸が出て交代で大雨後の道普請や溜池の泥掃除を行った。水に事欠く離島では、溜池は農業に不可欠である。水量を確保するため四〜五年に一回、堆積した底土を除去した。男女平等、一八歳以上を一人前と見なし七〇歳以上だけの家族については**出役**を免除した。

かつては集落の構成員が道や橋づくり、消防団の役務など多くを担ってきた。これらの多くは今や行政の仕事である。当時は大字や字、**垣内**が「公共」の役割も担った。労働の力量には個人差がある。一

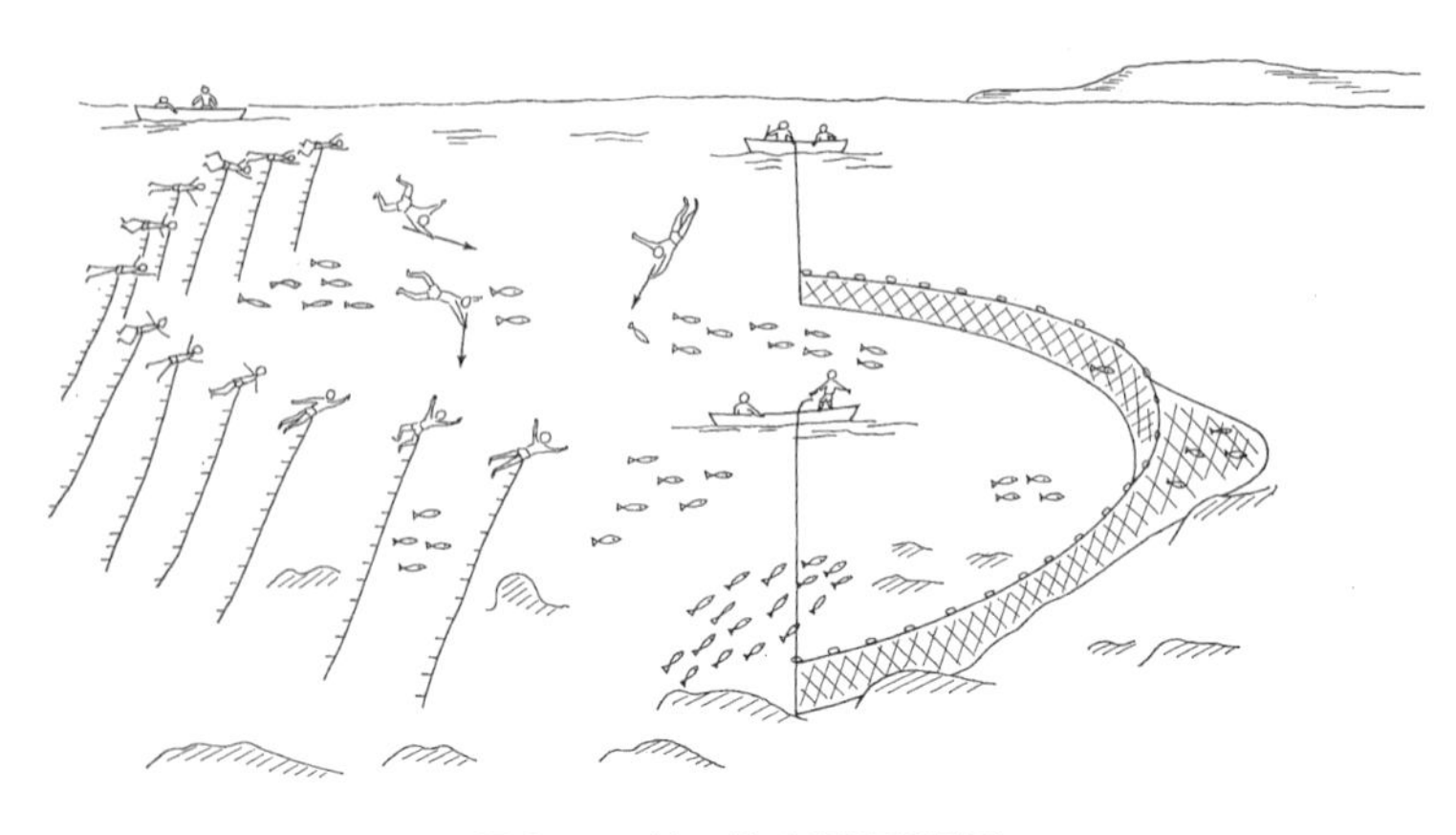

図2-1　追い込み網漁操業図

※金田禎之（1977）『日本漁具・魚法図説』成山堂から引用

部にあった男女差や年齢差を除くと、皆の能力や体力を同一と見なし、全労働力で**共同体**を守った。そこにはこの**共同体**を支える仕組みと規則が作られ、皆の絆によって永きにわたりその機能が継承されてきた。

(2)　暮らしや生業の共同

暮らしの共同は、餅つきや農繁期の保育など、日常生活だけにとどまらない。里山では**食糧**増産を目指した畑の開墾、稲作を効率化させるための耕地整理、漬け物づくり、炭焼き、シイタケ栽培、養鶏、雑貨の原料生産などの生業についても共同し、生産量を増やして販路を築いた。里海沿岸では、集落が作った組合が出漁に加え漁獲の仕分けや出荷箱の製作などを共同した。

奄美群島の追い込み漁は、共同作業で営まれてきた。沿岸に連続する珊瑚礁の外縁に巻き網を張り、組を作った仲間が泳いで魚を追い込み、両側から網を包み込んで捕った（図2-1）。Y（昭和六年生）らによると徳之島伊仙町西犬田布集落には**網元**（あみもと）が五軒あった。ブダイやトビウオ、ムロアジなど、魚の種類によって網が異なり**網**

元五軒ごとに一〇人前後の仲間が集った。**網元**の多くは、漁や海底の環境、海域の特性、海難への対応など、すべてを知り尽くした長老である。穫物はすべて平等に分配された。大人一人、引退した漁師、船、網がすべて一人前である。引退した高齢の元漁師は、皆が暖を取るために薪を集め（浜掻き）、浜で野火を焚く。これも一人前である。また、一八歳まで半人前である。子供たちは中学生に入ると漁を学び始めた。仲間で役割を分担し皆の暮らしを支える仕組みであった。

互いの暮らしを助け、**食糧**を増産し、生業による増収を図るため共同した。作業後には慰労会があり、輪番の**当屋**が肴を用意し酒を酌み交わした。この共同飲食は、祭や盆踊り、講、葬儀とならび、代々、構成員の絆を深め、末永く地域を守る心性を育て上げた。

第三節　子供や若い男女を育てた集落

1　集落に育つ子供

親兄弟や祖父母、親戚だけではなく**共同体**が次代を育み、集落の子として子供らを育て地域に歴史を刻んできた。「夫婦が子供を大切に育て姑も孫の面倒をみた。地域がそれを支え子供を大切に育てた。親以外もムラの子供を叱り、良いことと悪いことの分別、これが限界という一線、これ以上したらダメというメリハリを身に付けさせた」（S夫妻、鏡野）。「皆の暮らしを支えるため、親と地域が子供を育てるために頑張った。知的障害がある人には子守などの仕事を与え、わずかでも収入があるように応援した」（T夫妻、四万十）。

埼玉県秩父市内では、昭和四〇年頃まで子供ができることを願い、若嫁が産土神社にお願いに行く風

写2-14　戸祝で集落の家々を回る子供ら

（福井県旧遠敷郡上中町［三方上中郡若狭町］上野木、1970年代、福井県立若狭歴史民俗博物館提供）

習があった。このときは若嫁だけでなく集落の婦人らが一緒にお願いに行った。妊娠したときも集落の婦人らが一緒にお礼に行った。そういう儀式、行事を重ねながら子供が生まれ、成長していった。夫婦の間にできた子供でありながら、地域の子供でもあった[50]。「理にかなわぬこと、村の生活にそむくことをすれば、独り自分の親のみならず村人のだれでも子供をたしなめかつ叱責して怪しまなかった。親もまたこれを当然とした」[52]。地域が子供たちを育てた。

若狭にある大字坂尻（美浜）では、家の跡取りが生まれると地域を支える戸主として成長することを願い、翌年一月二〇日の新年会で長男を全戸に披露した。実際に戸主になるときには、親が選んだ親方が本人を連れ、区長や全戸へ挨拶に回って参会（**寄合**）に出席し、戸主の一員としての認証を受けた。仲間との結束だけでは暮らしの危機を乗り切ることができない。親らは難事の際の協力者として、村内で大きな影響力を持つ人に自らの子に対する親方を依頼していた。

集落の人々は共同で子供たちに**御日待ち**を設けた。その一つが福井県の若狭地方などで行われてきた「戸祝」（狐狩り、狩りあい）と呼ばれる行事である。大字坂尻（美浜）では、毎年一月一四日に小学校一年〜中学校二年までの男子が集まり、無病息災や五穀豊穣を願い、打ち出の小槌を叩いて集落全体を三回巡った（写2-14）。この時、年長者が厄年や新婚の人々が住む家に祝儀を願い出て菓子や学用品などをもらう。これらを子供どうしが平等に分けた。子供たちが一年で最も楽しみにする行事であった。

また、一月二〇日前後には小学校五～六年から中学二年生くらいまでの子供が、寝具とご馳走を持ち寄り、集落で寝宿（ねやど）を引き受けた家に集まり一夜を共にした。かつての子供組（こどもぐみ）や若者組（わかものぐみ）の風習（ふうしゅう）を受け継ぐものである。共同宿泊を通して**宿親**（やどおや）の指導を受け、集落の一員としての指導を受け、また、子供仲間としての絆を深めた。このような子供達の**御日待ち**は、奥三河の「ガンドウチ」、秩父の「天神様（てんじんさま）」など各地にあった。

鹿児島県大島郡伊仙町、「西犬田布婦人会だより」によると、子供らの入学や卒業祝いを集落全員で行うこと、お祝い金も気持ちを授けることが記録されている。集落が**ハレの日**を作り子供の成長を祝った。親だけでなく**共同体**が子供の楽しみを作り後継者として大切に育て、子供らもそれに応えた。

2　集落で盛り上げた教育や運動会

かつて全国の小学校では、運動場のまわりを耕し大字や小字の各組が交代で給食用のサツマイモや大豆を栽培するところがあった。また、順番でダイコンやホウレンソウなどの食材、燃料の木炭を持ち寄るところも多かった。福井県、大字気山（きやま）（若狭）では、**入会**林二〇〇町歩から学校や公民館の用地を提供し、**入会**林から得る木材や薪柴収入によって建設費を捻出した。毎冬、大字から人を出し、学校や公民館の暖房用に**入会**林から薪柴を採取していた。そこには教育を地域で支える絆があった。

小中学校の運動会や学芸会は、子供の有無を問わず大字総出の一大行事であった。全戸が競技に参加し、小字や組どうしで競う種目で盛り上がった。徳之島、大字伊仙（伊仙）では小学校が一つあり、年一回一〇月の運動会には校区のほぼ全員が参加した。大字の東（ひがし）、西（にし）、中組（なかぐみ）による対抗種目があり、組ご

表2-4　埼玉県秩父市太田地区の季節共同保育所

項　目	内　容
保育年齢	四～六歳、小学校入学前までが対象。
保育時間	九時～一六時。一七時掃除終了。一七時三〇分頃帰宅。
保育所開設期間	昭和三六～四三年までの八年間（保育所や幼稚園ができるまで）。 毎年六月～一一月末。 （田植え時期～収穫時期、養蚕があるため土日含む毎日）
保育員	各保育所三名程度。
保育人数	堀切保育所では二〇名以上（最盛期五〇名、不動尊利用）。 上大田・下大田・伊古田保育所では七〇名程度（熊野神社）。
保育料	秩父市から保育担当婦人に謝金支出。
その他	弁当持参、おやつは母親達が持ち寄り。秩父市からの支援も有り。

※TK氏からの資料提供による。

とに一致団結して競いあった。これらの行事も集落内で互いの絆を深める役割を担っていた。

各地の集落では、農繁期の親夫婦を助けるため、共同の季節保育所を開設するところが多かった（表2-4、口絵5）。埼玉県秩父市太田地区では、一九六一～六八（昭和三六～四三）年まで毎年六～一一月末、九～一七時過ぎまで就学年齢に達するまでの幼児を預かり保育を共同していた。集落では養蚕を営んでいたため春から秋、父母、祖父母らは多忙を極めた。このため田植えから収穫時期まで、保育は土日を含む毎日のことであった。地区には堀切、上太田など保育所があわせて四ヶ所設置され、最盛期の保育児数は計二五〇名を超えた。集落は保育所を運営する役割も担っていた。

隣組の小母さんや母親が交代で子供らを世話した。行事には市長や区長も協力し、遊びや躾を通して集落の将来を築く子供を育てた。自らの子でなくとも悪いことをすれば叱った。ともに七五三を祝ってもらうなど、日々の営みが次第に子供たちのあいだへ連帯感を築いていった。福井県旧三方郡三方町（三方上中郡若狭町）大字気山にある小字切追（若狭）の集落では子供会を運営してきた。そこでは青年団らが中心となり海水浴や湖でのシジミ捕り、山登りなどを開き、また、祭事を伝承するために年四〇回もの訓練を施し集落の子供を育てた。

3　学校も担った生活教育

昭和三〇年代までの学校教育には、生きるための知恵、人と人とのつきあい方、互いを支えあう気持を教える仕組みがあり、学校も互助や自給の知恵を授けた。岡山県苫田郡旧奥津村（鏡野）の小中学校では、昭和四〇年代まで生徒全員が、収益を生徒会費に充てるため、ワラビなどの山菜を採取し学校で仲買に売り渡した。

新潟県大蒲生田（上越）では、秋になると全校児童が裏山に登り薪ストーブの焚き付けを集めた。生徒たちが当番でウサギを飼い、用務員が捌いて全員で食べ、命の大切さと食料自給の意義などを学んだ。また、毎年年二回の遠足では、六年生まで全員が鍋と味噌を背負って山に登った。教員の教えで春は野生タケノコ（ネマガリダケ）、秋は食用キノコを採った。竹の先を縛って三脚を立て、これに沢水を入れた鍋を吊るし、味噌とタケノコ、キノコを入れ、松の枝や落葉などを燃料にして煮付けた。野山の食材と旬、万一に備える技を教え込まれた（味噌汁遠足）。

大字阿三（伊仙）や大字犬田布など徳之島における小学校の修学旅行は、歩いてまわる三泊四日の全島一周が恒例になっていた。各自が米一升と味噌五〇〇g、毛布を担ぎ歩いて島を巡った。雨が降っても歩き、児童どうしが互いに落伍者を出さないように支えあった。夜になると天城町兼久、山、徳平瀬の集落で、一戸当たり一二〜一三人ずつがまとまって分宿した。宿の提供に協力した家々は、卵焼きや漬物などのご馳走を用意した。児童らは、他人の家で過ごす作法や浜下りなど地域の風習を学び、稲刈りをはじめ農作業を手伝った。

この修学旅行で児童らが旅先の学校を訪問すると、地元の集落が寄付してくれた落花生や黒砂糖などのおやつが配られた。島には町や集落をまたぎ皆で子供たちを育てる気風が根付いていた。中学校でも修学旅行は、徒歩で行く二日間の徳之島一周であった。皆での分宿や厳しい歩行訓練を通し、落伍者を出さないよう弱者を支えあうこころと団結の絆を養った。

4　子供たちの営み

家族と集落が育ててきた子供の営みも見逃すことができない。兄や姉が妹や弟の面倒を見て、手伝いも勉強もよくやり遂げた。高齢者や病人をいたわり、楽しみも作り出した。**道直し**や除雪、学校整備や家々の農作業を手伝った。当時の学校では田植え休み、稲刈り休みがあり、手伝いを通し食料や燃料自給の技を学び、集落で暮らす訓練を受けた。

「低学年から高学年、中学生まで交じって内外で遊んだ。畑からスイカやウリを失敬するとき、目立つ盗り方はするな。これ以上盗ったら（大人に）怒られると互いに戒め、一個のスイカをみんなで分けあった。毎年、子供仲間が用水路に入って足で川底を掻き網でドジョウを捕り、獲物の多少にかかわらず公平に分配した。家に持ち帰ったドジョウは夕飯のおかずになり、命の大切さを知った」（S、鏡野）。このように年齢を異にする子供らが野山や水辺に遊び、自然のちからや世間の掟を学ぶ風は全国津々浦々にあった。また、ともに遊び、学ぶため少年団を組む地域もあった。夏休みには上級生が低学年向けの勉強会を開き、年長者が後輩に水泳などを教えた。けんかもした。子供達は、そのなかで互いに支えあう心を学び、体力や年齢の違いを越えてつきあう作法を培った（写2-15）。

旧頸城村（上越）では冬は根雪で農作業や山仕事ができない。F（昭和一四年生）によると中学や高校を卒業した男女は、稲刈りが終わると出稼ぎに出るのが普通であった。男は造り酒屋の賄い、女は女中奉公などを経験した。正月も実家には戻らず、田植え準備が始まる三～四月まで行き詰めることもあった。出稼ぎは収入を得ることはもちろん、世間の厳しさ、人とのつきあい方、自活の訓練を行うためでもあった。宮本常一は「村を知るためにはその村に生まれ、父母に育てられ、郷党同僚に学んで村の性格を身につけるとともに、旅をして世間を見、自らの故郷をふり返ってみることが大切」と記している(52)。

写2-15　年齢の異なる子供らが遊ぶチャンバラごっこ
(福岡県柳川市沖端、1955年頃、野田種子氏提供)

5　若い男女を育てていく場

(1)　青年団

各地の大字や小字は、結婚前までに集落の構成員にふさわしい若者を育ててきた(48)。その役割を担ったのが青年団(会)である。また、古老や親たちは、この青年団を若い男女の出会いの場としても認めていた(写2-16)。

盆踊りをはじめ祭の際の獅子舞や山車曳、神輿かつぎ、幟立てなどの行事、歌舞伎や芝居などの民俗芸能、消防や災害時の救援などを担わせ、**共同体**の構成員になるための訓練を施した(口絵6)。入団したばかりの若者には、先輩たちが役務や技法など字で暮らす作法を教えた。慰労会には年齢を超えて集い、先達が後輩に集落のしきたりや気

写２-16　芦清良青年団男女一同による沖永良部一周旅行
（鹿児島県大島郡知名町、1958年、知名町教育委員会提供）

風を教えた。この時間の共有化が、さらに一層、集落のなかの絆を固めた。

福井県、若狭湾に面する大字坂尻（美浜）では、青年会が大字の後進育成を担ってきた。一五歳に達した男女は結婚するまでのあいだ青年会に入り、神事や祭礼、盆踊り、能楽（のうがく）などを準備してきた。新しい仲間が加わる際には、地元で参会（さんかい）と呼ぶ直会（なおらい）を開き、挨拶に加え先輩へのお披露目会とした。直会とは祭事終了後、供え物の**神酒**（みき）や**神饌**（しんせん）を下げて共同飲食する宴をいう。

青年会では**古参**（こさん）（中老（ちゅうろう））を中心に、新しく入った青年に礼儀作法、神社参り、祭礼準備の方法、しきたりを伝授してきた。「こわかった。学校の先生以上に厳しかった」（OO、大正一四年生、SI、昭和一二年生）。これを耐え抜くことによって集落に生きていくための作法を学び風土を身につけた。規則違反者には、出入り禁止、退会、除名といった罰則もあった。

高知県、大字日野地（四万十）の地蔵盆は、青年団の準備で開かれた。全員で地蔵様に参りそのあとは歌いながらの盆踊りであった。祖母らは宵（よい）のうちに孫を連れ帰り、あとには他所から集まった男女も加わり踊りが夜通し続いた。青年団の若い男女は、腕前を磨くため一週間も前から稽古（けいこ）していたという。年一回の待ちに待った若い男女の出会いの場となり酒も入り話もはずんだ。この夜通しの踊りには、大字の大人も数多く参加していることから公認の婚活会場でもあった。青年団活動や祭の出し物で出会い結婚したものが多かった。一方、M（大正一二年生、豊田）は三〇歳で他村から婿入りした。大字からは、普通は結婚前に入る青年団に三年間入ることを申し渡された。**寄合**や**入会**地の山仕事、祭、運動会などに参加し、組や大字で暮らすための作法を学んだ。

奄美群島の大字、小字でも青年団を作り、結婚前の男女ほぼすべてが加入して正月祝いや盆踊りなどを準備した。先達らは行事のやり方や踊などを指導し集落の気風を伝えた。徳之島、大字目手久（伊仙）では、中学校卒業後結婚前の男女四〇～五〇人全員が青年団に入り、しきたりや支えあい共同する絆を体得した。それぞれが相手の性格を日頃から見聞きしていた。若い男女が共同で浜下りや八月踊り、彼岸の踊りなどを準備した。このときの共同飲食を含め、すべてが男女の出会いの場になった。農繁期には、一〇人前後が交代で大字全農家の畑を無償で手伝った。青年男女は各戸の事情を学び、大字全体が身内であるという気風を身につけた。また、青年団では、沖永良部島、大字住吉（知名）のように、畑や山を借り上げ共同で作物の生産や**入会**林の植林作業を行うところもあった。

(2)　男女出会いの場

徳之島、沖永良部島など奄美群島では、昭和三〇年代まで結婚相手は大半が同じ大字の者であり、互いが親戚関係にあることも多かった。沖永良部の大字住吉（知名）では、外へ出るものは迷惑な余者（あまりもの）と見られることもあった。一生暮らしを共にする連れ添いは、近くに住み、昔からよく知っている安心な相手を選んだ。親も若い男女も互いに日常生活のなかで互いを知り尽くしていた。

男女が夜に集うサタヤ（サトウキビ製糖小屋）が出会いの場になった。大字の道路沿いには三～四ヶ所の広場（ミャー）があった。日没まで働いたあと冬は風のない場所、夏は涼しい場所を選び、二〇人前後の男女が集まり、気のあった男女数人がそれぞれ別々のサタヤへ向かった。サタヤは製糖期以外空いていた。男一人が三味線を弾き、女子三〜四人が島歌を歌って踊る。互いに励まし楽しみ、疲れを癒し、苦難を乗り越えることを言い聞かせる場所でもあった。サタヤでの集まりを通し次第に気のあう連れ添う相手がわかってくる。大半が恋愛結婚である。厳しい暮らしのなか互いに苦難を乗り越えてきた。嫁は結のやり取りなどで組の風習やつきあい方を学んだ。主食はイモ、米飯少々の暮らしであった。嫁は誰よりも早く起きてイモを煮炊き、焼味噌を作り、茶を出し、姑に代わって牛の飼葉を刈り井戸まで水汲みに出た。

6　嫁婿（よめむこ）を支えるこころ

(1)　集落と嫁婿

嫁婿が嫁ぐと親らは、集落の家々に挨拶に向かうのに同行した。舅姑（しゅうとしゅうとめ）だけではなく、字や大字の人々が嫁婿を快く迎え、応援し、共に暮らす仲間として育て上げた。披露宴では字や組の女衆がまかない、大字から各戸が集まって新郎新婦をお祝いした。この会は皆が嫁や婿を認め、集落で所帯を持つことを認めあう場であった。

大字大蒲生田（上越）では、婚礼や出産に伴う各戸や組、大字からの祝いを廃し、経済的な負担を減らした。「春集会記録」によると、嫁婿の家は、これから大字でお世話になるので披露宴の祝儀酒を部落（小字）へ三升寄付すること、肴は部落持ちとすること、大盃（おおさかずき）を使うことや装飾を禁じることが明示された。質素倹約しながら嫁婿の門出を祝った。披露宴のまかないや準備に参加する嫁婿を労うため、戸別や公民館における「婿嫁様の挨拶は無きこと」ともあった（写2-9）。
福井県旧三方郡三方町（三方上中郡若狭町）大字気山にある小字切追では、自宅で行う仲人を交えた結婚式は親と親戚らが中心であったが、祝膳には親戚に加え友達が集まった。翌朝は当家が嫁を集落へ披露するため、義理の母親と嫁が酒二升を持参し全戸に挨拶に回った。夕方からは青年会を招き祝宴を開いた。これは、嫁を皆に紹介し集落の一員になることを認めてもらい、また、家族だけではなく集落の婦人として育ててもらうためであった。嫁は結婚翌年の一月から大字の婦人会に入り、暮らしの作法やつきあい、習わし、祭事等、家族や集落を支えていくための技量を学んだ。年齢の近い嫁どうしにとり、この婦人会の催しは日頃の鬱憤を晴らす場にもなった。

鹿児島県大島郡伊仙町、西犬田布婦人会では、一九五八（昭和三三）年からの記録綴を残している。その抜粋には生活改善をはじめ、共同で行う新年のお祝いや高齢者への年祝いの催しの準備、子供らへの指導や躾の呼びかけ等々、集落で婦人らが担い共同する内容について隅々まで書き残されている。若嫁らは先達の教えに学び夫や家族だけでなく、集落の嫁として育てられていった。

福井県三方郡美浜町大字坂尻は、若狭湾に面した半農半漁の集落である。ここでは婦人会主催の神明講が続けられていた。この直会には嫁いだばかりの婦人が招かれ、共同飲食をしながら地域の風習や行事を学び、集落に馴染んでいくように促した。婦人会は年の近い嫁どうしの懇親の場にもなり、先達が相談相手になって家内での苦難や揉め事、姑とのつきあい方などについても指南することがあった。

昭和四〇年代まで福井県小浜市泊でも婦人会が後進を育成してきた。新婦も集落で暮らすためにつながりを求め、また暮らしの作法を学ぶために集まり先達はこれを応援した。**隣保扶助**や生活刷新活動を通し、主婦らが絆を紡いだ。高知県日野地（四万十）では、官行事業所の植林作業に婦人会が総出し、若婦人から先達までが共同の絆を深めた。学齢期前の幼子も山に登り母らの作業を見守り、多くの婦人らに囲まれて遊んだ。徳之島、大字伊仙（伊仙）では、昭和二〇～三〇年、婦人会の女衆が乳児を背負って町を歩き、暮らしの改善点を一つずつ学びあった。農業普及所から作物栽培を学び、畑を借りカボチャ、ピーマン、トマトなどを共同栽培した。収穫物を平等に分け、一部は独居老人や八〇歳以上の夫婦にお裾分けした。皆で集落を見つめ、よりよき姿に変えていった。

(2) 嫁婿と舅姑

鹿児島県沖永良部島、大字久志検（知名）の披露宴には、親戚や隣組がお祝いに集まった。この大字では嫁が心を許す友人女性二人が同席し、婿養子の場合は友人男性が同席した。一人は結婚した世帯持ちであることが多い。結婚後の子育てや病気、姑との関係などの相談相手として、婿の両親や親戚に紹介するためであった。九〇歳になってもこの男女友人を暮らしの相談相手として過ごすという。集落は結婚後に発生する問題を解決する仕組みも築いていた。

HM（昭和五年生、知名町大字久志検）は同じ大字から嫁いだ。子供のときから夫も姑もよく知っていた。姑は孫を世話し嫁には漬物や畑、**タイモ**の作り方、山菜や薬草に使う**ニガタケ**（**メダケ**）やヨモギの加工や処方等々、暮らしに必要なことすべてを教えてくれた。産後（さんご）の体力を回復させ、母乳がよく出るように食事も用意してくれた。お産（さん）には姑が湯を沸かし、近所の上手な**産婆**を呼び子供を引き上げ**産湯**（うぶゆ）につけてくれた。

親夫婦が農業や生業、水汲みや燃料集めなどで毎日忙しく過ごすなか、祖父母は孫の面倒を見た。姑の体調が悪い時には近所の高齢者が応援に来た。「嫁姑どうしはっきり物事を言い、互いをさらけ出した。言い過ぎたら角が立つ。ストレスが溜まるので深く物事を考えないようにした。言えば疎（うと）まれ、言わずはどうでもよいと思われるから姑の方が大変だったと思う」（TU、昭和九年生、伊仙）。姑は嫁に暮らしのしきたりを教えた。つらく思う嫁には、隣近所や兄弟姉妹が癒やしの場を作り応援した。組の大半が親戚であり一つの家族であった。舅姑や兄姉、集落がともに手を取り、外から入った嫁に対して次代を紡ぐ土台を作ってきた。

共同体の営みは、嫁ぎ先の婦人に地域や姑を深く愛する心を育てた。「秋ナスは嫁に食わせるなとか、ずいぶんいじめられた。逆に姑が辛抱することの大切さを教えてくれた。このことに気付いてからは、一生懸命、働き詰めで建てた家だから、家から葬式を出してやりたい。亡くなるまでずっと親夫婦の面倒をみたいと思うようになった」（K、昭和二八年生、海南）。S（昭和一一年生、有田川町出身）は、二七歳で海南の集落に婿養子（むこようし）に入り妻も養女（ようじょ）である。「Sさん夫妻は他人であった親を本当に大切にした」。S夫妻がこのように育ち得たのは、義理（ぎり）の親に加え**垣内**の人々の心と日々の応援があったからである。

第四節　貧富の差に折り合いをつける暮らし

社会は様々な不平等を生む。**共同体**を構成する各戸のあいだには、過去の経緯によって厳然（げんぜん）とした貧富の差があった。人々はこの貧富の差をどのように乗り越え、暮らしを支えあってきたのか。大字の集落会費などを例にその仕組みを紐解く。

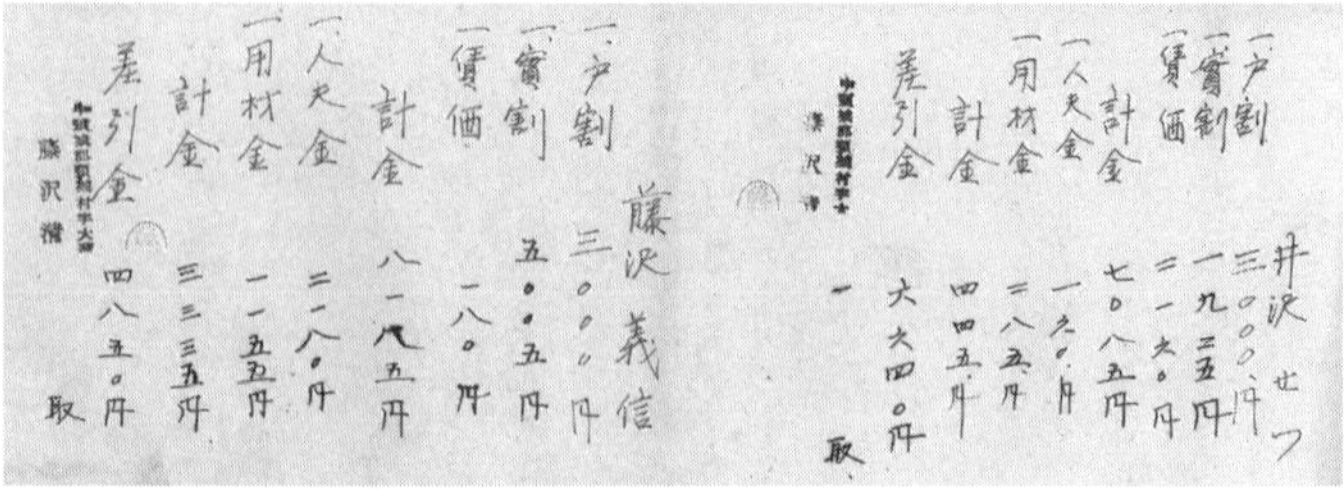

写2-17　大字協議費差引帳に記録された戸割、実割、賃価割の一例
（新潟県中頸城郡頸城村［上越市頸城区］大字大蒲生田、1960年、藤澤 史氏提供）

1　所得の再配分と集落会費の平準化

小字や大字の行事、**普請**、冠婚葬祭、宮寺の維持など集落には経費を伴う。当時、この運営経費のほぼすべてを各戸の支払いによっていた。しかし、支払い能力は、所得の違いなどによって大きな差があった。大字や小字は、集落を維持し各戸の暮らしを守るため、これを平準化する仕組みを作り上げてきた。

新潟県旧東頸城郡頸城村（上越市）大字大蒲生田の「春集会記録（昭和三五年）」及び、大字会費支払い額を記した「大字協議費差引帳（昭和三五年）」には大字会費を平準化する重要な記録が残されている。これをみると各戸が支払う会費は均等割（戸割）、実割、賃価割からなり、一九六〇年の均等割は三〇〇〇円／戸であった（写2-17）。実割は、当時、収入の多くを占めた米を作る水田の所有面積、賃価割は燃料や**刈敷**を得る山林、草刈り山の所有面積によって決められていた。それぞれの持ち分が多いほどその家の収入が多くなるため、その分、会費の支払い額が増えた。

一戸当たりの実割の最低額は〇円、最高額は七九二〇円、同様に賃価割の最低額と最高額は、それぞれ、二〇円と五三四〇円であった。この額から追加の人夫賃や用材代金等が差し引かれて実際の支払い額になった。最も金額の多い家では年六七一九円、最も少ない家で年一〇二〇円を支払い、**普請**に使う木材や人を多く供出した家は逆に大字から支払いを受けた。「春集会記録」には溜池の土手に生える草を「昭和三四年より年五升にて入札」している。牛の飼葉や**刈敷**を得る家を毎年入札で決めた。この権利を得た家は米価に沿った代金を大字に支払い、この金も大字の運営経費に使われた。

　このような各戸のあいだで集落経費を平準化する仕組みは全国にみられる。愛知県旧東加茂郡足助町大字追分（豊田市田振町）にある各小字は、毎年二月に開く**寄合**で各戸が支払う区費の額を決めた。一九六五年頃まで大割と呼び、固定資産や住民税の金額によって区費が算出された。大蒲生田と同様、高所得者が低所得者を支える仕組みである。また、福井県旧三方郡三方町（三方上中郡若狭町）大字気山を構成する小字切追（若狭）は、三方五湖に沿った全一四戸の集落である。大字は中山、市井、寺谷など七つの小字によって構成される。一九七五年まで戸別の支払い金額を三等級に区分していた（中等級割、三段割）。毎年、二月の会議（記打）で各戸の区費支払額が議決された。中間の二等割が大半を占め、水田が広いなど収入の多い家が少ない家を支えた。最低額を支払う三等割は一〜二戸で障害者が暮らす家や働き手を亡くした家であった。

　奈良県旧宇陀郡大宇陀町（宇陀市）大字田原では、一月の初**寄合**で行事や祭事、**普請**などに必要な年会費を決めた。各戸の額は所有する田畑や山の面積（資産割）、見立て（所得割）、均等割によった。支払い額に占める均等割部分はごく少なく、会費の大半を資産割で持ち、残りを見立て割によった。見立て割とは、時々の収入によって一〜一〇等級まであった。未亡人や病人を持つ家では見立て割の等級を下げ、働き手が多く収入がよくなった家については皆の総意で等級を上げた。

　鹿児島県大島郡知名町では、久志検や新城など多くの大字が集会所の修理などに使う費用を字費として徴収していた。しかし、各戸が支払う字費の金額を収入の違いによって一～八等級に分けていた。当時、一等級は二～三人、四～五等級が五～六割、八等級は数人であった。一等級と八等級の金額は三～四倍の違いがある。**普請**の共同**出役**後は、各戸が一重一瓶を持ち寄り慰労の共同飲食会を開く。収入の多い八等級の家は酒を差し入れるなど、集落で暮らしていくために気を遣った。字費の等級は、区長、組長、役員あわせ一〇名ほどが年一回集まって決めなおす。大半がこの判断を了解した。各戸の経済状況は、子供が多く費用の要する家、借金持ちの家、豊かな家など、大字内のすべてが知っていた。苦しい時には皆がその人のことを思い、災害や火災の被害家族の等級を下げた。

このような仕組みによって、水田や山林が広く収入が多い家の支払額を多くし、所得の多い家が少ない家を支えた。また、所得が少なくても資材や労力を多く供出して大字に貢献することができた。

2　貧富の差を乗り越えるための資産家などの役割

(1)　皆の暮らしを支えたしばり分けやお裾分け

少なくとも昭和三〇年代までは、里山が燃料や**肥草**（こえぐさ）、建材等の採取源であり、燃料は煮炊きや風呂炊き、暖房に不可欠であった。持山（もちやま）が少なく燃料が不足する家は、**山持ち**（やまも）からお裾分け（すそわけ）を頂くことが多かった。

愛知県旧東加茂郡足助町（ひがしかもぐんあすけちょう）（豊田市）の大字北小田（きたこだ）の各組では、**山持ち**が炭焼き屋に立木を販売し、組ごとの燃料不足の家々が、あとに残った枝を採取した。各組は拾い取った柴束一〇のうち、およそ半分から三分の一くらいを**山持ち**に戻し、残りを各戸で均等配分した。このようにして残った薪柴を頂くことをしばり分けと呼んでいた。ここにも共生の心が息づき、**山持ち**が燃料の不足する小農を支えていた。

奈良県旧宇陀郡大宇陀町（宇陀市）大字田原でも、**山持ち**が面積の少ない家々の暮らしを支えていた。片岡家の三町四反の燃料山では五～六戸の農家が柴を刈った。地主の片岡家は毎年五反を提供し、刈取ってもらった自家用の一反分を残し、四反分の柴をお裾分けしていた。さらに大字田原には六～八反の**入会**林があった。このうち三～四反がマツタケやスクド（マツの落葉落枝）、建材を採取するマツ山、残りは雑木山であった。マツ山では昭和五〇年頃までマツタケが発生した。**入会**林のマツタケは入札によって販売され、落札者が大字に金を払った。マツタケ山の入札金は主に大字の運営に充てられていた。共有の権利を全戸へ還元する仕組みである。落札者のマツタケ採取権は一〇月末に制限され、終わると大字の者は出入り自由であった。マツ山を持たない家も、残ったマツタケやシメジなどのキノコを採取することができた。このような入札山の事後開放は、京都府相楽郡南山城村や滋賀県旧甲賀郡（甲賀市）信楽町など各地にあった(11)。

長野県多野郡上野村では、**山持ち**が燃料の薪柴や馬草の茅、紐に使う蔓などを不足する家々に分けていた(50)。一〇月に「茅刈り日」と「蔓切り日」があり、この日以降は誰の山で採ってもよかった。茅は農耕馬の**敷草**や餌に、また、藁を産する水田がないこの地域では、藤蔓と葛蔓は縄を**綯う**ために必須の資源であった。**山持ち**がすべてを採取できなかった。独占すると**共同体**での信用が失墜し発言権が低下するため、必ず「みんなの刈り場」を残した。集落では不平等を認めあい、不平等な富を再配分させる仕組みを作り出してきた。また、落ち枝や流木、枯れ木は無主物であり、燃料が不足する家は、他人の山でもこれらを採ることができた。

(2) 金持ちの公的負担

かつては資産家や高所得者が、所得の少ない家や大病等で出費を要する家々を支える仕組みが生きていた。新潟県旧中頸城郡頸城村（上越市頸城区）には、一九六〇年頃まで、農地解放前の地主と小作に端を発する重立ち、なかまいい、小作という階層が残っていた。なかまいいは家族を養い得るだけの田畑山林を持つ中間層、重立は水田や山林の面積が広く所得が多い家を指す。この家が大字の会費を多く支払い、また地域での雇用を通じて、田畑が少なく他家の手伝い等の労務で家族を養う小作を支えた。収入の多少にかかわらず、暮らしを支える共同行事に全戸が参画しなければ、重立ちといえども作業分担が増え、暮らしに支障が出た。宮の春夏祭には、重立ち七戸が順番で費用を出した。そこには低所得者を駆逐する競争原理は働かず、逆に支えることで集落全体を持続させた。貧富の差を乗り越え皆の暮らしを守る作法である。

鹿児島県大島郡伊仙町大字阿三は下原と中原、早生勝などの小字から構成される。大字や小字では皆の寄付によって宮や集会所など共有財産の補修や新築を行った。小字で資金を要する際は、各戸がそれぞれの気持ちで寄付を行うが、財産の多い家は多めに寄付していた。日頃からのつきあいを通し、皆が各戸の経済事情を周知し、各戸の寄付額を了解していた。東阿三生活館には、寄付した氏名と金額の一覧表が飾られている。小字と大字全戸が皆の暮らしを支えてきた。現地で広場のことをいうミャーは、大字全員が集う集落の中心にある。伊仙町大字阿権には一反前後のものが二ヶ所あり、有志らが集落に土地を提供してきた。

鹿児島県大島郡知名町大字正名では各戸に貧富の差が少なく、農地は多くても三町、平均一町歩であった。それでも多めに持つ家は墓地の土地や石碑等を集落に提供してきた（写2-18）。知名町大字久志検でも、公民館の修理等、集落の「公共」には皆が寄付を出した。火災が発生した家には、再建を支援するため、大字の役員が責任を持って寄付を集めた。「地域のためなら文句なしで出した。大木の枝先は風当たりが強い。大木は切っても地下に余力が残っている。上に立つものは、ほかより多く出すのが当然」（HM、昭和五年生）であった。地主や旧家は、このほかにも寄付を追加して施設づくりを支えた。多めに土地を持つ家々は、集落に寄付や支援を行うことで暮らしやつきあいに折りあいをつけてきた。

社寺や橋の修理、新築が必要になれば、費用の多くを金持ちが負担した。金持ちは**共同体**の運営に多くの公的出費を負った。非公式なので断ることもできた。しかしそうすることによって金持ちの信頼や発言権はなくなり、生涯、**共同体**で暮らす上で痛手になった。自然な状態で金持ちに負担を負わせた。こうやって**共同体**は巧みに富を再配分し、自分たちの暮らしに折りあいをつけていた(50)。

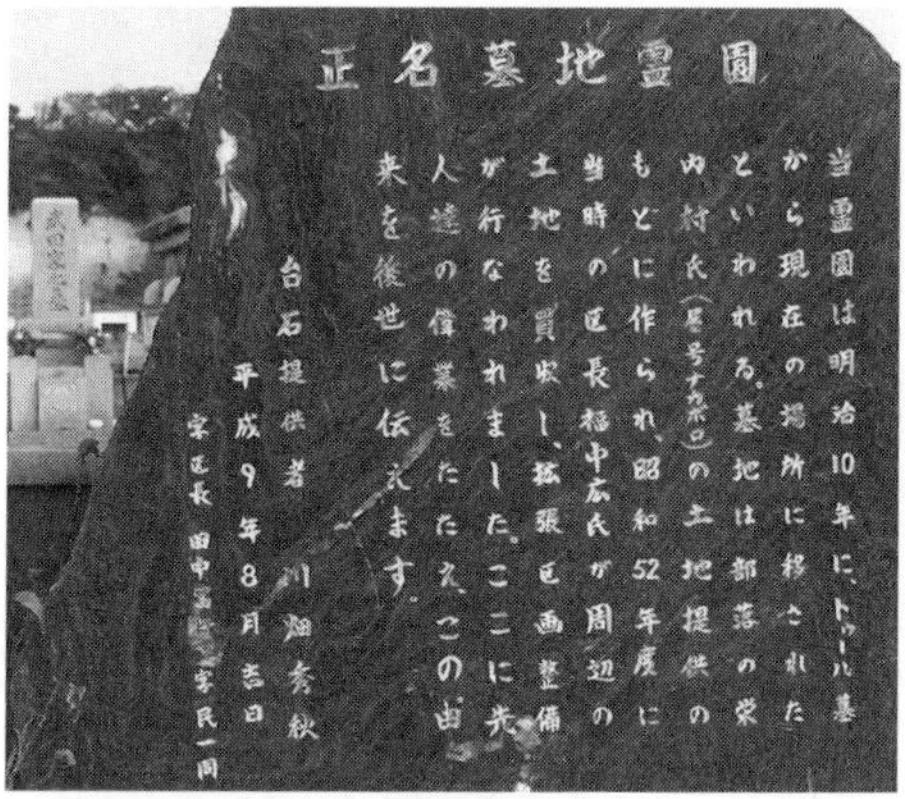

写2-18　集落に対し墓地を作る土地や台石を提供したことが記された碑
（鹿児島県大島郡知名町正名、2011年）

(3)　共同体の役割

これまでに述べたように、**共同体**に暮らした人々は「皆様とともに生きる」こころを育んだ。その皆様には集落の人々と自然とが含まれる。大字や小字の掟や規則は、明文化されていないところも多い。しかし、共同行事や役割分担には、必ず参加すべしという**不文**

律があった。これを守らない人はほとんどいなかった。里地里山では、昭和三〇年代まで勤め人は少数派で、大半が自給と地産地消で暮らす百姓漁師であった。一九七八（昭和五三）年の和歌山県旧西牟婁郡大塔村（田辺市）大字熊野における職業構成をみると、農林業以外は郵便局勤め二戸、雑貨商一戸、製材屋一戸と、百姓以外は三一戸中四戸にとどまる。食料、燃料、建材等々、暮らしに必要なものをすべて自給し、不足分は組や小字のなかで融通してきた。

冠婚葬祭や田植え、茅葺き屋根の修理等々、田水の分配をはじめお金（かね）の融通に至るまで暮らしの多くが皆のちからで成り立っていた。日頃の楽しみや若い男女の出会いを作り、皆で亡き人を弔い、悲しみを分かちあう仕組みがあり、加えて生きていくための作法が存在した。皆が障害を持つ人を応援し、金持ちが低所得者を支えた。組や**垣内**、小字が一つの大きな家族であり**共同体**の最小単位であった。皆で協力して暮らさなければ個々の生活を全うできなかった。このため、小字や大字の先達は、日々の暮らしのなかで次代に対して生きていくための作法と共生の心を教えた。

なかでも日頃からのコミュニケーションが、**垣内**や字の一体感を作り、ともに分かちあい助けあうこころを育て上げてきた。**垣内**とは垣根の内側である。小規模な集落やそのなかの一区画の屋敷群などを指す。一つの大家族である。大字は幾つかの小字、**垣内**を含む区画である。大字は大家族の集まりであり、人々は組や**垣内**、小字や大字、そして村へと階層構造を持たせ、より強固な結束を作りだした。祭や**寄合**には、皆が農作物や肴（さかな）を持ち寄って酒を酌み交わし、深淵なつきあいが続いてきた。これらの営みが地域への愛着を深め、皆で次代を育むこころを築き上げた。これらが一つながりになったムラ人らの心性こそが、里山里海とともに集落と家族が存続していくためのおおもとであった。

第三章　食糧（食料）の自給と循環

日本の稲作は、中国大陸から縄文時代晩期頃より伝わり始めたといわれている(59)。ほぼ同じ頃、または前後して鎌(かま)や鍬(くわ)、犁(すき)などの農具、肥料としての**刈敷**、集団稲作と人々の暮らし方が伝来してくる。そして、江戸時代までには、作付けの時季(じき)を見極めるために生物指標(せいぶつしひょう)が使われ、病虫害の生態防除や鳥獣害対策を行い、**千歯扱き**(せんはこ)や**箕**(み)などの脱穀分粒(だっこくぶんりゅう)農具が作り出されてきた。しかもこれら多くが昭和の時代にまで受け継がれ、百姓らの暮らしを築いてきた。

家族や集落の**食糧**（食料）を自給するため、皆は丘陵や低地に水田や畑を広げてきた。そこには有機物を徹底的に循環させて生活に活かす技と作法が内在していた（図3-4）。農が暮らしであり、子育ても昼食も家族とともに田畑にあった。わが国では、一九六〇年代はじめまで人口の約半分が農村に住み、全世帯のおよそ半分が農業を営んでいた（表1-2）。

第一節　稲作

各地の気候や土質などの環境条件に合わせ、一年の作業歴が作り出されてきた。苗代づくりから籾蒔き、育苗、田植え準備、田植え、土手や畦の草刈り、田草取り、稲刈り、稲架掛け等々、そこには百姓らの知恵と経験がきめ細かく注ぎ込まれている。また、代々稲作が営まれてきた水田には、ウキクサやサンショウモ、ミズアオイ、コナギ、イヌビエなどの植物をはじめ、トンボやホタル、カエルなどの多種多様な生物が棲みつき、食物連鎖を通して米作りに関わってきた(20)。

1　作付けへの思いと伝承

(1)　豊作祈願

主食の米作りは、**食糧**自給の基本である。水を溜める水田は、洪水を防ぎ地滑りを抑制するなど防災にもつながっていた。**食糧**を末永く頂くため全国各地で「田打ち正月」や「田遊び」、「御田祭」、「ツクリゾメ」など、農民らが田の神に豊作を祈願する「予祝儀礼」が行われた（写3-1）。田植えが終わると感謝の気持ちを込めてお祝いを催した（サナブリ）。また、土手や畦に設えた石像に田の神を託し、五穀豊穣を願う地域もあった。

皆は害虫を食べるツバメを大切にした。かつては毎年春にツバメをお迎えし雨風や天敵から巣を守るため、玄関口軒下に巣台を取り付ける農家も多かった。なかには、巣材の泥取りをする親鳥を労い泥土を玄関に用意する家、玄関を入った土間の梁に巣台を作り屋内で巣作りさせる家もあった。そこでは毎年春になると玄関の引き戸にくり抜いた障子の一コマを通って親鳥が行き来し雛(ひな)を育て上げた。

(2) 時季への了解

四季の変化は里と山、さらには方位や地形、傾斜の違いによって差異があり、これによって各種草木の開花や結実時期も異なる。江戸の頃から草木の芽や花の状態を見て、自らが耕す田畑の作付け時期を判断してきたことが記録されている。

写3-1　田の神に豊作を祈願するツクリゾメ
(福井県旧遠敷郡上中町［三方上中郡若狭町］天徳寺、1960年代、福井県立若狭歴史民俗博物館提供)

『会津農書』(一六八七年)には「田畑の地形、土質を考え、その年の草木の芽生えや花の咲き方、実のつく様子を見て仕事を進めるとよい。そうすれば作業の適期を間違えず、五穀が実り、野菜の育ちはよく、根も茎も豊作になる」とある(61)。例えば、種籾を播く時期には桜が咲く。田植えの節にはウツギの花が咲く。山間地では草や木の萌芽も遅く、里よりも耕作の準備が遅くなる。

『農業全書』(一六九七年)は「春耕は冬至から五五日目にあたる頃、ショウブが初めて芽立つのを見て始めるものである。〈中略〉その土地のいろいろな草木の芽立つ時期を覚えておくとよい。田畑ともに一つの村中でも春が来る時期に遅速があり、寒気去るところから順に耕す」(64)よう指南する。農民らは、作付けの適期を把握するため生物季節や生物指標を使い、場所ごとに異なる微気象に五感を尖らせ鍬を握ってきた。

2 作付け

(1) 種類

イネの栽培種は、アフリカイネ(*Oryza glaberrima*)とアジアイネ(*O. sativa*)に分かれる。東アジアや東南アジアでは主にアジアイネが作られ、これには粳(うるち)と糯(もち)がある。

日本など東アジアでよく食べられる米は短粒で粘り気があり、一般にジャポニカ米(*Oriza sativa subsp. Japonica*)と呼ばれている(54)。この亜種は、一本ごとの茎や穂、葉のつくりが小ぶりで株分かれの数が多い穂数型であり、集約的な水田稲作に適している。一方、東南アジアなどの水田では長粒で粘り気が少ないインディカ米(*Oriza sativa subsp. indica*)が多く生産されている。また、ジャポニカ米とインディカ米の中間型を示す熱帯ジャポニカ米も栽培されている。これはジャポニカ米の一つのグループとされ、一本ごとの茎や穂、葉のつくりが大きく株の分げつ数が少ない穂重型であり、焼畑などの粗放栽培に適している。

(2) 面積と品種

全国の聞き書きによって知り得た一戸当たりの水田面積は、昭和三〇年代まで平均約七〇〇〇㎡(約七反)、**反収**は四~五俵であった。一方、これまでに**早生**(わせ)や中生(なかて)、**晩稲**(おくて)をはじめ、寒冷地や病虫害に対する耐性、収量や食味などによって、地域に適した品種が作り出されてきた。一九四一~一九四八年だけをみても農林一九号から三六号まであわせて一八品種のイネが**選抜育種**されている。

農民らは、人力による稲刈りや**稲架木**掛けに対する労力を分散させ、自然災害などによる減収を防ぐため、かつては**早生**、中生、**晩稲**の品種を使い分けていた。F（昭和一四年生、上越）によると、昭和二二年頃、九月末から一〇月初旬に「農林二一号」を刈り、一〇月上旬「新二号」、一〇月中旬「銀坊主中生」を収穫したという。また、O（昭和七年生、橋本）は、**稲架木**に掛けた刈りイネを台風から避けるため、一〇月中旬までに収穫できる中生の「朝日」を栽培し、鳥獣害にさらされやすい山田には早く収穫できる**早生**を植えた。現在、コシヒカリなどの単一品種を栽培できるのは機械化によって作業時間が短縮したからである。

江戸の頃から多品種栽培の重要性が説かれてきた。「稲穂が出揃うとき早稲や糯稲が台風の被害を受けることがある。中稲、**晩稲**が風にやられることもある。土地に適した品種でも、大雨や旱魃、田植えの早晩によって実入りが悪く、**晩稲**は霜で枯れることもある。水害、日照、暴風、早霜などの天災を予測できない。このため稲は一品種に限らず多品種を作るべきである。多くの品種を作ると、収穫量に差があっても全部の平均で中くらいのできに落ち着く。一品種だけではそれが当たり年になることはごく希である。不作になると心得るべきである」(61)。

一九七五（昭和五〇）年頃までは、稲籾だけではなく稲藁も重要な収穫物であった。ha当たりの稲藁量は、一九七六（昭和五一）年まで五トン前後に達し、全国で一三〇〇〜一七五〇万トンが生産されていた。東北六県だけをみても年三〇〇万トン（一九五〇年）が生産され、肥料用を中心に牛馬の飼料や牛馬小屋の床に並べ広げる敷料のほか、縄や**筵**、米俵などの加工用に利用されていた（表3-1）。

表3－1　稲藁（いなわら）の利用（1950年頃）

地域	水稲作付面積	稲藁生産量	稲藁の利用				
			肥料用	敷料	加工	飼料	焼却その他
	千ha	千t	千t(%)	%	%	%	%
北海道	145	1,000	(71)	(10)	(11)	(4)	(4)
東北　6県	593	3,000	1,300 (45)	(12)	(11)	(11)	(22)
北陸　4県	316	1,600	940 (59)	(1)	(12)	(5)	(23)
関東東山　9県	488	2,300	710 (31)	(9)	(16)	(19)	(25)
東海近畿　9県	329	1,800	250 (14)	(7)	(6)	(15)	(60)
中国　5県	297	970	250 (26)	(20)	(7)	(30)	(17)
四国　4県	102	500	230 (46)	(13)	(10)	(23)	(8)
九州　7県	351	1,800	630 (36)	(12)	(13)	(23)	(16)
都府県合計	2,620	12,000	4,360 (36)	(10)	(11)	(16)	(26)

注：日本農業機械化研究所「水稲機械収穫わら利用」資料、1950年10月。北海道は日本農業機械化研究所調べによる（1949年）。
※農学大事典編集委員会（1983）『1997年訂正追補版　農学大事典』養賢堂から引用。

(3)　害虫防除

今では化学農薬中心の防除対策をとっている。しかし昭和中期までは江戸時代に遡る方法が受け継がれてきた。すべてが生態防除や物理的防除などであり、食の安全安心につながっていた。江戸時代の農書にその事実を確認する。

①生態防除

すでに江戸時代前期の一六七三〜八三年頃、天敵による害虫抑制の方法が農書に紹介されている。『百姓伝記』では「田に竹を挿して縄を張ると、そこへ小鳥がとまり稲に着く虫を食べるため食害が減る。三月から九月頃までは、多数のツバメが飛び交い田虫を食べる。この糞は、水草を枯らし繁茂を抑制する。苗代から稲が色づくまで、小鳥一羽が食べる虫は相当な量である」と述べられ、『農稼録』（一八五九年）では「稲の若苗にアオムシが多数発生した。〈中略〉近所の子供らにカエルをたくさん捕らえてきたら褒美を与えようと願い出た。すると間もなく二、三百のカエルを持ってきた。このカエルをアオムシが多い田に放した。その夜は騒がしく鳴き、明朝、田を見ると虫をたくさん捕り、また、虫はカエルに食われまいと葉裏に隠れ、少しでも動くとカエルがねらって食う様子はすさまじかった」とある(68)。

『富貴宝蔵記』（一七三一年）は、ウンカとその若齢幼虫、ニカメイガ幼虫（ズイムシ）、カメムシ類、ヘリカメムシ類など水稲害虫に対する薬草液による防除法を説いている(69)。セキショウやクララ、アセビ、センニンソウ、ヨモギ、エンジュを挙げ、これらの薬草を得るために野山の自生株を選択的に刈り残し増殖すること、これらの苗を保護し、薪や秣などに刈り取らず貯えることを指南している。

イネドロオイムシやヒメハモグリバエ等は、田植え後初期に若葉を食害する。岩手県の湯田・沢内地方では、一九八〇年頃まで、この防除にハナヒリノキの煎汁を散布していた。この植物をはじめアセビやネジキなどツツジ科植物に含まれるグラヤノトキシンは自然農薬である(71)。

②虫送りと注油法

江戸時代からの代表的な害虫防除法は、虫送りなどによる燈火誘殺法と注油法である(70)。虫送りは、ホラ貝や太鼓、鉦などの音の響きなどによって害虫を追い出し、松明の光によって害虫を集め焼殺していく（写2-10）。虫送りに加え、害虫の燈火誘殺法も提唱されている。苗代の苗が生育するにしたがい、白い小蝶（ニカメイガ）が多く集まってくる。これは、イネの茎中で越冬した幼虫が孵化して成虫になったものである。夜に苗代の畦で火を焚き苗の葉先を竹で払うと、成虫が飛び立って火中に入り殺傷される。

注油法は、水田に鯨油などの油を浮かべて水面にウンカ類などを払い落とし、油の被膜によって虫が飛び去るのを抑え、気門をふさいで窒息死させるものである。注油量が適切であれば、かなりの効果が期待できる。多くの動植物を壊滅的に殺傷する化学農薬と異なり人にも害がない。生態防除をはじめ虫送りや燈火誘殺法、注油法には今日いう総合防除の考え方を読みとることができる。

③無農薬無化学肥料栽培による伝統的稲作におけるカエルの生息

水田に生息するカエル類は、イネの害虫に対する天敵として、また、サシバやコウノトリなど高次消費者の餌源として重要な役割を果たしてきた。昭和三〇年代までの伝統的稲作がどのようにカエル類を育んでいたのか。和歌山市北部において、かつての品種農林二二号を植え付け、**刈敷**と牛糞の**堆厩肥**を**元肥**に中干しを行わず溜池の流下水と湧水によって栽培した（二〇〇五〜二〇〇九年）(33)。

トノサマガエルについてみると、繁殖活動のために水田とその周囲一〇〇〇㎡に集まる成体数は、最多で年七〇〜二〇〇個体、当年生個体の上陸確認数は六〇〇〜二七〇〇頭／三〇〇㎡・年であった。雨が多く田水が豊かな最多年の七月下旬、水田とその周囲の湿地や草地一〇〇〇㎡で確認された子ガエルは、三〇〇㎡の発生源で二七〇〇頭を越え、確認漏れを含むと実数はこれを上回った。畦には上陸最盛期、平均約六㎝間隔で当年生個体が並んだ。これら個体は、七月中下旬、イネが茂り天敵から見つかりにくい時期に成長し、秋には体長五㎝前後に達する個体が続出した。

また、ヌマガエルの当年生個体上陸確認数は、一〇〇〜八〇〇頭／三〇〇㎡・年であり、本種も年により確認数に大きな違いがあった。当年生個体は平均二〇㎝前後の間隔で一頭ずつが畦に並んだ。つぎにニホンアマガエルは普段は雑木林や草地、屋敷の庭などに棲む。水田で観察されるのは四月上旬から七月上旬まで、その後はごくわずかをみるだけである。一方、当年生個体の上陸個体数は、四年間の平均値で二〇〇頭／三〇〇㎡・年を越えた。
トノサマガエル、ヌマガエル、ニホンアマガエルの当年生個体の上陸最盛期は七月中・下旬から八月である。この時期イネの草丈は九〇～一〇〇㎝、植被率は七〇～八〇％に達している。この時期の上陸は、イネの茎葉が当年生個体を天敵から保護する役割を果たしていた。

伝統的稲作がこれらのカエルの個体群を継承し、生息範囲を広めた。昭和二〇～三〇年代、北海道を除くわが国の水田面積は約二七〇万haであった(34)。地史や気候条件などによってカエル各種の分布に違いはあれど、平安時代中期の八六万haに対し二七〇万haまで水田を広げてきた(59)。換言すれば、カエルやトンボ、ヘイケホタルなどが生息する湿地を作り上げたことになる。これらの多数の生物が田虫を抑制し、一方で天敵のヤマカガシやシマヘビ、サシバに加え、一日五〇〇～七〇〇g／頭もの餌を食べるコウノトリなどを養ってきた（写3-2）。

写3-2　再野生化事業によって飛来地が各地に広がるコウノトリ
（福井県三方上中郡若狭町小原、2012年、高橋繁応氏提供）

(4)　鳥獣害対策

スズメやイノシシ、シカなどの鳥獣害は、古代から農民を悩ませ続けてきた。被害対策には案山子や**鳴子**、**添水**によるシシオドシ、**猪垣**（**鹿垣**）、**猪堀**、落し穴（シシ落し、猪鹿つぼ）など、さまざまな知恵と技が注ぎ込まれた(6)。**猪垣**（**鹿垣**）は、かつて猪や鹿が田畑に入って作物を荒らすのを防ぐために築造された垣である(72)。栃木県以西南西諸島まで分布し、東日本では土塁、西日本では石塁のものが多い。香川県小豆郡土庄町には総延長四・七㎞もの**猪垣**が築かれ、二・七㎞が現存している(二〇〇九年)(72)。落し穴は、**猪垣**に付属してつくられることが多く、小豆郡土庄町のものでは長径一～三、短径〇・五～二・七、深さ〇・五～一・八ｍに達している。現在でも田畑のまわりに電気柵やネット等を設置して対策がとられているが、イノシシやシカなどの被害を完全に防ぐことはできない。

①生態防除など

江戸時代の農書『百姓伝記』によると、「田植え直後の水田には、カエルやドジョウ、小魚、タニシを捕るため、必ずヒシクイやカルガモ、ゴイサギが集まり、苗を踏み荒らして傷め大きな被害が出る。苗が少し育つまでのあいだは田に竹を挿し、縄を張って侵入を防ぐ。〈中略〉稔った水田には、雁や鴨などの鳥が籾を食べに入る。川や池際の田では毎晩のように被害を受ける。〈中略〉縅(おどし)や案山子(かかし)を立て、縄を張り鳥の侵入を防ぐ。夜には、縅に藁束や縄を燃やす。鳥が籾を食べ始めたら稲を早く刈取る。〈中略〉山田にはシカやサル、ヤマドリが集まり籾を食べる。縅(おどし)の人形(ひとがた)を作り、**鳴子**や**添水**を仕掛ける。夜は見張り小屋に泊まり、弓(ゆみ)の弦(げん)や空砲を鳴らし威嚇(いかく)する。〈中略〉数多くのシカやサルが出没する時は、オケラ(キク科)とオオカミの糞(ふん)を混ぜあわせ、糠(ぬか)に炊き混ぜ風上(かざかみ)に置く。雨にぬれて効力を失わない限りサルやイノシシほか獣が近づかない」(63)。『軽邑耕作鈔』(一八四七年)は、「スズメを防ぐには、古網か麻糸で目の粗い網を作り張っておく。モグラは尖った金棒で突き捕る方法もある。最良の方法は古い屋根板や竹木の枝を進路になる土中に差し込み、作物に障害とならない方向へ誘導してやること」(66)と指南する。

さらに獣(けもの)の生態を巧みに利用した。キツネはお稲荷様(いなりさま)のお使いとされ、餌の供え物を食べに稲荷を訪

表3－2　鳥獣被害を防ぐために選抜された稲の品種「シシクワズ」の概要

品種名	栽培記録等	文献
猪喰わず	滋賀県旧伊香郡余呉村（長浜市）、昭和40年頃まで栽培（ウルチ米、在来稲）	1
シシクワズ	滋賀県犬上郡旧脇ヶ畑村（多賀町）、昭和30年代まで栽培	6
ししくわず	福井県旧大飯郡大飯町（おおい町）、昭和40年頃まで栽培？	1
しゝくわず	『美濃国之内産物』、1735年からの享保・元文年間に掲載	2
猪不喰	旧駿河国駿東郡茶畑村（裾野市）、豪農柏木家『籾種帳』、1748（延享５）～1803（享和３）年栽培記録	3
しゝくわず	享保元年発刊『河内名所圖會』、枚岡神社の粥占神事に関連し掲載。生駒西麓は猪が多かった？	4、5

※小川正己・猪谷富雄（2008）『赤米の博物誌』大学教育出版から引用。

〈表中に採用された文献名〉

1：農林水産技術会議事務局・農林省農業技術研究所（1970）「昭和37～40年に収集したわが国の在来稲品種の特性」農林水産技術会議

2：盛永俊太郎・安田健編（1993）『享保元文諸国産物帳集成』第4巻、参河・美濃・尾張、科学書院

3：川崎文昭（1990）「近世駿遠豆の品種について」静岡県史研究6,69-90

4：秋里籬島編・丹羽桃渓画（1995）『河内名所圖會』370-377、臨川書店（底本：享保元年）

5：枚岡市史編纂委員会編（1965）『枚岡市史』第２巻別編、669-682、枚岡市役所

6：小川正己・猪谷富雄氏聞き書き

れた。この時、縄張りを誇示するために周囲の至る所に尿を放つ。この臭いがネズミ除けになった。兵庫県美方郡旧村岡町（香美町）の瀞川稲荷では、境内にある小石がネズミ除けに効くとされ、これを参拝者が持ち帰り米蔵などの隅に置いてキツネの尿臭でネズミを退散させようとした(67)。

②品種改良

江戸時代には、生産量だけではなく鳥獣の被害を抑えるためにも**選抜育種**が行われた。江戸中期頃までに雀不知や雀しらず（東北・北陸・中国地方など）、中生・**晩稲**猪ヲドシ、鹿ヲドシ、鹿威（中国・四国地方）、しゝくわず（岐阜県、大阪府）、猪不喰（静岡県裾野市）など、鳥獣害に対し抵抗性を持つと考えられる在来稲の品種が存在した(6)（表3-2）。

これらはすべて有芒品種であり、長く壊れにくい粗剛な**芒**をもった籾を形成する。この

イネを植えて猪などの食害を減らすことが行われ、北陸地方などでは、普通品種を取り囲むように有芒種を植え猪の侵入を防いていたという(7)。

「猪喰わず（シシクワズ、ししくわず）」は、滋賀県旧伊香郡余呉村（長浜市）や同県犬上郡旧脇ヶ畑村（多賀町）では一九六五年（昭和四〇）年頃まで、福井県旧大飯郡大飯町（おおい町）では、一九五五年（昭和三〇）年頃まで栽培されていた（表3-2）(6)(31)。これらの品種は、江戸時代のものと同じように穂全体の籾に二〜四cmの長い**芒**があり、この形態が食害を抑える要因になっている。滋賀県農業試験場などにおける栽培実績によると、供試品種のすべての稲穂に食害を受けた。しかし「猪喰わず」への被害は、コシヒカリや日本晴品種の籾が完食されたあとに発生し、最も遅れた。このことは、イノシシが「猪喰わず」を好まず、最後まで残しておいたことを示している。農民らはこの性質を使い食害を最小限に抑えようとした。しかも、昭和後期に日本で最も広く栽培された日本晴に比べ、穂数は半分程度であった。しかし穂当たりの籾数はほぼ二倍の二〇〇前後あり、両品種の収量には大差がなかった（二〇〇二年）(6)。食味関連の等級はコシヒカリなどに比べて多少低いが、イノシシの被害を遅らせ普通品種に劣らない収量を持っていた。

江戸時代までに築き上げられた鳥獣害対策の多くは、昭和三〇年代、またはその後に至るまで末永く広く農民たちの教えになってきた。

3 育苗

昭和三〇年代まで、四月上中旬から六月の田植え前まで、水の得やすい水田に短冊状の苗床（水苗代、地苗代）で田植えする苗を育てた。一反に植え付ける苗に種籾を約五升（約一・五kg）要した。苗

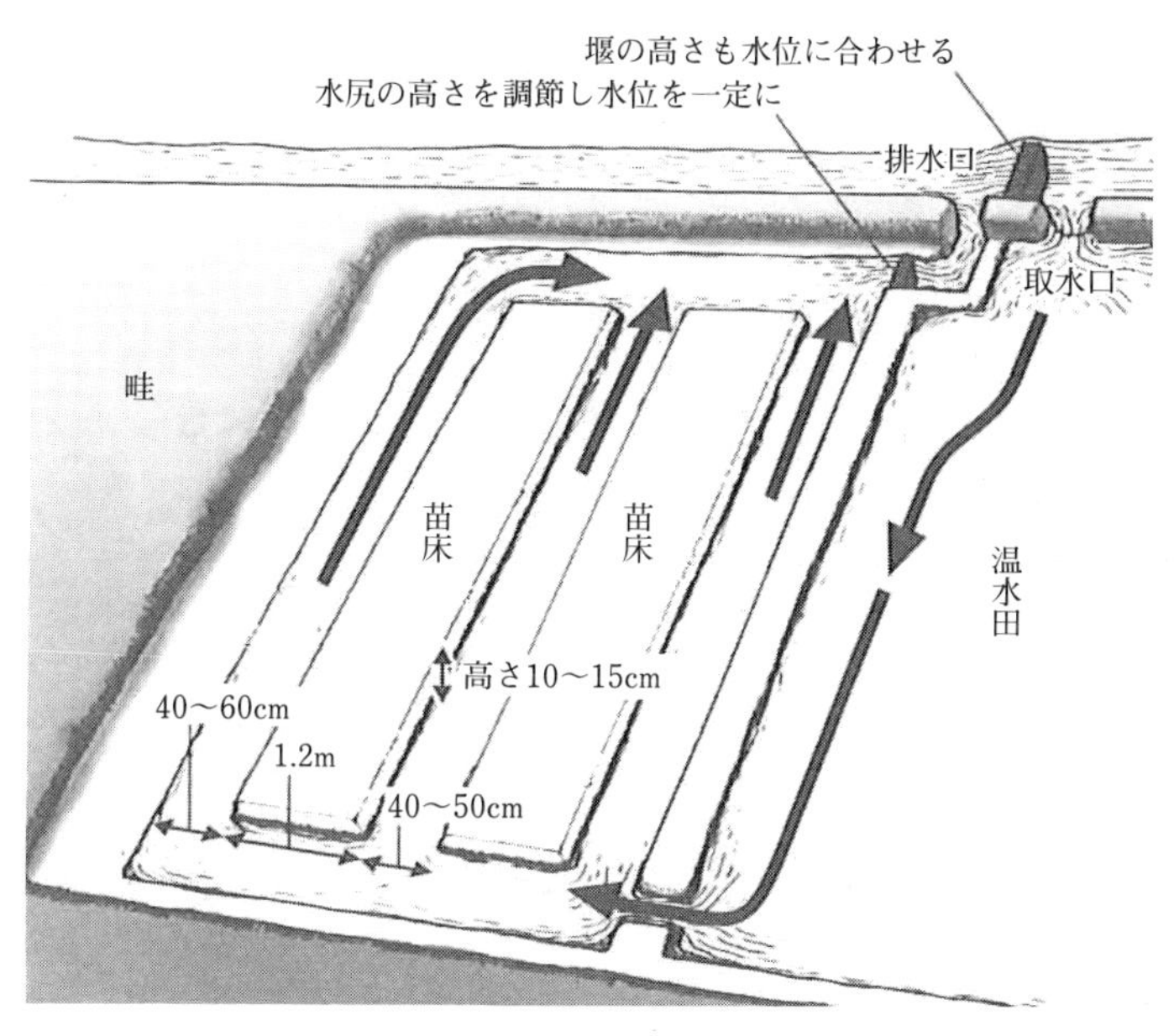

図3-1　水苗代の平面模式（矢印は水の流れる方向）

※養父志乃夫（2005）『田んぼビオトープ入門』（農文協）から引用

の成長を促すため、苗代に蒔いた籾上に燻炭を撒き、油紙を張り夜の水温の低下を抑えた（保温折衷苗代）。昭和三七～三九年、保温折衷と普通の水苗代を合わせ、面積は全国で八万ha以上に達した(21)。

苗代は、畦、温水路等の補修、苗床の成形、苗床固め、水位調整、播種前の湛水の順で準備し、播種後、田植えまで水管理、除草を継続した（図3-1）。苗代の苗床（播種床）の幅は一～一・五m、その間隔は、手入れに歩き、保温用の水を溜めるために三〇cmほどあけた。手植え用の大苗（草丈二〇～二五cm）を育てるためには、一株当たりの株間に余裕を持たせる必要がある。このため種籾の播種数を二〇～三〇粒／一〇〇㎠程度にとどめた。播種後は土と種籾を密着させるため水を落とし（芽干し）、その後、播種面の水深を二～三cmに維持した。気温が下がる夜、日中に温まった水で苗を保温するため、苗床のあいだには深さ一〇～一五cmまで湛水した。

イネと混生し成長を抑えるヒエ類などを除草し、六月の田植えまでに成苗を育てた。水苗代は、トノサマガエルなどの春に産卵する両生類、早春に卵が孵化して成長するアキアカネやナツアカネ、春から初夏に本田とそのまわりに産卵するシオヤトンボやホソミオツネントンボなどを育んだ。

4　田植え

田植え後のイネの収穫を確実にするため、事前準備として土手畦や導水路等の補修、荒起し、**畦切り**、**畦塗り**、施肥、代掻きを行った。まず草を刈り大雨や積雪で崩れた取水口や土手畦を修復し、水路に溜まった砂泥や落葉を取り除いた（写3-3）。ついで、田水を温めイネの成長を促すために、田のまわりに張り巡らした温水路を修理した。荒起しでは、田水を導水する前に牛馬耕や人力によって田土の塊を砕き代掻きに備えた。**畦切り**では、本田側の畦を鍬などで削り取り、モグラや草の根の成長によって畦の土中に形成された空洞を埋め戻す。つぎに**畦塗り**では、畦の側面などに田土を水練りした泥を塗りつけ水漏れを防いだ（写3-4）。さらに渇水期の水持ちを高め、深水で保温して田草を抑えるため、取水口と取水堰、畦は、本田の水位が一五～二〇cmになるよう調整した。堰は粘性土を詰めた土嚢などによった。施肥では主に牛馬糞と藁などを発酵させた**堆厩肥**などの肥料を本田に搬入した。代掻きでは、本田に田水を入れ畜力や人力によって田土を細かく砕き肥料と満遍なく混ぜあわせ耕土を整えた。最後に水底を平に均して田植えに備えた。

田植え前には田水を落とし、格子形や六角柱の木枠製の田植え定規によって田面に印を付け、植え付

写3－3　畦と導水路の補修

（新潟県旧中頸城郡頸城村［上越市頸城区］玄僧、2003年）

写3－4　水漏れを防ぐ畦塗り

（新潟県旧中頸城郡頸城村［上越市頸城区］玄僧、2003年）

け位置を明示した（スジ付け）（写3－5）。五〇株／坪植えによって、株間を七・五寸（約二二・八cm）、条間を八寸（約二六・四cm）取った。このほかに、左右の畦から植え位置を印した田植え綱を張り、苗代から運んだ苗を植えることもあった。株間が広いのは、田草を抑えるため手押し回転式**中耕**除草機を通すためである。

田植えは、六月中下旬、家族に加え、隣組や親類どうしの**結組**（**手間返し**）で行われた。田植えは**半夏生**（はんげしょう）（夏至から一一日目、七月二日頃）まで、遅れると米の収量が減少する。イネの収穫後翌春にかけて作物を栽培する二毛作田では、田植えは麦などの収穫後であった。このため、**結組**などによって麦の収穫、田植え準備、田植えと続く田仕事を特に能率よく行う必要があった。

田植えどきには苗代から草丈二〇～二五cmに成長した苗を採取した（苗取り）。この作業では土ごと苗の塊を手づかみで抜き取り、一本ずつほぐして片手で握れる一束八〇～一〇〇本ほどに束ねた。これを**天秤棒**の前後に取り付けた竹籠などに載せ、田植えする**結組**の者らの手元に配り歩いた。植付け密度が五〇株／坪（約三・三㎡）、一株当たり二〜三本植えにすると、**反当**（たんとう）三〇〇〇〜四五〇〇本、四〇〜五〇束の苗を要した。

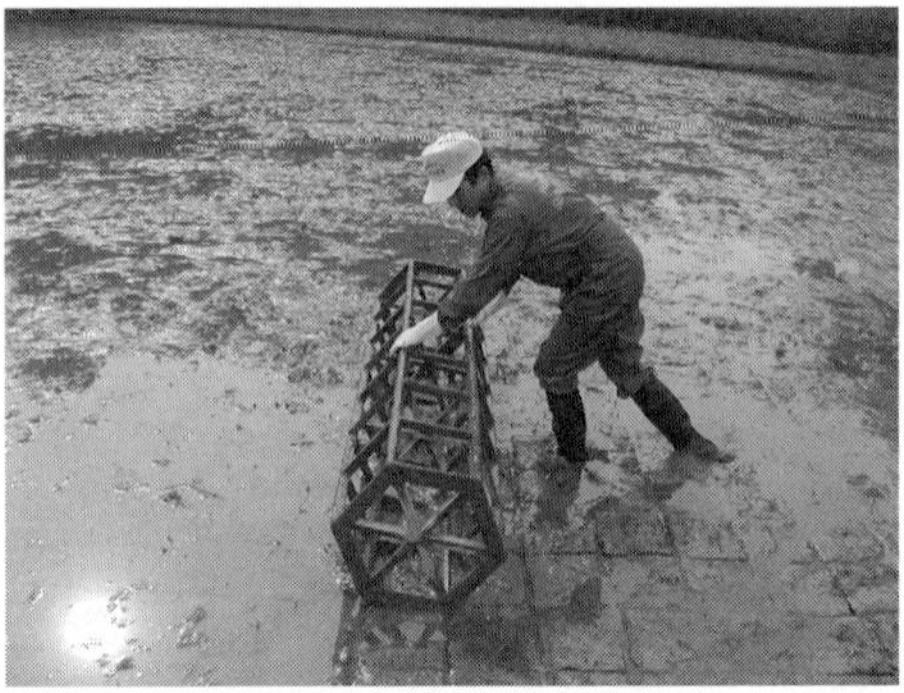
写3－5　田植え定規による苗の植え付け位置の明示
（新潟県旧中頸城郡頸城村［上越市頸城区］玄僧、2003年）

5　田草（たぐさ）取り・追肥・水管理

(1)　草取り

田植え後の草取りは、手押し回転式**中耕**（ちゅうこう）除草機と手取りにより、八月半ばまでのあいだに三〜四回行われた。この除草機は、人力で株間（かぶま）を押し通すことによって歯車の回転で田土を起こして草を浮かせ、さらに田土に埋め込んで肥料化した。手取りした田草も田土に埋めて肥料にされた。田草は田土中の腐植分を増やし、これによって地力が維持し、渇水期の乾燥を抑えることができた。田草取りは一回目を一番草、二回目を二番草と呼んだ。手取りでは五〜八畝（畝：約一〇〇㎡）／日、**中耕**除草機では約四反／日の草を取ることができた。

(2)　追肥・水管理

水深や病虫害を確認するため、田植え後、日々水田を見回った。夏場の出穂直前の水は、イネの成長に不可欠である。**追肥**を兼ね、田水の蒸散を防ぐため田底に土手や畦の刈草を敷き込んだ。百姓は、干ばつの被害を避けるためきめ細かく導水した。

田水を引く際、常時、深水にすると、イネは水に負け穂が貧弱になり収量が少ない。逆に浅水にすると水不足で土が硬化し、雑草が繁茂して不作になる(61)。かけ過ぎや少な過ぎにせず、ほどほどに水のかけ引きを行うと豊作になる。年ごとの雨量、田の性質や土質によって、水のかけ具合には様々な違いがある。これらのことをよく考え、適切な水管理を行う必要がある。

最近の稲作では六月下旬から七月に田水を落とし、地割れができるまで田土を乾燥させる（中干し）。この作業によってイネの過剰分蘖を抑えて根に空気を送り、また、土を乾燥させ**コンバイン**などの重たい農機を利用できるようにする。分蘖とは、根に近い茎の節から籾を着ける側枝（茎）が発生することである。

昭和三〇年代までは、イネの植え込み株数と一株の本数が少なく、田植えも麦などの二毛作後になり遅かった。このため逆に分蘖を促すため水を溜めた。また、水を抜くと田土の窒素が抜け、さらに棚田では田土に亀裂が入るとイネの成長期に湛水できなくなり水の確保が困難になる。このため中干しができなかった。当時は中干しする農家でも七月中下旬から八月上旬と、近年に比べ約一ヶ月も遅く、その後は稲刈りの一ヶ月前まで水深を保った。

6　土手・畦の草刈り

今では雑草として駆除される草は、当時は大切な生産物であった。畦と土手の草は、水田に与える**刈敷**、牛馬の**餌葉**、**堆厩肥**の材料を得るため人力で刈取られた。普通、田植え前に一回、その後一〇月初めまでに三回から五回手刈りで集草した。イネの成長には年五～六回も畦草を刈る必要がない。しかし、一日四〇～五〇kgも要する牛馬の餌葉を得るため、毎日のように二〇～四〇cmに再生したイネ科中心の生草を刈り集めた。谷戸の水田では両側に斜面が迫る。このような場所ではイネの日照を確保するため、田主は土地所有にかかわらず、斜面に生える低木やススキなどを二〜三間（一間：約一・八m）の幅で刈取ることができた（**クロ刈り**）。採取した低木は燃料用の柴、ススキは茅葺き屋根の修理などに使われた。

また、水田の畦は、成長に水を求める大豆や小豆などの作物づくりにも活かされた。マメ科植物では根茎に共生する根粒菌が空気中の窒素を固定し、この窒素が豆の収穫後に土中に残り、**畦切り**、**畦塗り**の際に田土に広がりイネの栄養分にも活かされていた。

7 収穫

稲刈りの適期は、出穂後四〇〜五〇日後であった。一〇日以上前から田水を落とし、籾を乾燥させるため、晴天日に刈取った。複数の人々が刈取り開始時間を少しずつ遅らせると、刈稲の仮置き場ができる。刈取りには刃渡り二五cm前後の鋸鎌を用い、二〜三株ずつ四回刈って一輪とし、これを左側に置いて刈り進んだ。

刈取ったイネは、**稲架木**に掛け天日で乾燥させた。立て掛けた竹桿に積み重ねて乾かしたほか、短い丸太を二、三本組み合わせ、これを一対に立てかけ稲架足（支柱）とし、竹桿を横一段にかけ渡しそこにイネを掛け干した（写3-6）。山あいの谷戸田などでは日が陰りやすく日照時間も短いために籾の乾燥が遅れる。このため、複数段の稲架を組んで立ち上げ、天日による干し上げを促した（写5-10）。乾燥を促すため、藁で縛った稲束を根元から四分六に分け、束ごとに若干の隙間を取って**稲架木**の前と後から掛け分けた。稲刈りで**稲架木**などに使う竹桿（イナキ竿）は、**反当**三〇〜四〇本も必要であった。

写3－6　刈取ったイネの稲架掛け
（和歌山県旧西牟婁郡大塔村［田辺市］熊野、1953年、岡田孝男氏提供）

写3－7　牛の飼葉や藁雑貨に使う稲藁のホウヤ積み
（和歌山県旧西牟婁郡大塔村［田辺市］熊野、1959年、岡田孝男氏提供）

このため、竹林を毎年間引き大切に育てた。竹桿はイネを干し終えると小屋（イナキ小屋）に保管され、腐朽すると最後は柴に混ぜ燃料にした。

　動力式脱穀機が導入されるまで、**千歯扱き**や足踏み式脱穀機を使い稲束から籾を取った（口絵7）。その後、**箕**や**唐箕**で風の力を使い　**芒**や**枝梗**などの塵を取り除いた。**芒**は籾の先端にある針状の突起、**枝梗**は籾が着生する稲穂の分枝軸である。このあと、木ずり**臼**や土ずり**臼**などで籾殻を外して玄米を得た。脱穀後の稲藁は、牛馬の餌や**敷草**のほか、**筵**、草履などの生活雑貨に使う貴重な資材であった。束ねた稲藁を干し上げ、稲刈り後の水田などに積み上げて保管した（**ホウヤ、ホヤ**）（写3-7）。

第二節　畑作

1　小麦

　水利が悪く水稲を栽培できない里山の斜面や台地などでは、半ば主食にしていた小麦（晩秋～初夏）

を栽培した。収穫後の初夏から晩秋には、陸稲をはじめサツマイモやサトイモなどの根菜類、ラッカセイやダイズなどの豆類を栽培するところが多かった[22]。排水が進みよく乾く水田では、イネの収穫後に麦を二毛作する地域もあった。麦の**反収**は、米の約〇・六倍の二一四kgにとどまった。しかし、小麦は芋類よりも保存性が高く、陸稲やトウモロコシに比べ、一・三倍の**反収**があった[21]。畑には、作物をねらうネズミやイノシシ、害虫などが集まった。里人が蛋白源として獣を捕獲し、また、無数の天敵が害虫を抑えた。ネズミやモグラは、ノスリなどの猛禽類の餌になった。食物連鎖が作物被害を抑制した。

小麦の栽培では、①**元肥**の**堆肥**と耕土を鋤き混ぜて畝を立て、②種を蒔く（播種）。耕耘機が普及するまで人力や畜力で畑を耕耘した[22]。**柄鍬**や四本の刃が柄に直角に付いた**万能鍬**などを使うと、人力でも深く耕すことができた。**柄鍬**で畑を起こし、鳥居型の振り**馬鍬**などで土の塊を崩し、土を細かく砕いてから均した。麦の播種時期は、サツマイモなどの収穫後、一〇月下旬から一一月上旬である。畑のなかに平行に畝を立て、種麦をつまんで条播、または点播した。条播とは畝上に一定の間隔で種子を筋状に蒔くこと、点播とは一定間隔で種子を数粒ずつ円形状に蒔くことを指す。

その後の作業は、③**麦踏み**、④**中耕**、⑤土入れへと続く。瀬戸内海沿岸など温暖な地域では、中生小麦の種子が発芽すると三月上中旬まで穂の分蘖が進み、穂数が決まる（図3-2）。このため、**麦踏み**は、発芽定着後、株の分蘖を促し霜柱や風で麦の根が浮くのを防ぐため、葉が二〜三枚になった一二月から翌年三月までのあいだに数回にわたり行われた。

中生小麦は、四月中旬頃まで穂茎の節間が伸張して穂に着生する粒数が決まる。その後出穂して開花し、五月上下旬までの登熟期に麦粒の重量が定まり収穫期を迎える。このため**中耕**作業では、一二月

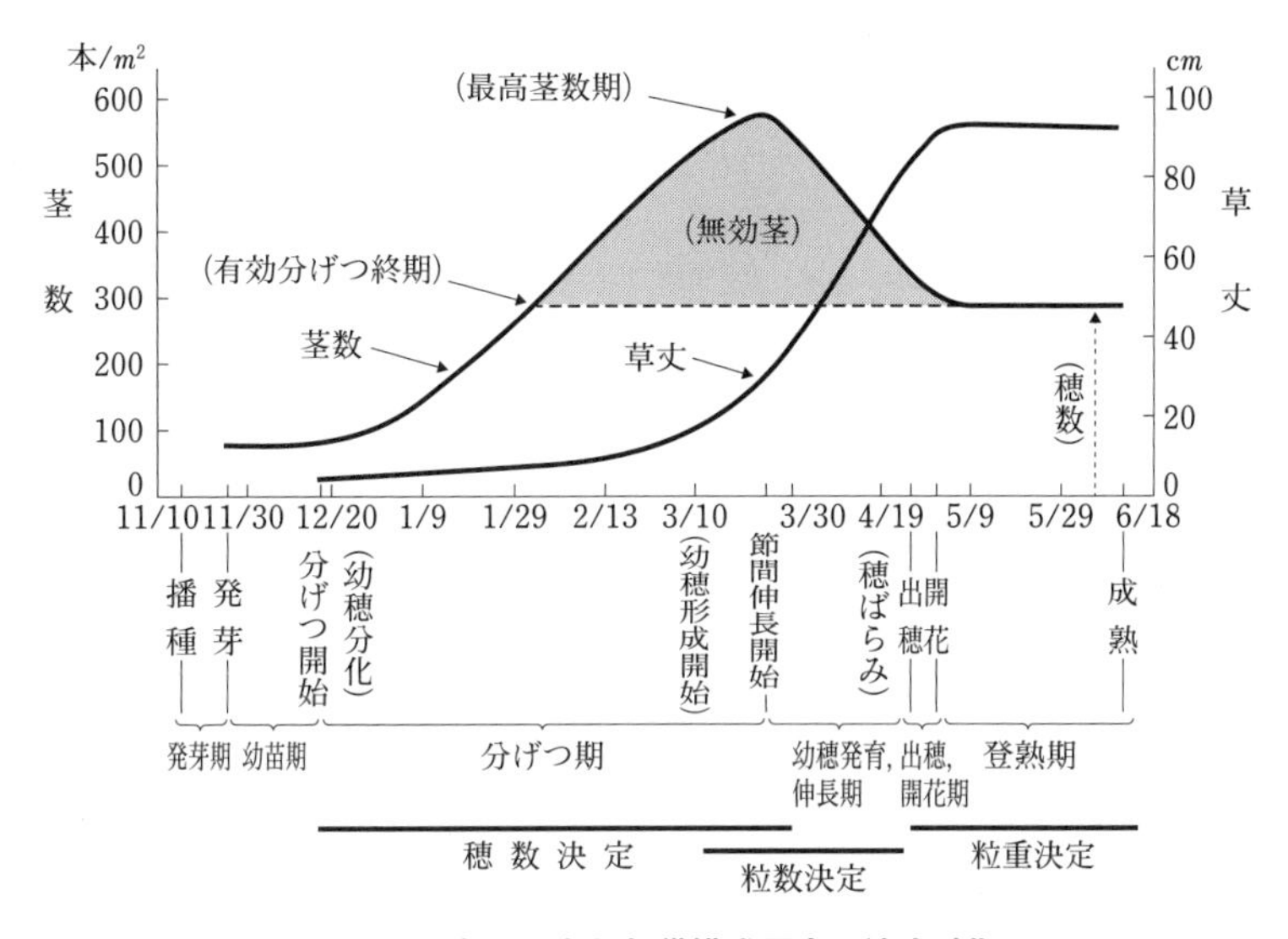

図3-2　麦の一生と収穫構成要素の決定時期
（瀬戸内海沿岸、中生小麦の例）

※農文協（1981）『畑作全書　ムギ類編』から引用。

中旬、二月上旬、三月上旬、三月下旬に畝や株間の表土を鍬で起こして麦の根元に掻き寄せた。これによって根に酸素を補給して成長を促し、霜柱（しもばしら）による根の浮き上がりや風による茎の倒伏（とうふく）を抑えた。

また、**中耕**のあとには毎回、鍬先で畝方や畝間の土を削り、株の内側を中心に上乗せする。この土入れ作業では、振り込み**鋤簾**（じょれん）などを使い、畝脇の土を株立する麦の茎葉の根元に入れる。これによって小麦の株（かぶ）が広がり、茎葉の内側にまで光が届くようになる。これは茎や穂を充実させ、収量を増やすために行われた。また、三月下旬の**中耕**では、麦に**間作**（かんさく）するサツマイモ苗の直挿しや陸稲（おかぼ）の播種に備え、土をより深く耕起したところが多かった。

小麦は完熟する直前に刈取るのがよいとされる。地域、地方によって異なるが、五月下旬から六月上旬に大麦を刈り、これよ

表3-3　主要作物の反当栄養分生産力の順位（1949〜1951年）

（表中括弧内は扶養人数）

項　　目	1位	2位	3位	4位	5位	6位
熱　　量	サツマイモ (743)	水稲 (463)	ジャガイモ (389)	トウモロコシ (226)	コムギ (217)	ダイズ (209)
蛋白質	ダイズ (540)	ジャガイモ (297)	水稲 (260)	サツマイモ (247)	コムギ (168)	トウモロコシ (168)
ビタミンA	サツマイモ (37)	トウモロコシ (11)	ダイズ (3)	—	—	—
ビタミンB_1	サツマイモ (1732)	ジャガイモ (951)	ダイズ (479)	水稲 (248)	トウモロコシ (234)	コムギ (228)
ビタミンB_2	サツマイモ (462)	ジャガイモ (285)	ダイズ (192)	水稲 (99)	トウモロコシ (58)	コムギ (57)
ビタミンC	サツマイモ (6925)	ジャガイモ (2854)	—	—	—	—

※農文協（1981）『畑作全書　イモ類編』から引用。
※括弧内の扶養人数：反当収量に可食部率と含有栄養成分量を乗じた値に日本人１人１日当たりの必要栄養分の基準量で除した値。

り約一〇日遅れで小麦を刈るところが多かった。刈取った麦を束ね、**背負子**や地車（じぐるま）、大八車（だいはちぐるま）で家まで運搬した（麦上げ）。その後は、脱穀するまで軒下などに立てかけ天日で干した。**千歯扱き**や足踏み脱穀機のほか、麦打ち台で穂をたたき、籾を穂から外し、**唐臼**や**立臼**と杵を使い製麦した。

2　サツマイモ

サツマイモの**反収**は、米の約五倍、一六七一kgに達し、カロリーに直すと一・七倍にもなる（一九五二〜一九五六年の平均値）。また、ビタミンA、B_1、B_2、Cが米や小麦、ジャガイモなどの作物に比べてすこぶる多く含まれる（表3-3）。ビタミンAとB_1については、それぞれ三七人と一七三二人／**反当**・日を養う栄養価がある。同様にB_2では四六二人、Cでは六九二五人／**反当**・日と、多くの人々の必要成分を満たす能力を持っていた。B_1とB_2では、**反当**一日当たり、それぞれ米の七倍と四倍を超える人数分を賄うことができる。このため、サツマイモの芋は、これまで多くの日本人が飢饉を乗り越える命綱を担ってきた。

薪炭林の落葉を敷き詰めたサツマ床と呼ばれる苗床で**種芋**から芽を吹かせ苗を育成した。植え付けには、この穂茎を切取り畑の畝に直挿しする方法によった(22)(写3-8)。この穂は自力で畑に根を下ろし、地上部から転流する澱粉などの栄養分によって地下茎が肥大し、これが芋として収穫された。直挿しには、水平植え、直立植え、舟底植えなどの方法がとられてきた。植付け方法による収量への影響は比較的少ない(57)。太く長い苗のときは水平植え、短いときや乾燥地では直立植え、火山灰土壌では舟底植えや斜め植え、砂土や砂壌土では直立植えなどのように、場所ごとに植付け能率が高く植え傷みが少なく増収に有利な方法を用いる。

写3-8　落葉を敷き詰めた苗温床におけるサツマイモ苗の育成断面

(埼玉県三芳町竹間沢、2007年、三芳町立歴史民族資料館展示)

サツマ床は、一二月中旬から二月上旬、日当たりがよく、手入れしやすい庭先などに設置された。外周の骨組みとして木杭を四隅に打って、稲藁を外壁状に立て伏せ、割竹を回し結んで固定した(写3-8)。内部には雑木林の落葉落枝を入れて踏み込み、上層に**堆肥**をのせた。この**堆肥**は**種芋**を伏せ込む床土になり苗が発根すれば養分を供給した。さらに最上層には保温を促すため、小麦などの籾殻が敷き込まれた。さらに落葉落枝の発酵を促すため、籾殻の上から下肥をかけ、この熱が**種芋**の発芽と新芽の成長を促した。

サツマ床の大きさは作付面積によって決まる。サツマイモを一ha植え付けるためには、約三三㎡（約一〇坪）の苗床が、また、この発酵熱材として約一トンの落葉落枝を必要とした(23)。関東地方の雑木林では、**反当**約四五〇kgの落葉落枝を採取できる。サツマイモを一ha栽培するには、苗床用の落葉落枝を得るために二反強の林が求められた。埼玉県三芳町を例にとると、サツマイモの栽培に一三五〇～二二五〇kg／haの**堆肥**を使い、この材料になる落葉落枝を得るために三～五反の雑木林を利用していた。

畑における芋苗の直挿し適期は、九州や四国など西日本では四月下旬～五月上旬である。関東地方などの東日本では五月上～下旬、東北では六月上旬である(24)。関東などでは、苗の直挿しが六月下旬以降になると芋の収量が半減した(57)。埼玉県などの麦作地帯では、刈取る前の麦の株元に約三〇cm間隔で**堆肥**の塊を置き、**反当**三〇〇〇～四五〇〇本の芋苗を挿した。

その後は、**追肥**、**中耕**、除草、ツル返し、ツル立て作業を行った(22)。ツルとはサツマイモの葉柄（ようへい）と茎の部分を指す。このツルが畑全面に広がるまで除草し、六月中旬頃に米麦の糠（ぬか）や草木灰を与えカリ肥料中心に**追肥**した。ツル返しとは、七月中旬、ツルから根が地面におり小さな芋ができるのを防ぐため、畝に沿ってツルを左右に振り分けること、ツル立てとは、九月上旬、ツルの節から出た根を地面から抜き、茎葉の養分を地下の芋に転流させることを指す。福岡や岐阜、沖縄県などでは**食糧**不足の時だけでなく、このツルを食べる習慣がある。

サツマイモは**栄養繁殖**によって増殖栽培するため、翌年の**種芋**（たねいも）を貯蔵する必要がある。適温は一三～一五℃、九℃以下では腐敗病などに侵されやすく、二〇℃以上では芋の発芽が促されるため貯蔵養分を消耗させることになる。また、適した湿度は七〇～九〇%である。このため、土中で保温、保湿するなどして翌春の育苗のときまで保存されてきた。この方法には、丸穴式貯蔵や地上式貯蔵などがある。い

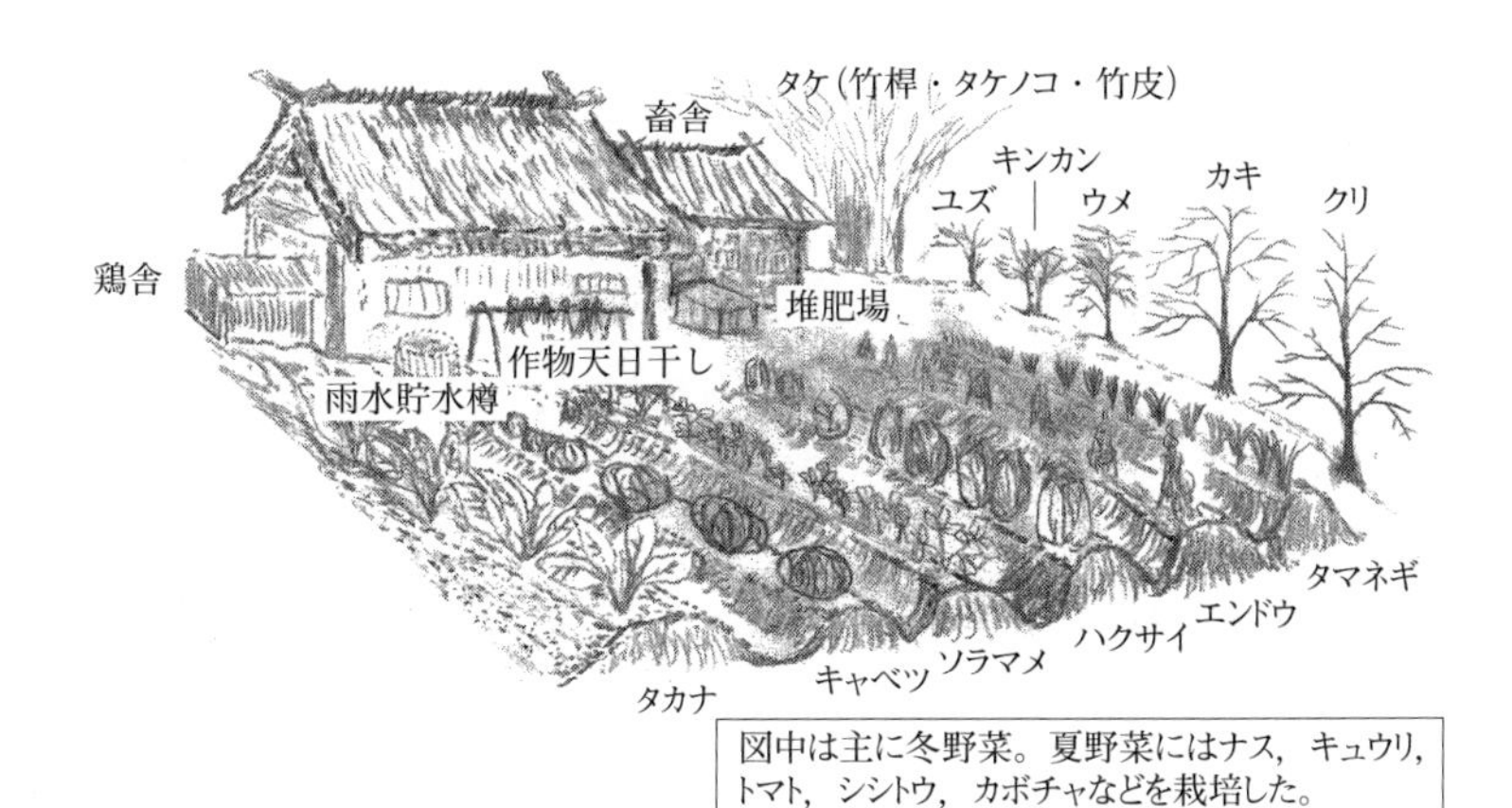

図 3－3　農家における家屋まわりの自給菜園

ずれの場合も藁や籾殻で**種芋**を覆（おお）い、内部の空気を外気と交換するために気抜竹（きぬきたけ）（節を抜いた竹）を挿入した。

食糧難を救うサツマイモの豊作を願い、埼玉県入間地方の農家は、一月一五日を中心とした小正月に「モノックリ」、収穫後には「さつま掘り正月」（一二月二〇日過ぎ）などの儀礼を続けてきた(22)。

3　野菜類など

稲作や畑作農家を問わず、農家では家屋まわりで野菜や果樹を栽培し、自給するのが普通であった（図3-3）。秋から冬、翌春にかけてはダイコンやタカナ、ハクサイなどの葉物野菜、エンドウやソラマメなどの果菜、タマネギなどの根菜を栽培していた。春から夏にかけては、ナスやキュウリ、ウリやカボチャなどの果菜等が栽培され、隣近所で不足分を融通しあった。また、アブラナは、若い茎葉や花序を葉野菜とし、また、種子からは菜種油と肥料の油粕を収穫するため広く栽培されていた。隣家や畑の境界などには、カキやクリ、ユズ、ウメなどの果樹を植え、果物に加え梅干し、香味料、渋などを自給していた。また、そこでは茶を栽培する家々も多く、摘んだ新芽を天日に干すなどして揉み上げ自家用にした。これらの家屋まわりの菜園近くには、畜舎や鶏舎を設え、糞尿を発酵させて**堆厩肥**として循環させた。これらは**元肥**（もとごえ）になり、**追肥**（ついひ）には水で薄めた下肥などが使われた。

家々や隣組のあいだでは、味噌や醬油、豆腐の材料となる大豆、ウドンなどの材料になる小麦等を互いに協力して加工するところも多かった。また、ハコベやナズナなどの春の七草をはじめ、畑に生えるノビルやハコベ、スベリヒユなどの草も食材にされた。その他の草は、刈取り後に畑の隅などに積み上げると**堆肥**になり、また、畝の作物の株元に敷きつめ、土壌の乾燥を防ぐためなどに使った。雑草といえども食材や資材になった。

第三節　保存食材

1　味噌・醬油

里山の集落では昭和三〇年代まで、多くが味噌と醬油を自給してきた。原料の大豆も畑や水田の畦に畦豆（あぜまめ）（田ヌシ）として栽培した（口絵8）。

F家（上越）では家族で毎年一二〇〜一三〇kgの自家製味噌を食べていた。毎年、早春になると大豆二〜三斗（一斗（と）：約一五kg）を用意し、丸一日煮込んで二日目に味噌桶に入れた。履いた藁靴で踏みつぶし、大豆三〇kgに米麹（こめこうじ）三〇kgと塩一五kgを混ぜ、これを水で練り込んだものを木桶（きおけ）に詰めて味噌蔵（みそぐら）で発酵させた。桶（おけ）は直径約〇・八m、高さ一・二〜一・三mあった。冬に備えて収穫したダイコンやシロウリ、キュウリを味噌桶のなかに層状に入れ副食の味噌漬にした。一年味噌、二年味噌、三年味噌と呼び三年越しの味噌を食べた。また、発酵途中の味噌の表面を円錐状に整形し、桶の隅に溜まった液体を布で漉し醤油を取った。

K家（豊田）では、大豆を煮てつぶし、握り飯や玉状にした味噌玉を軒先に一週間ほど吊るし、天然の麹菌や納豆菌で発酵させた。大きい**竈**を使い、味噌職人が直径一m、高さ四〇～五〇cmの専用釜で大豆を蒸してつぶした。各戸が、この大豆一〇kgに塩二kg、水一kgの割合で混ぜ、直径一m、高さ一・五m前後のスギ製の味噌桶に入れ味噌の元を作った。一週間後、これに米麹と味噌玉を練り込み、上面に布巾を敷き中蓋と重石を載せ、縦三m、横四m、高さ三mほどの味噌部屋で一年発酵させた。味噌部屋は屋敷の軒下を土壁で囲んだものである。常時二～三樽の味噌桶を熟成させ、家族で年一桶を使った。醤油は、味噌玉と蒸した小麦、塩水を味噌と同じ桶に入れ、毎朝、木棒で掻き混ぜ、味噌部屋で一年ほど熟成させてから絞り取った。この生醤油を加熱殺菌して利用した。このため、味噌部屋には味噌樽に加え醤油桶が二つ保存されていた。

2 保存食

日々の食事には主食の穀物やイモに加え、栄養バランスを取るためには副食が不可欠である。食材の多くは、繰り返し**半栽培**する里地里山、里海からの恵みである。全国各地では、土地の気候や風土、里山や里海、里湖などから収穫される素材を活かし、数々の保存食が作り出された。

(1) 里地

梅干しは、もちろん、夏に収穫する芋茎（サトイモの葉柄）を酢に漬け年中常食していたところもある。また、冬に野菜が採れない寒冷地や雪国では、秋に収穫したダイコンの葉を干し菜にした。また、ダイコンを籾殻で覆って雪中に埋め冬中利用していた。さらにダイコンを天日で干し、漬物に加工するところも多かった。寒冷地では豆腐を適当な大きさに切り極寒期に戸外で凍らせた。切り分けた豆腐を一〇個くらいずつ紐で吊って干し、凍み豆腐にした。

畑から収穫した芋類は、屋敷まわりの斜面に保存用に掘った芋穴で**種芋**とともに蓄えた。特にサツマイモは冬季の低温で傷むことが多い。適当に切って蒸し干芋にしたほか、床下や畑の地下に設けた芋穴に入れ保存するところもあった。また、秋に収穫した渋柿については、皮を剝き取り天日に晒して干し柿にしたほか、この皮を刻んで天日で干し、野菜の漬物などの甘み付けに利用した。

(2) 里山や水辺

里人らは薪炭林の林縁や草刈り場に生えるクズやヤマノイモ、イタドリ、ウド、ミョウガ、クサギなどを意識的に刈り残して育成し、そのイモや新芽、若葉などを加工して保存食や救荒食の一部にしてきた。クズやワラビの塊根からは澱粉が採取された。ヨモギの新芽を摘み採り、乾燥保存しては艾の材料やヨモギ餅に利用してきた。百姓らは末永く里山からの恵みを頂くために、絶えない範囲の採取をとどめ親株を育成してきた。また、ウドの新芽を節取りした竹筒に通して茎の硬化を避けるなど、素材の味や食感を増すために工夫を凝らした。また持ち帰った山菜は新鮮なうちに加工を施し素材のちからを引き出した。

和歌山県旧有田郡清水町（有田川町）沼谷の土手では、地元の古老によって年二〜三回、選択的に刈残して山菜類が育成されている。そこでは、フキの新芽は七七五本／一〇〇㎡、生重量は三・九kg／一

表3-4　琵琶湖沿岸、滋賀県守山市木浜を一例とした食料の保存技術

	名称(地方名)	材　料	保存期間	作り方・食べ方
塩蔵	コウコ※ 〈アマクチ〉 〈カラヅケ〉	 だいこん だいこん	 4か月以内	 11月頃だいこんを丸のまま干して、糠と塩とで漬け込む。カラヅケはアマクチの2倍ほどの塩を使って漬ける。4斗樽に何本も漬ける。
	ミソゴウコ	だいこん	1日～2週間	味噌桶の中に漬け込む。
	キリヅケ	だいこん	10日以内	だいこんを輪切りにしてから塩で漬ける。
	センマイヅケ	かぶ	—	かぶを薄く輪切りにしてとうがらしと味醂で漬ける。
	ドボヅケ	—	—	—
	ウメボシ	うめ	数年	初夏に梅を塩漬けし、その後天日で干し上げる。
	ウメズヅケ	しょうが	—	梅干しの梅酢に漬け込む。
	シオヅケ*	ふな	—	フナズシを作るときの塩漬けと同じ。塩出ししてから煮たり焼いたりして食べる。伝承のみ。
干蔵	焼き干し*	ふな	—	12月頃ふなを紐でくくり、竈の近くにつるしておく。主に出汁に使う。
発酵	スシ*	ふな（イヲ※）	1年以内	4～5月ころに捕れる抱卵したニゴロブナを用いる。ハレにもケにも用いる。
		ふな（カマ※）	1年以内	子を持たないニゴロブナを用いる。ケの食品。
		ワタカ	1年以内	6～7月に捕れる抱卵したワタカを用いる。ケの食品。
		ハス	1年以内	ハスの雄を用いる。ケの食品。
		モロコ	1年以内	高級品で、ハレの食品。
	ナレズシ*	ワタカ	—	ワタカの雄を用いる。腹骨を取り手で握ってから漬ける。ケの食品。
		オイカワ	—	—
		ハイ※	—	—
	コウジヅケ*	ワタカ	—	ワタカの顎の部分を漬ける。お茶漬けにして食べる。
他	アメダキ*	小あゆ・イサザ ウルリ※・しじみ	1か月以内	エリ※に入る雑魚を用いて作る。醬油と砂糖でとろとろと煮て作る。佃煮と同じ。

注：安室知（2005）『水田漁撈の研究』慶友社から引用一部改変。
*印は淡水魚の保存方法を示す。
※コウコ：タクワン
※イヲ（いを）：抱卵したニゴロブナ
※カマ：抱卵しない（産卵後）のフナ
※ハイ：ハヤ（ウグイやカワムツなどコイ科淡水魚のなかで中型で細長い体型をもつ魚の総称）
※ウルリ：ヨシノボリ属の一種
※エリ（魞）：川や湖沼で魚の通る場所に竹の簀を立てまわし、魚が入るともとへ戻れないようにした漁具

○○㎡、同様にミョウガの花穂は二〇〇〇本、二四kg、イタドリの新芽は一二五本、二四kg、ワラビの茎葉は四五〇本、五・四kgを数えた。紀州や土佐では、イタドリ（ゴンパチ）の新芽を保存食として利用する。この地域の薪炭林や草刈り山では、各戸が生で年五〜六荷（一荷：約四〇kg）、二〇〇〜二四〇kgも採取していた。これらは塩に漬けて乾燥保存し年中の煮炊きに使われた。旧有田郡清水町（有田川町）では、伐採跡地や薪炭材の萌芽更新地に生育するクサギの新芽を採取し、湯がいて天日干ししたものを保存食としてきた（口絵9）。

一方、琵琶湖沿岸では、毎年、捕獲されるフナやワタカ、オイカワ、モロコなどを利用し、鮨や熟れ鮨などの保存食が作られてきた（表3-4）。モロコの鮨は高級品でありハレの日の食品であるといったように、ハレとケの日によって保存食を食べ分ける風習も形成されていた。ハレ（晴れ）は儀礼や祭、年中行事などの非日常、ケ（褻）は普段の生活である日常を表す。また、小鮎やイサザ（琵琶湖固有種のハゼ科の魚）、シジミなどは醤油と砂糖を加えて飴炊きにされ佃煮として保存された。また、腸を取り天日で乾かし、囲炉裏の煙で燻蒸して川で捕れた雑魚を保存した（口絵10）。

家々では、新鮮な野菜や穀物に加え畑や野山から採れる産物を保存し、様々な自給食材によって食生活を守ってきた。電気冷蔵庫が普及し始めるのは、昭和三〇年代後半である。それまでの保存法には天日や燻蒸、塩、酢、発酵、雪などが巧みに利用された。

3 救荒食

救荒食を保存することの重要性は、古くから農民らに解き明かされてきた。農書『百姓伝記』（一六七三〜八三年頃）によると、「穀類以外に多様な菜や大根を作り、山野に自生する草木の葉、海草、魚類まで穀物の補助になるものを貯蔵し、妻子、親族が飢えないよう心がけることは百姓の努め」とある。農民らは家族の命を守るため経験を積み、知恵を絞ってきた。

(1) 米の食い延ばし

冷害や水害、地震などによる災害は、**食糧**不足を引き起こしてきた。里人たちは、難を乗り切るため数多くの知恵を編み出した。一つに日頃から米の消費量を減らして先のために備蓄した。福井県下では、飯の増量材として米に葉や芋を加えて炊飯する大根飯、芋飯、干菜飯をはじめ、おぞろ、おこなど多くの**こねもの**を食べ、米を食い延ばすことに傾注してきた(53)。おぞろとは、薄い米粥に大根の葉などを入れ葛粉で作った団子を落とした汁物である。おことは、大麦を炒って挽いた粉に小麦粉を混ぜて椀に入れ、湯をかけて醤油味で食する汁物である。

福井県嶺北地方奥越山地の山あいでは、収穫米を一～二年ずつ先送りして古米や古々米を食べる風習があった。古い米の方が炊飯時によく水を吸い嵩が増えるためである。飢饉や災害に備え、食い延ばした米を土蔵に設えた「籾風呂」と呼ばれる**蒸籠**状の貯蔵箱に入れ備蓄していた。

(2) 身のまわりでの半栽培

①ヒガンバナ

屋敷地や田畑まわりの土手畦には、飢饉のとき非常食にすることができる救荒作物を**半栽培**してきた。本州の東北以南、九州までの土手畦には、ヒガンバナの群生地が各所に分布する。この植物は、縄文晩期から稲作技術とともに中国大陸から持ち込まれたといわれる(43)。稲刈りまで継続される土手や畦草刈りは、百姓らが無意識であったとはいえ、秋に花茎を出し赤い花をつけるこのヒガンバナ（マンジュシャゲ）を**半栽培**してきた。

稲刈り後、翌春まで葉を出して鱗茎（りんけい）を太らせる。夏場の草刈りが、この植物の展葉期に太陽光が降り注ぐ明るい環境を作り出していた。鱗茎に含まれる有毒成分のアルカロイドを水で晒（さら）すと澱粉（でんぷん）を採取することができ救荒食になった。紀伊半島に加え、愛媛や高知など四国、十津川など奈良の山あいでは、このようにして毒抜きしたヒガンバナの澱粉を利用してきた。

田畑の土手畦では鱗茎のアルカロイドがモグラやネズミによる穴開け被害を抑え、すり潰した鱗茎を土蔵（どぞう）の壁土（かべづち）に混ぜ込んでネズミの侵入を防ぐなど、ヒガンバナは人々の暮らしに密接にかかわってきた。

②ソテツ

徳之島や沖永良部島など奄美群島をはじめ、九州・沖縄地方などでは、屋敷地や畑の防風用、境界用にソテツを列植している。このソテツについては、枯れ葉を燃料や田畑の**刈敷**に使い、幹や種子に含まれる良好な澱粉を救荒食や日々の副食にしてきた。捨てるところがない野良（のら）の宝（たから）であった。家々では梅雨前に実も幹も採取できる雌の子苗（こなえ）を採取し、また、雌の幹を切断し挿し木で殖やした。採取する実を乾燥保存し、また、幹に含まれる澱粉を救荒食とした。現在も鹿児島県大島郡知名町では、毎年二月一一日を「ソテツの日」と定め増殖を推奨している。

沖永良部や徳之島では、五畝ほどの栽培地から一籠一〇～一五kgの実を年一〇～一五採取できた。実を粉砕して天日で干し、大豆八割に実の粉末を二割混ぜ、味噌（ナリミソ）を作った。また、この植物は、株元から伐採すると新芽を吹き再生する。この性質を使い実のならない雄株から幹を採取した。幹の樹皮を削り輪切りにした芯を野に晒し、有毒なアルカロイドを流して乾燥させた。この乾物を粉に挽くと澱粉を採取でき、ソテツ粥や野菜などに混ぜて炒め物などで食した。残った幹の繊維と芯も水田の**元肥**になり、籠に二〇kgをほど載せおよそ一畝当たり一〇回運び入れた。また、ソテツの枯れ葉を押し切りで切断し、田畑の**元肥**として一畝当たり一五〇～二〇〇kgを鋤き込み、また、サトウキビ畑の畝間約一mに五～六枚ずつ敷き詰めて土壌の保湿材や**元肥**とした。

③ナツメやクリ

『民間備荒録』（一七五五年）は、宮崎安貞『農業全書』（一六九七年）、貝原益軒『大和本草』（一七〇九年）などをもとに板書きで民間向けに刊行された農書である。そこでは自給による村民の自助と村の共同によって難を乗り越えることが説かれ、「過去の凶作のときから心がけていれば、今ほどの苦しみはない。食が足りれば飢えを忘れ、衣服足りれば寒さを忘れる。このために災害への備えをしない。まず植えるべきはナツメである。土地に不適な場合など、〈中略〉代替には同じ本数のクリを植える。〈中略〉ナツメは茹でた若葉を味噌や醤油で味付けして食す。飯に混ぜ込んでもよい。未熟な実を煮炊きして食し、熟した実は生食のほか、乾燥粉にして米粉に混ぜる」とあった[62]。

(3) 里山などから得る救荒食

①木の実

わが国の広い範囲においてクヌギやコナラ、カシやシイ類、カシワ、クリをはじめ、トチノキやオニグルミなどの堅果（ドングリ）が、救荒食として重要な役割を果たしてきた（写3-9）。薪炭林は、燃料だけではなく飢饉時の**食糧**を育んでいた。奈良県では「米を三年食べなくてもトチやカシでかつえりやせん（餓死しない）」とまでいわれ、煮茹でたあとに天日で完全に乾かし、家々の**囲炉裏**や**竈**上の天

写３－９　保存食として利用されてきた木の実の例
（福井県大野市六呂師、2009年、福井県自然保護センター展示）

井裏などに保存されてきた[55]。
　福井県旧大野郡阪谷村（大野市）ではシイの実を二つの俵に詰めつしに上げて保存しておくと、万一の飢饉になってもなんとか凌げると先祖から教えられてきた[53]。つしとは、農家の屋根裏に簀子や筵を敷いてつくった物置場である。ドングリの子葉に含まれる澱粉（シダミ粉）を水などで晒して抽出し、味噌汁や麦粥に練り団子として入れ、また、冷飯にふりかけるなどして食してきた[56]。また、長崎県対馬市厳原町豆酘には、「樫ぼの」と呼び、村人らが救荒食として採集する樫の実を水漬けし、保存してきた穴蔵が残っている。対馬では飢餓のときにも餓死者が発生しなかったのは、この「樫ぼの」があったからといわれている。

②山菜

　里山里海から採取する救荒食として、農書『百姓伝記』（一六七三～八三年頃）は、つぎのように記している。「ワラビは切って干し、根を掘り粉にすると数年は保存できる。葛根を掘り粉にすると長期保存できる。リョウブ、フジ、ノバラ、イタドリ、ゼンマイなどの若葉を摘み、刻んで干しても数ヶ月は保存できる。海藻のアラメやカジメは保存しやすく百姓の救荒食に適し、五穀や雑穀と混ぜ食べる。池や川のハスの根茎（レンコン）やヒシの実は茹でてから乾燥させると、相当年数保存が利く。ニガトコロを一～三月に掘り、麦殻や藁灰を入れて茹で晒し、天日に干すと相当の年数もつ。魚を切り叩き、カニの場合には甲羅を含む全体を磨り潰し塩を合わせる。日数をおいてこれに煎った米糠と酒粕を合わせて桶や瓶に入れてならす。この小魚やカニの塩辛は味噌の代用になる」(63)。

『私家農業談』（一七八九年）によれば「リョウブは山村の飢饉を救う第一の樹木である。春から夏に葉を採り充分湯がいて洗う。これを蒸して飯や団子に混ぜて食する。秋になり葉がえぐくなると粉に挽き、団子で食べる。長期間保存するためには乾燥させる」とある(65)。

このほか江戸時代の農書には、救荒食として葛粉や茹でた葛の若葉、ワラビ粉、カラスウリの根、カタクリの鱗茎、ハスやトコロの根から取れるデンプン、トチやイチイ、カヤの実、ドングリ（シダミ）、オニバスやヒシの実、実を製粉すると粥や炊飯、ウドンに加工できるジュズダマ（ハトムギの原種）、茹でたハスの若葉、臼などで搗いた粉を粥や飯に混ぜるハスの実、味が五穀に近く粟につぐシイの実、ヒルガオの花、ハシバミの実、ガマやマコモ、ヨシの芽等々、二五〇種以上が掲載されている。これらの知恵は昭和の時代に至るまで里山里海の暮らしに活かされてきた。

第四節　家畜

1　牛馬

家畜は、耕耘や運搬、肥料や現金を得るため農家で広く飼育されてきた。一九五五（昭和三〇）年、福井県旧丹生郡白山村（越前市）では、四四〇戸の農家中一一〇戸が農耕牛を一頭ずつ飼育し、二〇〇戸でニワトリを八頭前後、八〇～一一〇戸でヤギとヒツジを飼育していた。一九五二（昭和二七）年、新潟県旧北魚沼郡川口村（長岡市）では、農家全体で各階層を含むように抽出した五二戸中、二一戸が牛を飼育していた(96)。

農耕牛に与えた餌量は、記録によると体重四〇〇～五〇〇kgの場合、一日、一頭当たり乾燥させた野草を四～五kgとこれに稲藁五～六kgを加えた（口絵11）。また、役務をさせた場合には、エン麦や大豆などの濃厚飼料が与えられた。軽い役務には一・二～一・五kg、激しい場合には三・五～四・五kgに及んだ。

聞き取り調査によると、春から秋の主な餌は、大半が土手畦や草刈り山から刈取られた生草であった。牛に与えた草は一頭当たり年四五〇〇～五〇〇〇kgになった。生草がない冬から早春、牛一頭当たり稲藁を中心に野菜屑や米糠などを混ぜ、年二〇〇〇～二五〇〇kgの餌を与えた。馬一頭には、朝、昼、夕に分け、一日一一～一七kgの餌を与え、五～一〇kgの**敷草**を置いた。餌の六五～七五％は乾燥させた草であり、これにエン麦、トウモロコシ、塩などを混ぜた(28)。その結果、生草をあわせると一頭当たり年六五〇〇～七五〇〇kgほどの有機物が循環していた（図3-4）。

各農家の状況をみると、FやI家（上越）では、六～一〇月下旬まで、朝昼晩の三回、毎回二〇kg、計六〇kgの生草を牛に与えた。一割の六kgほどを食べ残しこれらを**敷草**にした。この間、毎日草刈りに出かけ、週一回の農休日前には、二日分を持ち帰り一頭当たり年約九〇〇〇kgの草を使った。他人の畦草を刈ると泥棒扱いされるほど草が貴重であった。山野で刈取るクズの茎葉は滋養が高く重要な餌であった。

生草がない一一～五月までは切り藁一〇kgに米糠一kgを混ぜ、朝晩二回与え、毎日三〇kgの敷き藁を

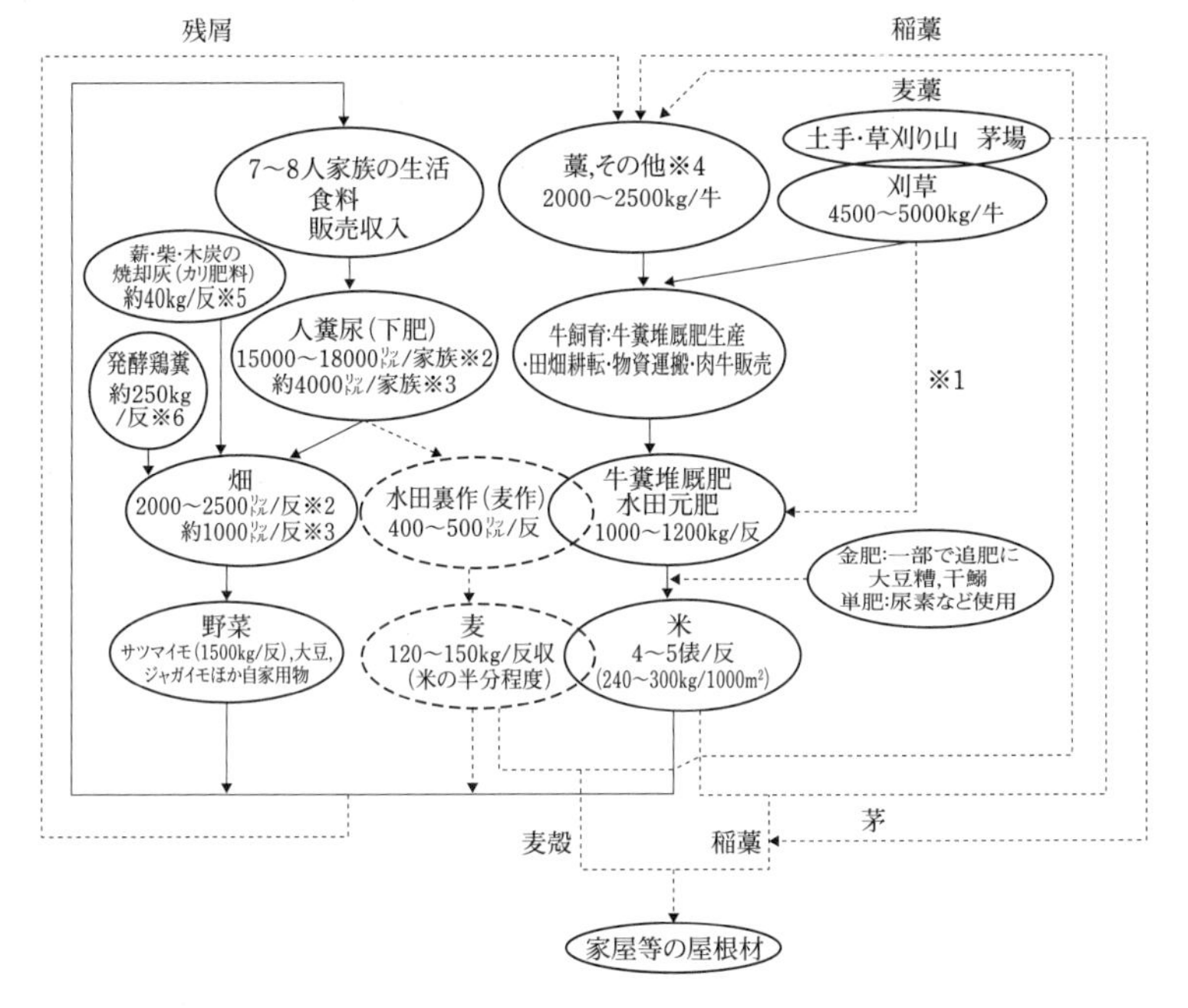

図３－４　里地・里山の循環型食料生産の模式

注１）数字はすべて１年間の使用（生産）量を指す。特に断りのない限り、北海道を除く全国17ヶ所のヒアリング調査データによる。

注２）水は井戸水、沢水を利用。燃料は薪や柴の採取、建築・農用木材は里山から採取。

※１：牛を飼育しない農家は刈敷肥料として使用、豊田市では水田反当５畝（500㎡）の草刈り山が付いていた。

※２：風呂の残り湯、流し湯も含む。

※３：大便小便の下肥のみ。

※４：その他には、野菜屑、米糠、桑の残り葉などを含む。

※５：石川県珠洲市のヒアリング調査による。

※６：長野県松本市のヒアリング調査による。

※養父志乃夫（2010）『里地里山文化論』下巻（農文協）から編集して引用。

使った。米糠は年約四二〇kg必要であった。切り藁の使用量は一日五〇kg、年一万五〇〇kgにもなった。牛馬は、耕耘と運搬に加え、**堆厩肥**の生産、肉牛としての販売収入をもたらす。作業中に休ませては餌をやり、ダニなどの虫を防ぐために毛を熱消毒し、毛並みを整え家族同然のように大切にした。

2　養鶏

牛馬に加え、販売や自家用の鶏卵、鶏肉、発酵鶏糞を得るため、家々ではニワトリを飼育していた。その数は五〜二〇羽前後に及ぶ。主な餌は、野菜屑など今では塵にされる作物の不食部分や米糠、米麦の粃などが使われていた。昭和二〇年代まで鶏卵は一四〜一五円／個もした（総務省）。このため鶏卵を家で食べるのは祝い事などに限られた。昭和三〇年代半ばまで鶏卵は藁や籾殻で包み、結婚祝いや病気見舞いに持参するほど高価な食材であった。

第五節　肥料の再生利用

1　刈敷（かりしき）

稲作伝来以来、**堆厩肥**や**金肥**（きんぴ）が普及するまで、水田の**元肥**は若い山草や木の若芽を刈取った**刈敷**（ホトラ、ホトロ）であった。荒起しや代掻きのとき、これを人力や牛馬に踏ませ田土に鍬込んだ。これが水田施肥の基本であり、この肥料だけで約一〇〇㎡（一畝（せ））当たり毎年二〇〜三〇kgの籾を収穫することができた。

江戸時代から昭和二〇年代まで、**刈敷**や飼葉を得る草山（くさやま）は、わが国の林野面積全体の一〇〜一五%、

表3-5　自給肥料消費の変遷

（単位：万トン）

種類／年度	堆肥	堆厩肥	人糞尿（下肥）			栽培緑肥	野草緑肥	草木灰	鶏糞	蚕糞蚕渣	家畜尿	その他
			農家自家生産量	農家による他からの汲み取り量	農家以外による供給量							
昭和20年	2,288	2,839	979	532	268	560	561	129	45	78	431	241
22年	2,245	3,000	1,148	634	336	431	650	154	48	55	432	232
24年	1,990	2,641	1,200	715	352	555	276	141	37	61	483	188
26年	1,511	2,965	1,334	1,008	273	623	255	167	51	59	405	173
28年	1,559	3,257	1,613	1,107	499	688	308	183	65	69	419	132
30年	1,584	3,373	1,788	1,171	561	634	316	180	76	137	443	124
32年	1,561	3,339	1,292	810	591	517	317	127	118	68	483	67
34年	1,844	3,503	1,334	667	1,093	543	404	121	145	76	575	66
平均値	1,823	3,115	1,336	831	497	569	386	150	73	75	459	153

※農水省農業改良局農産課（1954）『昭和28年度農産年報』、農水省振興局農産課（1956）『昭和30年度農産年報』、農水省振興局農産課（1958）『昭和32年度農産年報』、農水省振興局農産課（1961）『昭和34·35年度農産年報』資料から引用。

二五〇〜四〇〇万haを占めた。**刈敷**はレンゲなどの栽培緑肥に対し野草緑肥と呼ばれる（表3-5）。一九四五〜一九五九（昭和二〇〜三四）年においても、依然全国で平均年三八六万トンの野草緑肥が自給されていた（表3-5）。一九五〇年の総農家数（約六一八万戸）でみると、**刈敷**の使用量は年約六二〇kg／戸になる(25)。「牛を導入し、牛糞と藁などを踏ませて発酵させる**堆厩肥**が得られるまで、持山の大半は、当時、刈畑と呼んだ草木（**刈敷**）を採取する草山だった」（O、昭和七年生、橋本）。

2　堆肥・堆厩肥

(1)　堆肥

関東地方を中心に化学肥料が出回るまでのあいだ、**堆肥**や苗床の温床材の材料として、毎冬、クヌギやコナラの薪炭林（ヤマ）から落葉（シバ、クズ）が収穫された（シバカキ、クズカキ、クズハキ、コノハカキ）。一九四五〜一九五九（昭和二〇～三四）年、全国で年一八〇〇万トン前後の**堆肥**が自給されていた（表3-5）。

関東地方におけるクヌギやコナラの薪炭林では、概ね四五〇kg／反の落葉を採取することができる。一籠約二〇kgとすると九〇〇〇籠／反となる(19)。落葉落枝は屋敷内に設けたサツマイモやタバコ苗床の温床材になった。米糠を混ぜ、およそ幅三m、長さ五m、高さ〇・五mに積み上げて踏み込み、落葉の上に柴などを被せて雨水をしみ込ませると、微生物によって発酵、発熱し、その熱が苗を育んだ。苗出し後は露天で落葉を腐熟させ、畑の**元肥**にする**堆肥**に循環させた。そこにはカブトムシの成虫が産卵し、幼虫が落葉を食べ糞が**堆肥**になった。

神奈川県伊勢原市のY（昭和一二年生）らは、クヌギやコナラの薪炭林において、柴刈りのあと一二月暮れまでに落葉を掻き集めた。一坪（約三・三㎡）の**林床**からは、直径約六〇cm、深さ約七五cmの籠三つ分の落葉落枝を採取できた。一反は約三〇〇坪である。柴刈り地から毎年**反当**九〇〇〇籠を採取した。埼玉県秩父市のT（昭和一〇年生）やU（昭和一七年生）らは、縦四m、横六m、高さ二m前後のシバ小屋に一年分の落葉落枝を保管し、サツマイモやタバコの育苗温床に使い、その後は牛に踏ませ田畑の肥料にしていた。

(2) 堆厩肥

水田の稲藁は、俵や縄、草履などの材料であるから全量を肥料として田土に戻すことができなかった。毎年水田から藁や籾を持ち出すと、地力が低下し収量が減少する。地力を維持するためには、毎年、**元肥**を施す必要があった。牛馬を飼育し荒起しや代掻きのときなどにこれらを使うようになると、水田の**元肥**は、**刈敷**から牛馬の糞と稲藁などを発酵させた**堆厩肥**に変化していった。一九四五～一九五九（昭和二〇～三四）年、全国では年三〇〇〇万トン前後の**堆厩肥**が自給されていた（表3-5）。馬牛は体重三〇〇～三五〇kgであれば一頭当たり年一一トンの糞尿を生産し、これに年一・九トンの敷藁を加え七・五～一一・二トン／年の腐熟**堆厩肥**を作り出した。また、その量は、体重一一〇kgほどの豚では二・八～三・八／年、四五kgのヤギであれば〇・七五～一・三トン／年に上った(21)。

F家（上越市）でも、一九七五年頃まで田の**元肥**は**堆厩肥**であり、屋敷地の角に**二間**真四角の**堆厩肥場**を設えていた。牛舎では糞尿や生草、藁の食べ残しなどを牛に踏ませ、一週間前後で発酵し始めたものを高さ二m前後に積み上げると一年ほどで熟成した。

堆厩肥は代掻き前に牛馬や人力によって水田まで運ばれ手撒きされた。使用量は**反当**牛車二～三台、一台約五〇〇kgとして計一二五〇kgになった。牛馬の飼育は、繁殖した仔を売り現金を得るためでもあった。飼葉になる土手や畦の草は重要な資源であった。昭和三〇年代、農家一戸当たり**堆厩肥**を約五〇〇〇kg、**堆肥**を約三〇〇〇kg、あわせておよそ年八〇〇〇kgを使用していた（図3-4）(25)。

(3)　鶏糞（けいふん）

これまでの記録によると、体重二kgほどの鶏から年五〇kgの糞尿が得られた(21)。鶏糞は牛馬の**堆厩肥**に比べ窒素とリン酸の含有量が多く、それぞれ、六・〇と六・四％に上った。特に牛馬の糞尿には乏しいリン酸が多く、この成分が根や花、実の発達を促すため根菜や果菜などの畑作には不可欠な存在であった。

農家では、主に畑作の**元肥**や**追肥**に使う発酵鶏糞を飼育する鶏から得ていた。鶏は卵や肉だけではなく野菜類の肥料を生産する重要な位置づけにあった。一九四五～一九五九（昭和二〇～三四）年、全国では年七〇万トン前後の鶏糞が自給されていた（表3-5）。

各農家をみるとT家（越前）は、鶏二〇頭ほどを約二・五坪（約八・三㎡）の鶏舎で飼育した。籾殻を敷いた床に排便させ、半月に一回、厚さ五㎝程度になったら糞を出し、発酵、乾燥させた。一回の搬出量は一〇kg前後あり年二四〇kgの鶏糞を得た。K家（松本）は自家用鶏卵と鶏糞を得るため、高さ一・六m前後、三坪半の鶏小屋でニワトリを一〇羽前後飼育した。小屋の床に鶏糞を溜め五～六㎝の厚さになると鍬で掻き出し軒下で紙袋などに入れ保存した。一袋が一〇～一五kg、これが年二〇袋くらい取れたから全体で二〇〇～三〇〇kgになった。

3 下肥（しもごえ）

昭和四〇年代始めまで、畑の肥料は人糞尿を発酵させた下肥が中心であった。一九五五年、「人糞尿は有用な自給肥料源として昔から全国の農家が各種農作物に施用しており、特に東京、横浜、名古屋、大阪等の大都市近郊農家においては、肥料費節滅（せつめつ）上多量の都市屎尿（しにょう）が利用され、農家の経営上に占める割合はおろそかにできない」(25)。人糞尿の年消費量は一九五五年まで増加し、全国で年一八〇〇万～三三五〇〇万トン（一九四五～一九五九年）もあった（表3-5）。

一九五五年頃、農家一戸当たり約四五〇〇kgの人糞尿を消費していた（写3-10）。消費総量のなかで農家の自家生産が五割、農家が市街地で汲み取るものが三割、仲買（なかがい）などを通し供給されるものが二割あった。一九四五～一九五九（昭和二〇～三四）年、農家自家生産量は約一三〇〇万トン強／年、また、農家による他からの汲み取り量は約八〇〇万トン強／年、仲買などによる供給量は約五〇〇万トン／年に達していた。

下肥に発酵させる人糞尿が不足する農家は、市街地から買い増した。大阪府茨木市のNM（大正八年生）やNK（昭和九年生）らは、早朝から大八車（だいはちぐるま）やリヤカーに一斗（と）（約一八リットル）の**肥桶**を一〇個ほど載せ、大阪市内に人糞尿を貰いに行った。ミカン畑を五反耕作した大阪府貝塚市のH（昭和一五年生）らは、一九五〇年頃まで不足する人糞尿を市街に求め、**肥桶**六〜七個（リヤカー一台分、約二〇〇〜三〇〇kg）の人糞尿と温州ミカン一〇kgとを交換した。一九五〇年、温州ミカンは一kg四四・七円、山の手線初乗り運賃が五円の時代である(38)。

写3-10　桶に入れ牛に運ばせる下肥
（島根県隠岐郡西ノ島町、1953年、西ノ島町役場提供）

当時、人糞尿は商品価値が付く重要な資源であった。農家内、および出荷先の市街地と農家のあいだには人糞尿と生産物の循環システムが確立し、農林省は一九六二年まで「自給肥料奨励事業」によって農家集落における下肥生産を支援していた。

聞き書きした一戸当たりの家族数は七〜八人、普通畑は平均値で約二八〇〇㎡であった（図3-4）。家族の人糞尿だけで年四〇〇〇リットル、風呂の流し湯などを流入させる場合には年一万五〇〇〇〜一万八〇〇〇リットルの下肥ができた。

農家での具体例をみると、八人家族のU（昭和八年生、越前）家は、自給用に畑一反一畝を持ち、春に四〜五畝の小麦を収穫後、大豆と小豆を植え、三畝にジャガイモ、残り三畝にサツマイモと少量のナスやピーマン、キュウリ、トマトなどを栽培していた。小便便器の肥溜は、直径一・八m、深さ二mの木桶で、玄関脇の地面に埋め込まれ、子供の大便、風呂桶の流し湯なども入った（**外便所**）。汲み出しは、降雨や積雪期、神祭や盆などを除き、三日に一回、年七〇～八〇日におよんだ。毎回**天秤棒**の前後に一桶約二〇リットル入りの木桶を一つずつ掛け、計四〇リットルの下肥を畑に与えた。木桶の大きさは直径二〇cm、深さ六〇cmほどで、年三〇〇〇リットル前後になった。大便の肥溜は、直径一・五m、深さ一・五mの木桶であり、四月から一一月まで月一回、六割ほど溜まると汲み出した。一二～三月の積雪期は施肥が不要であったが、翌春、下肥を大量に使うジャガイモ栽培に備えて木桶に八～九割まで溜め、およそ年一五〇〇リットルを使用していた。化学肥料を使い始める昭和四一年まで、年消費量は**外便所**に溜った三〇〇〇リットルの小便などを加え、計一八〇〇〇リットルにも達した。

4　栽培緑肥（りょくひ）

農民は田土を肥やし米の生産量を増やすため日々に努力を傾けてきた。水田の**元肥**には**堆厩肥**に加え、イネに裏作するレンゲなどの緑肥が利用された。昭和二〇～三〇年代半ば、全国における栽培緑肥の生産量は年平均五六九万トンに達した（表3-5）。このうちレンゲが八五～九〇%を占め、生産量は昭和三〇年代まで年五〇〇～六〇〇万トンに上った。毎年栽培されるレンゲ畑は全国で毎年一五～二〇万haあり、その花が文部省唱歌「春の小川」などにも歌われ春の風物詩であった(25)。

中国原産のマメ科植物のレンゲ *Astragalus sinicus* が初めて植物書に登場するのは、貝原益軒著『大和本草』（一七〇八年）である(5)。一九四〇年代までは緑肥利用に限られたが、これ以降は家畜飼料や蜜源へと用途が広がった。生育適温が一五～二〇℃にありマイナス一五℃まで耐える。しかし、三〇℃以上では生育できないため熱帯には広がらず、普及先が日本と韓国だけにとどまった。この植物は根系

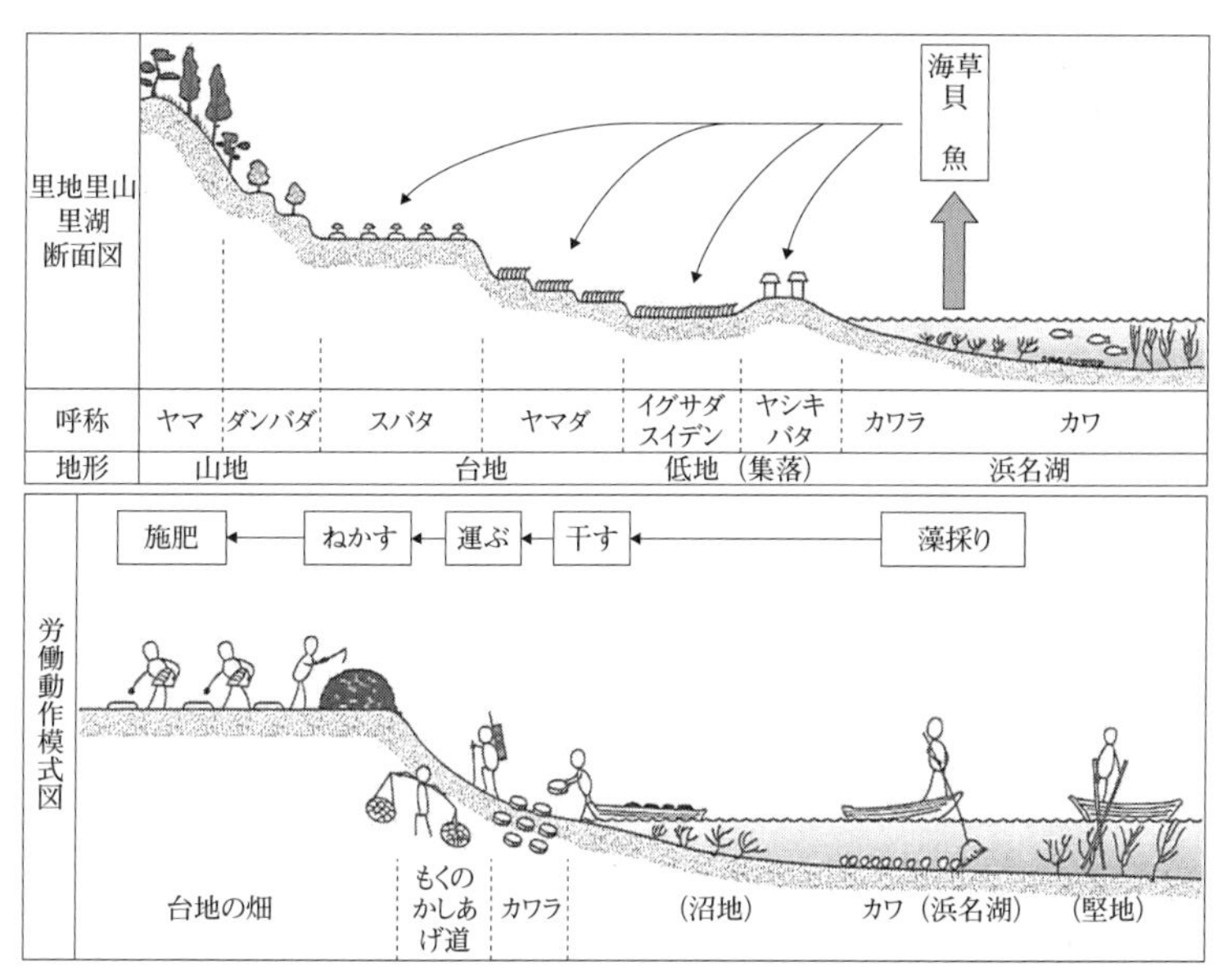

図3－5　里湖（浜名湖）における農と水域との関わり

※静岡県教育委員会（1984）「浜名湖における漁労習俗Ⅰ、Ⅱ」、『静岡県文化財調査報告書（第30集、第32集）』から編集して引用。

に根粒菌が共生しこれらが大気中の窒素を固定する。この成分が田土を肥やした。開花期に最も窒素の含有量が高まり田土へ鋤き込む適期であった。ピンクに花咲く絨毯(じゅうたん)を惜しげなくも耕したのはこのためである。鋤き込み後は田の湛水までに一～二週間のあいだを置く。腐熟時に発生する有機酸や有毒ガスがイネの活着や生育に支障をきたすからである。鋤き込み量は三トン／反以下とし、これ以上では稲作に対して窒素過多になる可能性があった。

レンゲは田土に窒素を供給するだけではなく、その腐植が土壌の理化学性を改善し地力の維持に寄与した。さらにレンゲはわが国第一位の優良なミツバチの蜜源である。ミツバチの吸蜜はレンゲの結実率を高め、訪花地では七〇kg／反前後の種子を確保できたという。

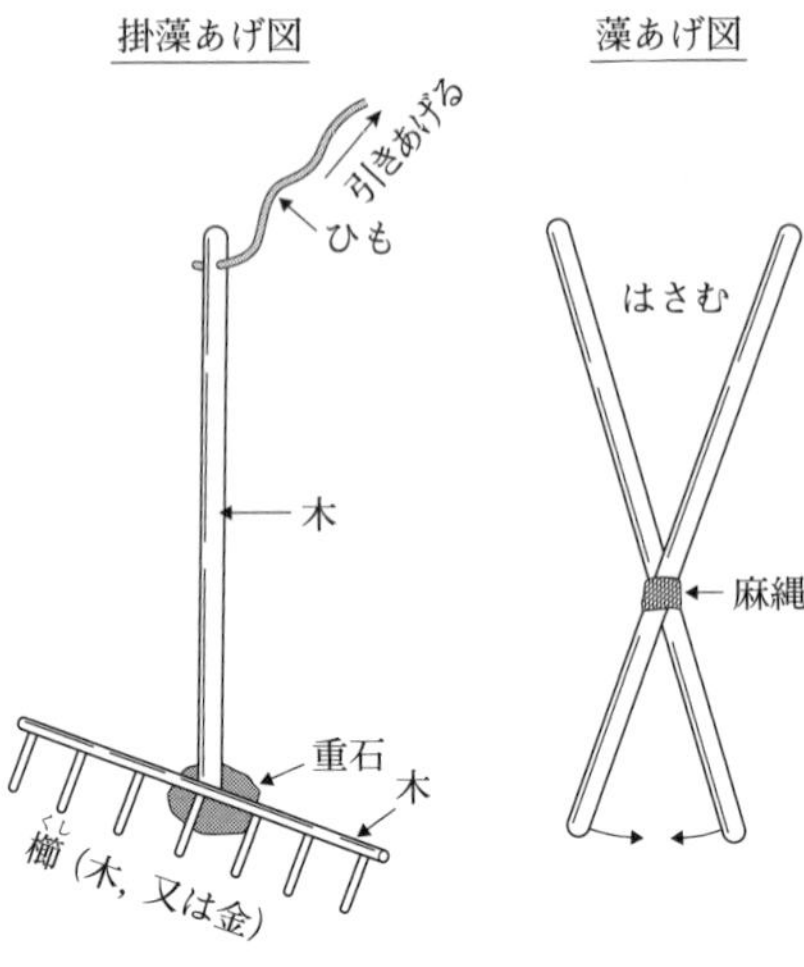

図3－6　藻場の藻揚げ道具と使い方

※福井県内水面漁業協同組合連合会（1982）『三十年のあゆみ』から引用。

5　肥料藻など

里海や里湖の浅瀬には、ホンダワラやアマモなどの藻（モク）が、里川などから流入する養分やミネラルを吸収して繁茂した（図3‐5）。この群生地を藻場と呼び、魚介類の繁殖場や住処になるほか、採取される藻や小魚が田畑の**元肥**になった。陸上の栄養分が水域を流れ、また、これらが肥料藻などを通して陸上に戻り**食糧**（食料）に循環していた。百姓らは木舟に乗り、竹竿に藻を引掛け、また、挟んで藻を掬い採った（モバトリ、モクトリ、藻草採り（図3‐6）。

（1）　里海

島根県隠岐郡西ノ島町大字美田には、最寄りの入江にホンダワラ類が群生する小字ごとの**入会**藻場浜があった。ここでは海岸から沖合に延長約二〇mを藻場浜として定めていた。小字美田尻では各戸が畑二～三反を耕し、**元肥**に藻、**追肥**に下肥を使った。小字は、それぞれ、四ヶ所の藻場浜を持ち、小字では各組の公平性を保つため、全四組の藻場浜を毎年順に入れ替えていた。三月中旬の口開け日を大字の初総会で決め、口開け日一日だけに限り、子供を含む全戸全員が採集することができた。大字浦郷でも各組、各戸の公平性を保つため、それぞれの藻場浜は毎年籤引きで決めていた。

表３－６　肥料に藻や魚介類を使う農家の利用実態例

	福井県美浜町坂尻Ｓ家	福井県高浜市泊Ｔ家	島根県隠岐郡海士町太井Ｈ家	島根県隠岐郡海士町知々井Ｎ家	島根県隠岐郡知夫村知夫里Ｋ家
農地	水田８反	水田４反	畑３反	畑３反	畑５反
元肥	藻：堆肥化した乾燥ホンダワラ、反当110kg	沿岸で捕ったアミジャコ（イワシの稚魚）を樽で発酵。反当2.5トン	藻：堆肥化した乾燥ホンダワラ、年反当70kg	藻：堆肥化した乾燥ホンダワラ、年反当150kg	藻：堆肥化した乾燥ホンダワラ、毎年１反ずつ350～400kg与え、５年で一巡
	刈敷：反当300～400kg	水田を持つ別集落では刈敷を採取できず。	ウリ肥：反当600～900kg	ウリ肥：反当300kg	牛糞堆厩肥：反当500kg
追肥	無	無	６人家族下肥	７人家族下肥	８人家族下肥
補注	畑：下肥	集落の水田は２反だけ。各戸が２㎞離れた別集落に水田をほぼ均等に持ち、発酵した小魚を舟で運び元肥にした。	水田なし、不足食糧（食料）は牧畑に依存。また、スルメ、ワカメの販売収入で購入	水田なし、不足食糧（食料）はスルメ、ワカメの販売収入で購入	水田なし、不足食糧（食料）は牧畑で生産。または、仔牛販売収入で購入

※データ：聞き書き調査による昭和30年代までの利用実態
※ウリ肥：イカを加工する際に取る腸（はらわた）を発酵させたもの

里海の農家では、藻や発酵させた魚介の腸（はらわた）などを自給肥料にした（表３-６）。Ｓ（昭和一二年生、福井県美浜町）は水田八反を耕作し、**元肥**に**刈敷**とホンダワラの藻を併用した。舟を出し**入会**林から**刈敷**を刈出し漁業権域で藻を採った。**刈敷**は一束が長さ一・五ｍ、直径六〇㎝、重さは一五～二〇kgであり、これを**反当**三〇〇～四〇〇kg使った。藻は藁屑と刈取った土手草を混ぜ、**堆厩肥**場に高さ一・五ｍ、縦横一・八ｍに積み上げて発酵させた。毎春、荒起こしの際、田舟で**刈敷**と藻の**堆肥**を水田に運び鋤き込んだ。使用したホンダワラは、年間計約九〇〇kg、**反当**約一一〇kgになった。

Ｈ（昭和一三年生、島根県隠岐郡海士町（あまちょう））は、屋敷近くに畑三反を持ち、二反五畝の麦を中心に、大豆や小豆、キビ、アワ、サツマイモ、ジャガイモなどを栽培した。畑の**元肥**は、麦蒔き前に沿岸で採取したホンダワラ類とイカを加工する際に出る腸を発酵させたウリ肥であった。年間の施用量は、乾燥させた藻が**反当**約七〇kg、ウリ肥は**反当**六〇〇～九〇〇kgになった。区長が四月初めに口開けを宣言すると、各戸が四～五mの木舟を字の藻場に漕ぎ出し、長さ二m前後の竹竿で藻を採り浜で乾燥させた。イカの腸は、直径一・五m、高さ一・三mほどの樽に入れて発酵させた。**追肥**は家族六人の人糞尿による下肥であった。

島根県隠岐郡の知夫村のように、採集した肥料藻を島外へ販売するところもあった。一九四九～一九五八（昭和二四～三三）年、知夫漁協の藻草出荷量は、食用に採取される主要海藻のワカメを上回り、年七三〇〇〇〆、約九一万円に及んでいた(26)。

瀬戸内海に浮かぶ広島県旧御調郡立花村（尾道市）の向島でも、かつて沿岸で採取される海草（アマモ）が畑の肥料に使われていた。一九五二～一九五四（昭和二七～二九）年、一〇〇軒中九七軒が海草を利用し、自家採取は二三軒、購入は七一軒におよんでいた。年間使用量は**反当**一〇〇～一二〇貫（四〇〇～四八〇kg）の農家が最も多く、自家採取では**反当**八〇～一二〇貫（三二〇～四八〇kg）が六割を占め、平均すると**反当**一一〇貫（四四〇kg）になった。

(2) 里湖

全国各地の里湖でも大量の藻が肥料として採集されていた。藻は低塩湖ではマツモやエビモ、クロモ、高塩湖ではアマモやコアマモが中心であった。採取時期は、春季から秋季におよび、最盛期は夏季であった。年間採集量は、八郎潟（約二二〇km²、秋田県）で五万四〇〇〇トン、浜名湖（約六五km²、静岡県）では五～一〇万トン、琵琶湖（約六七〇km²、滋賀県）では一〇万トンに及んだ。

各地の湖で藻採りに従事する人々は、数十人から数千人の上り、採取の口開けや漁期、舟の大きさ、道具類を定め、資源保続に務めるところが多かった。八郎潟や静岡県浜名湖では村別に口開けが、また、霞ヶ浦（一六八㎢、茨城県南東部から千葉県北東部）や湖北潟（二三㎢、石川県）では禁漁期が、さらに浜名湖では藻採舟の規格化、琵琶湖では採取道具に制限を定め資源が守られていた。浜名湖沿岸にあった**入会**藻場では、各集落によってハバモやショウブモ、アオサなど、藻の種類ごとに口開けと漁期が定められていた。例えば静岡県旧浜松市（浜松市西区）村櫛ではショウブモ、ニラクモ、アオサの口開けが七月二〇日、漁期は九月二〇日までと決められていた。

中海（約八六㎢、鳥取・島根県）では、アマモなどの藻が年約一六四二五トン採集され、売上は八七五万円（トン当たり五三三円）に達した（米子市採藻船組合、一九五二年）(27)。滋賀県では琵琶湖を中心に肥料用藻類が採取されていた。一九三〇～一九四一（昭和五～一六）年、販売量は一九〇万～三三〇〇万kg強、販売額は四・三～六・四万円に達していた。これは本県の水産物総販売額の二～五％強に当たる。また、同じ期間、滋賀県の農家による自給肥料消費のうち、泥藻の量が三・五万～七・二万トンに達し全消費量の三～八％に達していた。

鳥取と島根県にまたがる中海では、外部からおよそ年一一六四トンの窒素と一一六トンのリン酸が流入する。アマモなどがこれらを吸収して藻場を形成し、肥料用に刈取られていた。一九四八～四九（昭和二三～二四）年、鳥取県側だけでもおよそ窒素六一トン、リン酸一三トン、島根県側をあわせると、この約二倍の無機塩類が肥料藻として毎年陸上に引き上げられ農地に循環していた(58)(60)。また、当時は乾燥させた藻をトイレットペーパーの代用とする地域もあり、使用後は畑の肥料に循環させた。

このように、かつては里湖や里海の沿岸で採取される藻が肥料として作物、食料生産に循環し、また、販売収入は漁師の暮らしを支えていた。藻の採取が湖水や海水の水質維持につながり、水辺には魚介が溢れていた。

6　草木灰や泥など

肥料の循環システムは、草木灰や鶏糞、家畜糞尿に加え、蚕の糞や蚕の食べ残しの桑葉に至るまで徹底していた（表3-5）(25)。一九四五〜一九五九年、全国でカリ肥料になる草木灰だけでも年一五〇万トン、家畜尿については四六〇万トンが使われた。また、養蚕に際して蚕が食べ残す桑葉の残渣や糞までが肥料として循環し、その量は平均年七五万トン、多い年には一三七万トンに及んだ。

家々では、消炭や柴、焚き付けを燃やした木灰を畑のカリ肥料として灰小屋などに大切に保存していた。U（昭和一九年生、珠洲）は、一五〜二〇kg入りの**叺袋**に**囲炉裏**や**竈**の灰を年七〜八袋取り、計一三〇kg前後を二〜四反の畑にまいた。E（昭和九年生、海南）は、二〇kg入りの**叺袋**で年五〜六袋を採取し、普通畑五畝とミカン畑二反の肥料にした。K家（松本）は、発酵した下肥と木灰、**籾殻燻炭**を混ぜあわせて**肥壺**で保存し、これを作付け時期の四〜一〇月のあいだ二ヶ月に一回畑に運び、畝肩を掘って**追肥**として埋め込んだ。

耕作面積が広く、裏作に麦やタマネギなどを栽培する農家では、水田の**元肥**にする**堆厩肥**が不足することが多かった。溜池では二〜三年に一回秋から冬に池水を干す。水底には栄養分を多く含んだ泥が堆積していた。大阪府南部ではこれをヌと呼び、H（貝塚）は、一九五〇年代まで水田の元肥にしていた。一五kgほど入れた**畚**を**天秤棒**の前後に一つずつ掛けて担ぎ上げ、年三〇〇〇〜四五〇〇kg／反を施用した。このヌの採取は溜池の貯水量を維持するためにも重要な作業であり、この採取と利用を通して溜池に流入した栄養分や砂泥が田畑に戻り、食料生産に循環していた。

第四章　半栽培される食材や薬草・半飼育される魚介や野生鳥獣

人々は、里地、里山、里川、里湖、里海と、どのように関わり、暮らしの礎にしてきたのか。そこでは、一つの作業が二重にも三重にも無駄なく自然に働きかけ、絶えることなく暮らしに不可欠な産物が作り出されてきた。

第一節　里地

1　屋敷地と田畑・溜池の土手畦

里人たちは、食を賄（まかな）うために身のまわりの空間も余すところ無く繰り返し使いこなしてきた。家屋では軒先などに巣箱を掛け、野生のニホンミツバチを繁殖させ蜜を採る家も多かった。また、家々では、庭とそのまわりの土手や果樹園などで年二〜三回草刈りを継続していた。このとき、里人らは作業を行

写4－1　土手から取れるツクシの御浸し

（大阪府泉南郡岬町、2009年）

写4－2　ワラビの塩茹でと木灰による灰汁抜き

（和歌山県有田川町清水、2012年）

いながら植物を見分け、自生する山菜や薬草を刈残して増殖させてきた。刈取り地に残した雑草は、土湿を保ち、腐熟すると育成植物の肥料になった。これらの収穫は株や小苗が衰退しない時期と頻度、量にとどめた。

また、日照や土湿条件ごとに自生する植物が異なる。一例をみると、屋敷裏の洗い水を引く沢のまわりには、少しの日陰と湿気を好むギボウシ属の一種（ウルイ）や薬草のドクダミ（十薬）、半日陰にはクサソテツ（コゴミ）、樹陰にはワサビやユキノシタなどを育成した。庭の地面に風倒木などを輪切りにしたホダ木を埋め込み、ヒラタケなどのキノコを栽培する家もあった。

田畑の土手や畦も巧みに利用した。畦は、日々の飼葉などの採草によって草丈が抑えられた。そこでは、毎年、副食にするコオニタビラコやセリ（春の七草）、スギナの胞子茎（ツクシ）、ノビル、ヤブカンゾウなどの山菜が採れた。持ち帰ったツクシについては、葉が退化し鞘状になった不食部分のハカマを取り除いた。これらは水洗いして御浸しなどに調理し、佃煮などに加工された（写4－1）。また、お灸の艾や餅に入れるヨモギ、炎症を抑え利尿にも効くタンポポ、乳の分泌を促すハコベ、利尿に効くツユクサなどの薬草が育まれた。家畜の飼葉を得る草刈りが同時に山菜や薬草を育んでいた。

田畑や溜池の土手では、飼葉を刈取る際、自然に定着したサンショウやチャノキ、和紙の原料になるヒメコウゾ、神仏に供えるヒサカキやコウヤマキ、山菜のミョウガやワラビ、ゼンマイ、ウドなどを刈残すなどして育成した。繰り返し再生し、毎年その恵みを授かるために選択的に親株を残すなど、採取は最小限にとどめた。持ち帰った山菜類には、粗皮を取り除くなど食するために下処理を施した。ワラビは灰汁（あく）を抜くために木灰（もくばい）などを混ぜて湯がき、御浸しなどにして食べ、また、塩漬けや天日で乾燥させて保存した（写4-2）。夏から秋、ミョウガの株元を採り、傷つけないように地際に展開する花穂を採取した。花穂から花弁や塵を洗い取り千切りにして生食するほか、酢に漬けるなどして保存した。

さらに刈残さずとも生花や薬草になるキキョウやノアザミ、咳（せき）の発作を抑えるキランソウやクサボケ、炎症（えんしょう）を抑え止血（しけつ）や利尿（りにょう）にも効くチガヤ等々が育った。

2　水田

水田が育んだのは米だけではない。灌漑用水（かんがいようすい）を配するため、水路が上流から下流まで隅々（すみずみ）へと張り巡らされていた。これらの流れやそれぞれの水田は、すべてがいわば魚介類の半ば（なか）養魚場になっていた。田土にはイネの**元肥**として**堆肥**や**堆厩肥**が鋤（す）き込まれている。初夏の日差しを浴びて温かくなった田水（たみず）には、この**元肥**を餌として食べるプランクトンが大量に発生する。フナやドジョウ、ナマズなどの魚介が水路から水を引き込む水口を通して水田に遡上し、水草の茎葉などに産卵した。孵化（ふか）した稚魚（ちぎょ）は豊富なプランクトンを食べて成長し、稲刈り前に行う田水の落水のほか雨による排水口などからの越水（えっすい）とともに水路に流れ出て行った。さらに水田の水底には、田草採りの際に田土に埋め込んだ水草に加え、稲藁の一部が残り、まわりの薪炭林からは落葉落枝などが降り注（そそ）ぐ。これらを餌にタニシなどの貝類が大量に繁殖した。水田にもたらされた魚やタニシなどの糞は、イネの肥料になり人々の食生活に循環していた。畦や土手では、飼葉採取後に繰り返し再生する柔らかい若草を食べ多数のイナゴやバッタ類が育った。

　里人たちは、不足する蛋白質やカルシウムなどを補うため、稲作とともに繁殖するこれらの魚介や昆虫を間引き、加工を施しては日頃の副食や保存食に利用してきた。S（昭和二〇年生、津山）によると、用水路では田植え前の井出浚い（用水路の清掃）のあと、ウナギやナマズ、フナを採っていた。水田では、田植えのあと、毎年、卵を産み付けに遡上するナマズを捕獲していた。掬い上げる成魚を五～一〇頭にとどめ産卵を促した。孵化した稚魚は田水で育まれ、田水を抜くときに水路に下り、またの再来を願った。

　Sは田草を抑え、また、蛋白源を育むため、水田に体長二～三cmの稚鯉を**反当**一〇〇～一五〇匹ほど放流した。コイは草や水生生物を食べ、稲刈り前までに一五～二〇cm前後に成長した。田水を水路に落とすときには二〇～三〇頭が捕獲でき、大家族の貴重な食材になった。長野県などのように海産物が入手しにくい内陸部では、水田にコイやフナ類の稚魚を放流し水田養魚を行う地域もあった(29)(30)。

　栃木県小山市網戸集落の水田では、田土が乾く農閑期にはタニシを捕った。また、導水期には、水口から遡上して落水時期には水路に戻るドジョウやフナを捕った。また、湿田では、荒起しや代掻きの際、田土に潜って越冬していたドジョウを採取していた。さらに用水路（用水堀）では導水期になるとウナギやナマズ、エビが、川ではコイやマルタ、カニなどが捕獲された（図4-1）。いずれも自給蛋白源として食卓を潤した。里人らが食べ、また、サギやコウノトリなどが食べるため、どの生物も増え過ぎず、毎年、水田稲作を行うたびに繁殖し再生していた。

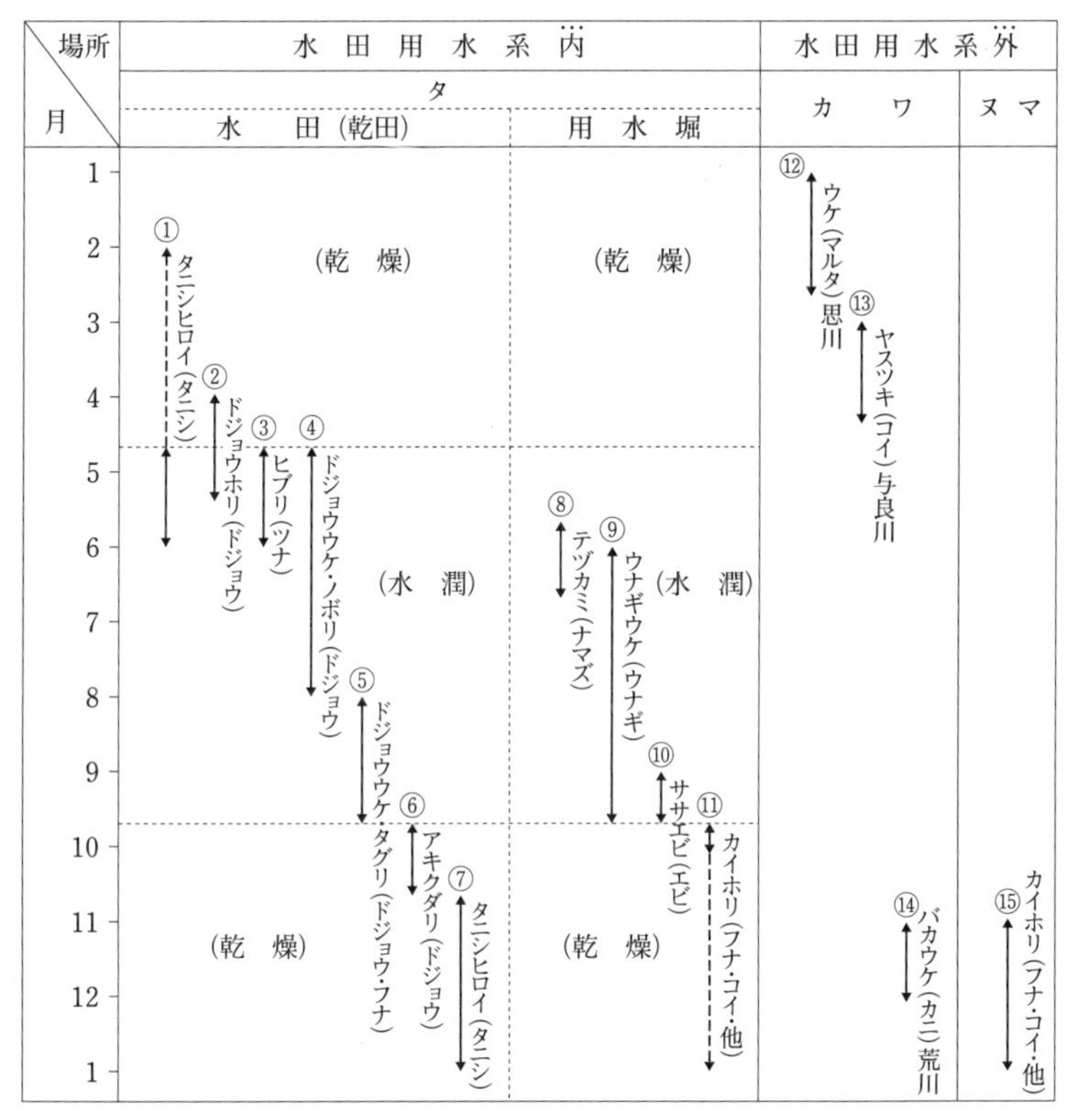

図4－1　栃木県小山市網戸集落における水田漁撈暦（昭和初期）

※安室知（1998）『水田をめぐる民俗学的研究』慶友社から引用。

①タニシヒロイ：水田の耕起前に雨が降るとタニシが田土中から這い出す。これを拾い集める。
②ドジョウホリ：湿田ではドジョウが田土中で越冬する。このような水田を耕起するとドジョウが出てくる。これを採取する。
③ヒブリ（ツナ）：田植え前に水田に水を張ると水口からフナが産卵に遡上（そじょう）する。日暮れからカンテラを灯し、これをヤスで突いて捕る。
④ドジョウウケ：田植え前に水田に水を張ると水口からドジョウが遡上する。入口に仕掛け（ウケ）を置き、ドジョウを捕る。
⑤ドジョウタグリ：田水を落とす際、水口にウケをつけ、用水路に下るドジョウを捕る。
⑥アキクダリ：稲刈り後、雨が降ると、田土に潜っていたドジョウが田水とともに下る。これを水口にウケで捕る。
⑦タニシヒロイ：稲刈り後、雨が降ると、田土に潜っていたタニシが出てくる。これを拾い採る。
⑧テヅカミ：産卵のために田に上がるナマズを手づかみで捕る。
⑨ウナギウケ：ウナギを捕るためウケを仕掛けて捕る。カエシが二重、三重になっている。
⑩ササエビ：柴漬け漁法の一つ。笹を束ねて堀に沈めて置くと、エビが入り込む。笹束を引き上げながら網ですくい捕る。
⑪カイホリ：堀に溜まった水をかき出し中にいるフナやコイを採る。
⑫ウケ：カワの一部を竹簀（たけす）や竹柵（たけさく）で止め、春先に遡上する魚を仕掛けのウケで採取する。
⑬ヤスツキ：春先に遡上するコイなどの魚をヤスで突き採る。
⑭バカウケ：秋になるとカニが遡上する。これを専用のウケで採取する。
⑮カイホリ：沼に溜まった水をかき出し中にいるフナやコイを採る。
●ウケ：水田や堀の水の出入り口にかける袋状や筒状の網

第二節　里山

1　山菜や薬草、生花、仏花

(1)　薪炭林やスギ・ヒノキ林、竹林

コナラやクヌギ、ミズナラなどの薪炭林では、毎年の燃料を採取するため、伐採後に萌芽更新する主幹を一五〜二〇年間育て再び薪柴として伐採していた。**林床**では一〜一〇年の周期で低木やササ類などが柴として収穫された。里人らによる薪柴の採取が、雑木林などの**林床**や林縁に山菜や薬草、生花、仏花などを増殖させた。

雪国では初夏まで生野菜が不足する。春に出る数々の山菜は貴重な青物であり、乾燥物は冬の保存食となった。柴刈りを継続する雑木林では、早春、カタクリやニリンソウ、アマナなどが群生化した。ほかにもオケラやアマチャヅル、シオデ、トリアシショウマ等々の山菜が育った。カタクリは茎葉が開くまでに新芽を採り、開花後は葉を軽く茹でて和え物に、トリアシショウマやオケラ、シオデなどの新芽は、展葉前に水で洗い**汁の実**になった。春から秋にはササユリやヤマユリ、オミナエシなどの生花、ゲンノショウコやスイカズラ、トチバニンジン、センブリ、トコロ類やキンミズヒキ等々の薬草、ガマズミやアケビ類、フユイチゴなどの果実も育成された。天日で干し上げられたゲンノショウコやセンブリは常備薬として活用された。

柴刈りや薪採りが**林床**の野草をどれくらい増殖させたのであろうか。年一回柴刈りを継続する新潟県長岡市、福井県鯖江市の薪炭林では、土壌が湿潤で有機物に富んだ谷部において、カタクリの個体数が

二〇〜五〇万／ha、うち開花個体は一三〜一六万／haに及んだ。夏季に乾燥する尾根部では開花個体は四万四千／ha強にとどまったが、未着花個体と一年生**実生**を合わせると一七〇万／haを超えた。カタクリの茎葉は滋養の高い山菜として利用され、一部の地域では山菜として出荷もされてきた。その出荷量は、新潟県旧松代町農協（JA十日町しぶみ地区営農センター）だけでも年一トン前後に及んだ（一九八三年）。

また、年一回、柴刈りが継続される埼玉県滑川町のアカマツの疎林では、開花個体だけでもヤマユリが五〇〇〜四五〇〇／haに達した。また、年一回の柴刈りと数年に一度、薪採りを再開した兵庫県三木市のコナラ林では、相対照度が四〇％前後の明るい**林床**においてササユリの開花個体が五千／haに増加した。また、相対照度二〇％前後のやや暗い**林床**でも三千／haになり、特に**実生**個体は一万五千／haを上回った。

雑木林の林縁では自生するヤマノイモ（自然薯）や果実をつけるアケビ類などを育成した。刈残すことで他の植物よりも成長が促された。ヤマノイモからは芋だけではなく多数の**零余子**が採れた。ヤマノイモの根元には麦など冬草の種子を蒔いた。冬に入って茎葉の養分が十分に地下の根に転流してから、種を蒔き芽生えた麦の青葉を頼りに、肥大した芋を掘り採った。資源を保続するため、跡地にはイモの一部や芽を埋め戻し個体の再生を促した。また、林縁では、サルナシやマタタビ、ヤマブドウなどが稔った。これらは果実酒の材料として重宝されてきた。いずれも苗を植え、肥料を施して育てたわけではない。天水に加え、肥になるまわりの落葉落枝などの栄養分によって**半栽培**されたものである。

里人らは柴刈りの際、林内や林縁の自生植物を選択的に刈残して育成した。水はけよく湿潤な谷筋や斜面地では、天然生の**実生**を育成しスギやヒノキを仕立てた。**林床**では神仏に供えるサカキやヒサカキ

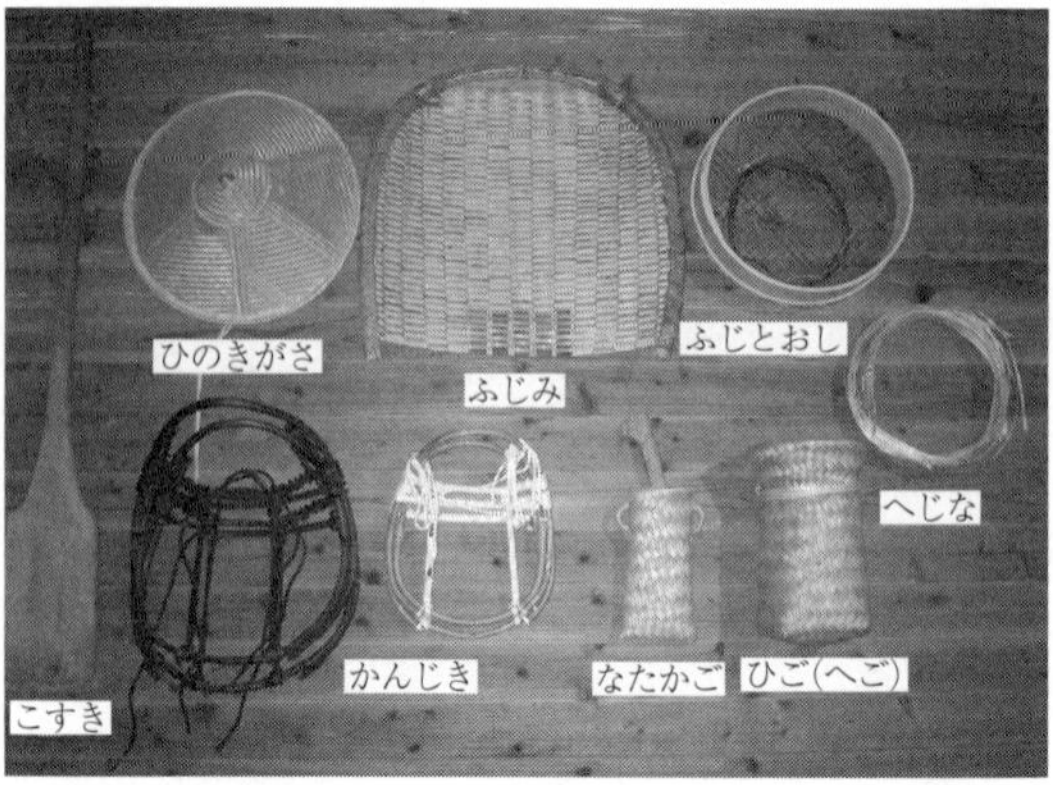

写4－3　薪炭林などの構成樹種から作られる生活雑貨
（福井県大野市六呂師、2009年、福井県自然保護センター展示）

のほか、薬草のオオレン、香辛料のワサビなどを刈残して殖やした。

雑木林に再生する植物の多くは、生活雑貨の材料に直接結びついていた。関西では、サルトリイバラの新葉で柏餅を包み、携帯したり一時保存したりする。また、フジやアオツヅラフジの蔓とヌルデなどの幹枝を使い**箕**を作った。さらにモミジの幹をスライスして籠を編み、クロモジの幹枝は楊枝（ようじ）のほか、雪上を歩くときに滑らないように靴にはめる**カンジキ**になった（写4-3）。

竹林は、斜面の崩落を抑えるためだけに植栽したのではない。坪（約三・三㎡）一本ほどに間伐し、太い竹桿を育てた。これらの材は建材に加え刈取った稲籾を干す**稲木**（いなき）（**稲架木**（はさぎ））などに使われ、竹の新芽（タケノコ）は毎春食卓を潤した。

里人は、自家用分を超える山菜やタケノコ、竹材やサカキ、ヒサカキなどを出荷した。山菜の代表格である干しゼンマイの生産量は、新潟、福島、秋田、山形県だけで計約三〇トンに達した（一九三〇年）(32)。また、タケノコの出荷量は年平均一八〇〇〇トン前後に達した（一九五五〜一九七〇年、農林水産省）。

(2) 牧野、草刈り山

茅を採る草刈り山では、年二回ほど草を刈り、二～三年から数年に一度火を入れススキを群生化させた。この営みがワラビやゼンマイなどの山菜、ノアザミやササユリ、キキョウ、オミナエシなどの草花を育成した。放牧地では、火入れ後の草木灰からカリ肥料が、また、放牧する牛の糞尿からは窒素肥料が供給された。この栄養分がワラビやゼンマイなど山菜の成長と繁殖を促した。旧奥津村（鏡野）では、毎春、小字ごとに五〇人前後が山に入り、一戸当たりで生ワラビを一〇〇～一五〇kg、ゼンマイを二〇～三〇kg、ウドを一〇kg前後収穫した。放牧地の牛馬は棘を着生させる植物を食べ残す傾向が強い。このため**葉腋**の付近に棘をつけるナワシログミなどが家畜に食べ残されて増殖した。このため、グミの木が多くの実をつけ、熟すと子供たちの数少ないおやつになった。末永く頂くため採り尽くすことはなかった。牛の放牧は、肉牛の販売による現金収入に加え、田畑の耕耘、冬季の屋内飼育による**堆厩肥**の生産、さらには放牧地に山菜や野生果実を育て、皆の暮らしを支えていた。

2 キノコ

雑木林やマツと雑木の混交林では、燃料として必要な薪柴や焚きつけを得るため、毎年、区画を決め順繰り伐採し若返りさせていた。そこでは、シメジやナラタケ、アミタケ、イグチ、キクラゲ、希にはマイタケなどが採れた。先達の教えによって食用キノコを見分ける技を身につけた。家族でキノコや山菜を採ったから、代々、旬や発生地を知っていた。末永く発生することを願い必要最小限を採取した。コナラやクヌギなどの薪（ホダ木）に菌種を打ち、発生したシイタケを天日で乾燥させ保存した。自家用分以外は収入を得るため出荷された。全国の年平均出荷量をみると、乾しシイタケは年四三〇〇トン、

表4-1　副食用特用林産物の生産量（昭和30〜45年）

（単位：トン）

年度	クリ[1]	クルミ[1]	マツタケ	シイタケ		ナメコ	タケノコ[2]	ワサビ
				乾燥	生（なま）			
昭和30年	4,505	267	3,569	2,533	…	326	18,065	90
31	4,836	404	5,312	2,562	…	478	14,967	111
32	4,765	388	5,504	2,562	…	646	16,207	127
33	3,528	434	4,700	2,650	…	879	16,501	78
34	3,270	324	3,975	2,569	…	1,025	13,035	58
35	4,563	380	3,509	3,178	3,794	1,735	14,053	68
36	3,480	297	2,691	3,579	5,059	2,374	12,965	74
37	3,631	404	1,053	3,856	7,881	2,152	13,300	72
38	1,864	224	2,361	4,638	9,234	2,079	16,959	85
39	3,368	383	1,837	4,590	13,122	2,211	20,851	59
40	1,955	305	1,291	4,810	16,557	1,883	21,279	54
41	2,758	248	1,713	5,022	20,975	2,330	24,206	54
42	2,836	288	587	5,846	25,898	3,352	18,301	54
43	3,076	291	1,524	7,269	28,733	4,832	19,140	47
44	2,444	236	507	6,680	30,962	6,474	23,022	50
45	2,799	210	1,974	7,291	34,018	7,070	22,974	42
平均値	3,355	318	2,632	4,352	17,839	2,490	17,864	70

※沖縄県を含まない。

1）販売に供された量（自家消費用を除く）。

2）耕地で栽培されたものを除く。

資料：林野庁林政部企画課「森林・林業統計要覧」。
　　　農林水産省大臣官房統計部「ポケット農林水産統計」。

生（なま）シイタケは一万八千トンに達した（一九五五〜一九七〇年、農水省、表4-1）。

　アカマツ山では、低木の柴を刈取り、焚付（たきつけ）などに使う枯れ枝や落葉落枝の採取が続けられていた。そこでは九月末から一一月にかけて、毎年、マツタケが採れた（口絵12）。昭和三〇年代まで、**反収**（たんしゅう）が約二kg、五〜一〇kgになる地域もあった。マツタケの盗掘（とうくつ）を防ぐため、収穫期のアカマツ林には縄を張り小屋で番をした（番山、番小屋）。多くの地域では、マツタケは個人山でも発生期だけは大字や地区から採取権を買う必要があった。

　一九六五年のマツタケ産出量は、瀬戸内海沿岸を中心に京都府、岐

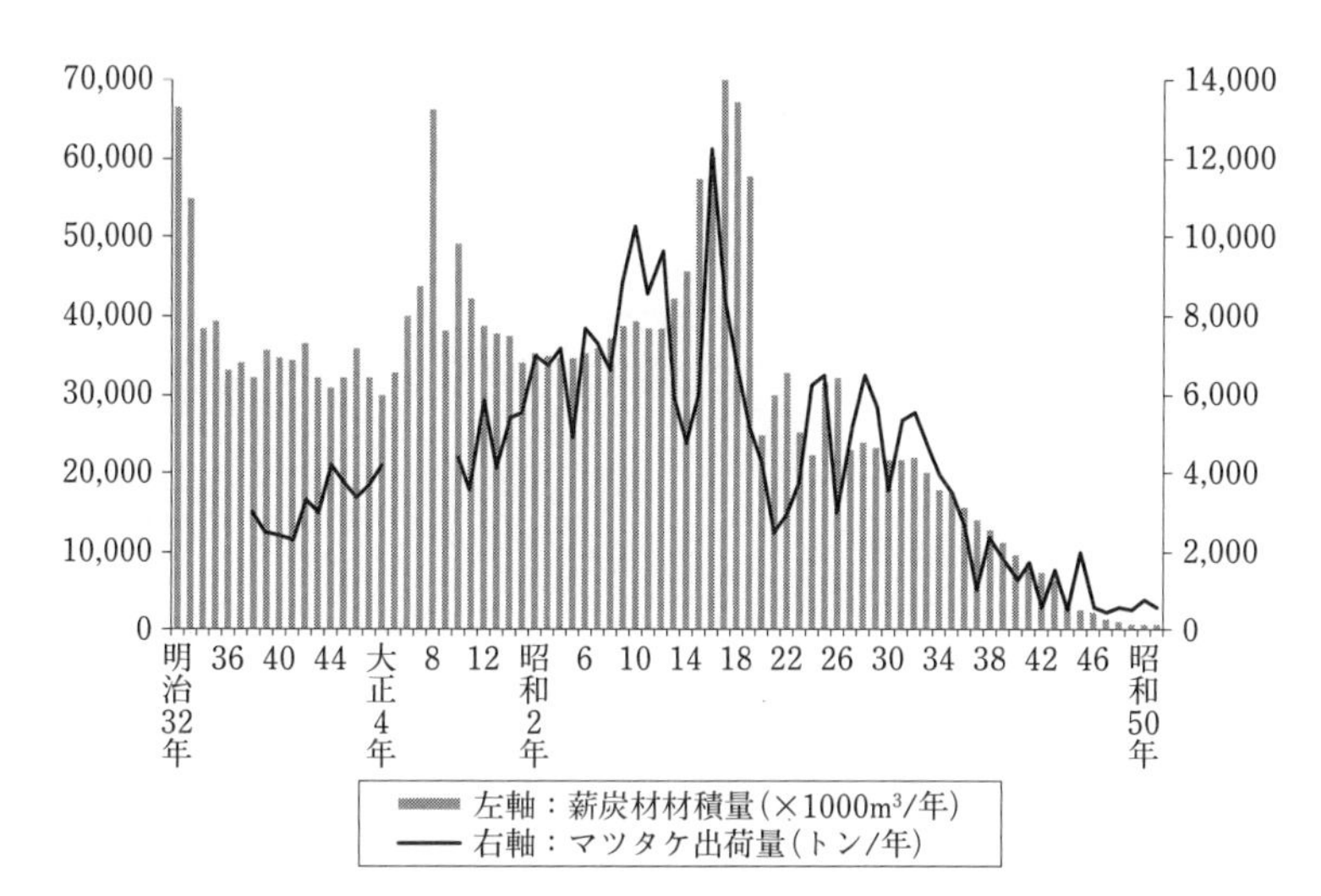

図4－2　わが国の薪炭材生産材積量とマツタケ生産量の推移

阜、兵庫、岡山、広島県下で、それぞれ、年約二〇〇トン、和歌山や香川、愛媛などでも年一〇〇〜二〇〇トンあった。出荷量は一九四二（昭和一七）年頃が最も多く、全国で年一万二千トンに達していた（図4-2）。

産出量が多かった一九六五年頃までは、マツタケを集荷、販売する仲買商で生計を立てる家もあった。当時はマツタケ狩りが秋の恒例行事であり、家族や仲間でマツタケを採り、山ですき焼きや網焼きを楽しむ光景が各地にあった。アカマツ林は、自家用や販売用建材、柴、焚き付け、マツタケを生産し里山の暮らしを支えていた。当時、薪炭材の生産量とマツタケの出荷量とが、ほぼ同じ傾向で推移していた（図4-2）。アカマツの下枝と林下に自生する柴を採取し、焚付に落葉落枝を掻き集めることが、アカマツの生育とマツタケの発生環境の育成に大きく寄与していたからである(33)。その後、化石燃料に移行し山から薪柴や焚付（たきつけ）を採取しなくなる。このため下草が茂り、また、落葉落枝が**林床**に集積して土壌

写4-4　野鳥などを捕獲する仕掛け「ぶっちめ」
（福井県三方郡美浜町、1950年代、個人所蔵・美浜町文化財保護・町誌編纂室提供）

が肥沃になり植生遷移が進んでいった。一九七五年頃からは、マツ枯れの被害が全国に蔓延し、アカマツ林が壊滅状態に陥った。マツノザイセンチュウやマツノマダラカミキリの増殖が原因である。その後、アカマツの根系に菌糸を発達させて増殖したマツタケが激減することになる(34)。

3　野生鳥獣

飼葉や**刈敷**を得るために草が刈取られ、薪柴を得るために繰り返し立木が伐採される里山は、蛋白源を得る野生鳥獣の半ば牧場でもあった。肉だけではなくタヌキやノウサギ、シカ、キツネ、テンなどの毛皮は防寒具や敷物などに加工され、イノシシの胆嚢は乾燥させ胃薬などに利用された。

猟師数は、一九六五年頃まで全国で五〇万人を超え、大半が四〇歳以下であった(33)。昭和三〇年代まで、狩猟免許所持者による鳥獣の捕獲頭数は、年一人当たり鳥類四〇～五〇頭、獣類六～七頭に上った(35)。

秩父市太田では、猟期に入ると毎年一〇～二〇人の猟師が罠や散弾銃などを使いイノシシやシカ、ノウサギ、タヌキを捕獲し、肉を各戸にお裾分けした。小学生くらいになると、毎冬、仕掛け罠の**ブッチメ**などを使い、年にコジュケイを二～三頭、キジバトやホオジロなどの野鳥を一〇～一五頭捕獲した（写4-4）。熱湯に浸けて羽をむしり、腸を取り除いて塩や醤油味で焼くなど調理されていた。

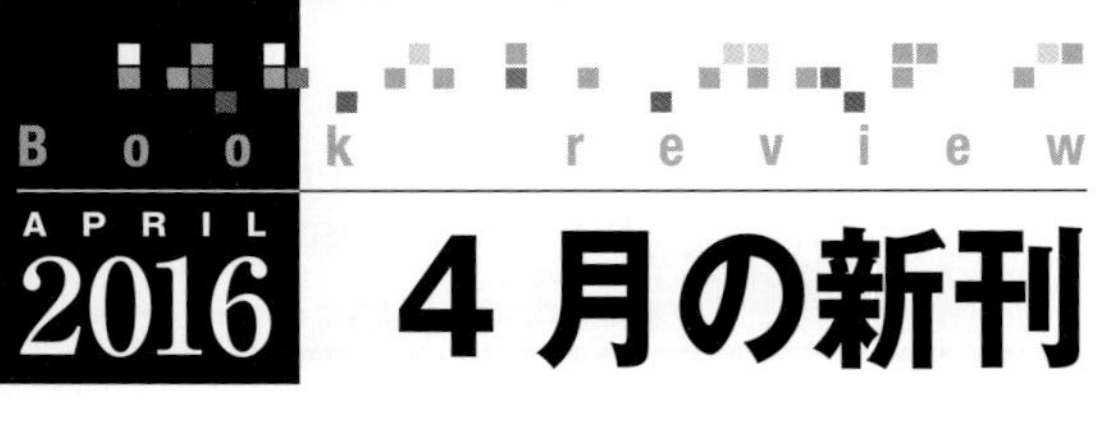

勁草書房

〒112－0005 東京都文京区水道2－1－1
営業部 03－3814－6861　FAX 03－3814－6854
ホームページでも情報発信中。ぜひご覧ください。
http://www.keisoshobo.co.jp

表示価格には消費税は含まれておりません。

歴史に見る日本の図書館
知的精華の受容と伝承

髙山正也

図書館・情報学で看過されてきた事項を中心に、日本の図書館が伝承してきた歴史・伝統・業績を論述。今後の図書館の在り方を考える。

四六判上製 260頁　本体2800円
ISBN978－4－326－05016－1

アカデミックナビ　心理学

子安増生 編著

心理学検定に対応した全10章を、第一人者が丁寧に執筆。はじめて心理学を学ぶ人から、大学院入試の対策まで使える、充実のテキスト。

A5判並製 424頁　本体2700円
ISBN978－4－326－25115－5

日本人の考え方 世界の人の考え方
世界価値観調査から見えるもの

池田謙一 編著

フランス再興と国際秩序の構想
第二次世界大戦期の政治と外交

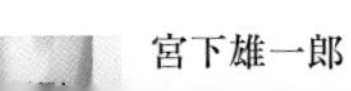

宮下雄一郎

Book review

APRIL 2016

勁草書房

http://www.keisoshobo.co.jp

表示価格には消費税は含まれておりません。

4月の重版

入門・医療倫理 I
赤林 朗 編

倫理と法の二つの軸を立てて医療倫理の諸問題を考える。現時点で望みうる最も標準的、体系的な教科書。

A5 判並製 368 頁　本体 3300 円
ISBN978-4-326-10157-3　1 版 13 刷

ポリティカル・サイエンス・クラシックス5
ポリティクス・イン・タイム
歴史・制度・社会分析
ポール・ピアソン
粕谷祐子 監訳

歴史は重要である。では、どんな意味で重要なのか？経路依存論のフロンティアを切り拓いた画期的著作を、ついに完訳！

A5 判上製 280 頁　本体 3600 円
ISBN978-4-326-30187-4　1 版 2 刷

合理性と柔軟性
競争と社会の非合理戦略 I
猪原健弘

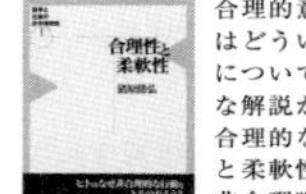

合理的意思決定とはどういうものかについての入門的な解説から始め，合理的な意思決定と柔軟性に基づく非合理戦略について説明する。

A5 判上製 288 頁　本体 2800 円
ISBN978-4-326-50222-6　1 版 4 刷

メッセージ分析の技法
「内容分析」への招待
K.クリッペンドルフ 著
三上 俊治・椎野 信雄・橋元 良明 訳

データを物理的事象ではなく、意味的な現象として分析する技法、「内容分析」のすべてを人文・社会科学者、実務担当者に。

A5 判上製 296 頁　本体 3600 円
ISBN978-4-326-60061-8　1 版 13 刷

けいそう ビブリオフィル
勁草書房編集部ウェブサイト

A5 判並製 324 頁　本体 4300 円
ISBN978-4-326-25116-2

A5 判上製 504 頁　本体 6000 円
ISBN978-4-326-30248-2

都市と環境の公法学
磯部力先生古稀記念論文集

磯部力先生古稀記念論文集
刊行委員会 編

都市空間を「公物」になぞらえ、そこにあるべき環境を維持・整序するための「客観法」体系として構想する。「磯部都市法学」の神髄。

A5 判上製 544 頁　本体 10000 円
ISBN978-4-326-40317-2

試練にたつ日本国憲法

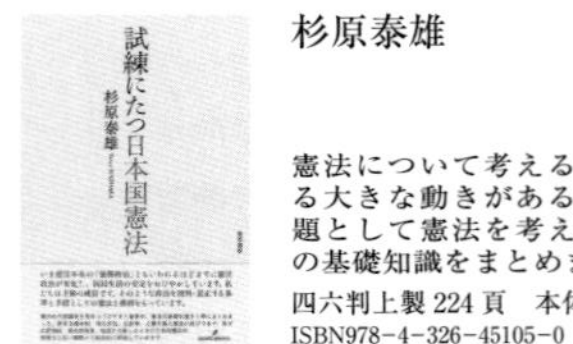

杉原泰雄

憲法について考えるために。憲法をめぐる大きな動きがある現在。自分たちの問題として憲法を考え、行動していくための基礎知識をまとめました。

四六判上製 224 頁　本体 2600 円
ISBN978-4-326-45105-0

ネット炎上の研究
誰があおり，どう対処するのか

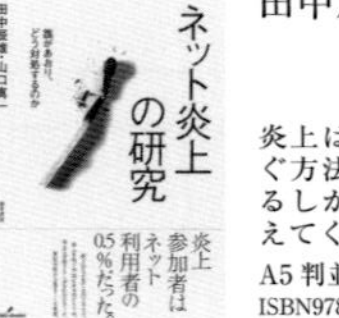

田中辰雄・山口真一 著

炎上はなぜ生じるのだろうか。炎上を防ぐ方法はあるのだろうか。炎上は甘受するしかないのだろうか。実証分析から見えてくる真実。

A5 判並製 256 頁　本体 2200 円
ISBN978-4-326-50422-0

田辺市熊野のO（昭和一二年生）は、毎冬、大字の範囲で狩猟を続け、仲間三〜四人、猟犬三〜四頭とともに大型のイノシシやシカを捕獲した。年間、イノシシ二〇、シカ五〜六、ノウサギ五〜一〇頭、ヤマドリ一〇頭くらいを捕った。狩猟仲間と獲物を解体し、年齢や体力に関係なく、石を分銅代わりに平等に量り分けた。強壮剤、傷薬、鎮痛剤などにマムシも捕った。水を入れた一升瓶などで糞を出させ、焼酎に入れ一年ほど熟成させた。岡山の鏡野では小字の猟師一〜二人が、獣道に**くくり罠**や**落とし罠**を仕掛け、毎年、ノウサギを五〜六頭、タヌキで三〜四頭、イノシシ一〜二頭を仕留め、互いに肉を融通しあった。豊田や四万十でも、里山からは建材や燃料、**刈敷**、飼葉だけでなく、蛋白源の野生鳥獣を得た。各戸が捕獲したから鳥獣が殖え過ぎることはなかった。

長野県の伊那、諏訪、大町、岐阜県の東濃、愛知県の三河地方北部などの内陸部では、クロスズメバチの幼虫（へぼ）も貴重なタンパク源であった。炊き込みご飯の具材（へぼ飯）や佃煮、出汁などに利用された。へボは、カエルやヘビの死体、蛾の幼虫などを食べる。一〇月頃、成虫の出現場所に一cm前後の肉片を糸にしばりつけて置くと、働き蜂が巣へ持ち帰る。糸を目印に追跡し巣の位置を見つけ、巣穴に煙を焚き成虫を追い出し幼虫を掘り採った。

田畑の土手や畦に加え、薪炭材や建材を採り、草を刈取る里山は、山菜や薬草を育てる半ば畑であり、蛋白源である野生鳥獣を育む半ば牧場であった。里人らは、これらを利用するために見分ける力を持ち、生息地や旬を知り、採取や保存、調理方法等を修得した。そして次代にその技と知恵を伝え、飢饉や病気等の苦難に耐え抜いた。田畑から収穫される作物に加え、これら野山の恵みによって、ほぼ**食糧**（食料）が自給できる暮らしを築き上げてきた。

表4－2　主要河川の魚種別漁獲高

（単位：トン）

1956（昭和31）年	総漁獲量	魚漁獲量	サケ	遡河性マス類	陸封性マス類	ウナギ	アユ	シラウオ	ハゼ	カジカ
利根川	2679.4	1219.5	4.5	0.0	11.6	122.3	149.3	62.3	61.5	8.3
荒川	588.8	587.6	-	-	36.4	18.8	71.3	0.0	20.3	15.8
信濃川	683.3	668.3	31.1	15.4	46.9	21.0	71.3	0.0	0.8	15.8
木曾川	672.0	640.5	-	-	42.0	27.8	292.5	1.9	0.4	0.4
淀川	261.0	241.5	-	-	3.4	10.1	55.9	0.0	0.8	0.4
吉野川	604.1	357.8	-	-	1.1	48.0	117.4	0.0	8.3	1.5
筑後川	2585.6	1883.6	-	-	0.0	95.6	29.6	0.0	5.3	0.0

1956（昭和31）年	コイ	フナ	ドジョウ	ウグイ	オイカワ	シジミ	その他の貝類	エビ	食用藻類	非食用藻類
利根川	111.4	238.1	31.1	97.5	24.4	1428.8	2.6	3.0	0.0	0.0
荒川	35.6	149.6	3.4	95.3	29.6	0.0	0.4	0.4	0.0	0.0
信濃川	63.8	90.8	22.9	160.9	69.0	0.0	1.1	0.0	0.0	0.0
木曾川	31.9	72.0	2.3	45.4	13.9	25.5	4.9	0.8	0.0	0.0
淀川	36.4	40.5	0.8	0.0	1.5	16.1	0.8	0.8	0.0	1.1
吉野川	5.6	23.6	0.0	18.8	19.1	89.6	16.1	7.9	122.3	7.5
筑後川	457.9	469.1	61.9	11.3	13.1	296.6	83.3	0.0	0.0	300.0

資料：農林省（1956）『漁業 養殖業漁獲統計表』（財）農林統計協会。
※魚類漁獲量は、四捨五入を行っているため各種の合算値と一致しない。

第三節　里川・溜池・里湖

里山では、冬季には野生鳥獣が、初夏から秋季には川や溜池、湖沼で捕れる魚介が蛋白質やカルシウム等の源になり、漁獲は自給分に加え収入を得る生業にもつながった。

1　里川

(1)　漁獲と漁法

一九四五～一九五五（昭和二〇～三〇）年、全国の河川における総漁獲量は、統計資料に掲載されたものだけでも年約二万二千トンに達していた。このうち、シジミが四〇〇〇、アユ三四〇〇、フナ一七〇〇、サケ一六〇〇、ウナギが一二〇〇トンを占めた。昭和の時代、全国でも有数の漁獲を誇った河川は、利根川（とねがわ）、筑後川（ちくごがわ）、信濃川、木曾川、吉野川であった（農水省、一九五六年、表4-2）。利根川ではシジミ、フナ、ウナギ、筑後川では非食用藻類（肥料藻）、フナ、コイ、信濃川ではウグイ、フナ、アユ、サケ・マス、木曾川ではアユ、フナ、マスの漁獲、吉野川では河口付近で採れるスジアオノリなど食用藻類が際立っていた。

愛知県を流れる矢作川の支流、延長わずか五六kmの巴川だけをみても、一九五五〜一九六五（昭和二〇〜三〇）年の年漁獲量は、アユが一五トン、コイとオイカワとがそれぞれ約二トン、ウナギは一・二トンあった。

漁具には**投網**や**刺網**、**延縄**、**四つ手網**、**モンドリ**、**筒**、**玉網**などがあり、**瀬干し**や**梁**など、それぞれの河川や魚種に応じた漁法があった（写4-5、写4-6、写4-7）。漁業協同組合などは禁漁期や禁漁区、漁獲魚の体長制限などを設けて資源保護を図っていた。主な獲物は、中流ではアユやオイカワ、ウグイ、スッポン、下流ではコイやウナギ、ナマズ、テナガエビ、河口では、シラウオやハゼ、産卵に遡上するサケ、ウナギの稚魚（シラス）、シジミなどであった。料理屋などに出荷され、また、一部は自家用や隣組などへのお裾分けとして調理され日々の食卓を潤わせた。このような自然からの頂き物に対し、里人たちは、感謝と捕り過ぎを戒めるため石碑を献納するなどした。子供たちは幼いときから遊びの一部として川へ魚捕りに出かけ、魚の性質や見分け方、旬を学び、流れや水による危険を回避する技を身に付けていった。

(2) 暮らしとのつながり

旧窪川町（四万十町）大字日野地は、海岸から直線距離でも一〇数kmもある。魚を売りに来るのは正月前だけであった。このため近くを流れる四万十川支流の日野地川から日常的に魚介を捕り自給してい

写 4 − 5　四つ手網漁

（福井県旧三方郡三方町［三方上中郡若狭町］、1970年代、三方湖、若狭三方縄文博物館提供）

写 4 − 6　里湖筒漁

（福井県旧遠敷郡上中町［三方上中郡若狭町］三方湖、1950年代、若狭三方縄文博物館提供）

写 4 − 7　簗漁の仕掛け

（愛知県豊田市篭林町、2002年）

写 4 − 8　里川から捕れたアユの塩焼き

（愛知県豊田市篭林町、2002年）

た。川にはアマゴ（アメゴ）、ウグイ（イダ）、アユ、ウナギ、ハヤ（オイカワ、カワムツ）、ゴリが多かった。毎年、アマゴは三月中下旬～四月、年三〇頭ほど、ウグイは五～六月に年二日程度、**投網**で一日二〇kg、年四〇kgくらい捕った。体長二〇cm前後の大きなもので七～八頭／kgというから、四〇kgの漁獲は三〇〇頭前後に相当した。アユは七～八月、**シャグリ**や**簎**で年一五〇頭以上捕った。ウグイやアユは塩焼きのほか**囲炉裏**で燻して保存し、素麵の汁や煮物の出汁にした。体長一〇cmほどのウグイは、一晩塩に漬け三～四段に組んだ細い縄に通して目刺しにした。ウナギは、ミミズなどを餌に**延縄**を仕掛け、また、川底の岩間に竹**筒**を入れ、年三〇頭くらい採取した。さらに、束ねた柴を川の溜まりに投げ入れ、数日後、そこに集まった川エビを捕った（柴漬け漁）。薪炭林の野生鳥獣が秋から冬までなら、川は春から秋までの蛋白源を育んでいた。

海から七〇km以上も離れた秩父でも、川は新鮮な魚を採取できる唯一の漁場であった。荒川支流の赤平川ではオイカワやアブラハヤ、ウナギ、ウグイ、カジカなどが生息し、夏休みの子供は、組ごとに集まり、毎週、魚を捕った。川底から岩や砂礫を積み上げ、内側の水位を下げ（**瀬干し**）、エゴノキやトチノキの実をつぶして水に浮かべて魚を捕った（写3-9）。エゴノキの実は麻酔力を持つエゴサポニンを含み、これで眠らせた魚を捕った。多いときで五〇～六〇cmのウナギが五～六頭、オイカワとウグイがそれぞれ一〇～二〇頭ほど捕れ、子供どうしが均等に分け家に持ち帰った。サポニンは、流下するなかで次第に希釈され効力がなくなった。また、釣り針に餌のミミズやドジョウを付け、水底の石間に一晩沈めウナギを捕獲した（ボッカン釣り）。豊田でも湿田に生息するドジョウを捨て針に付け、**延縄**で川のウナギを捕った。

熊野（田辺）も海まで四〇km離れている。集落前を流れる川が鮮魚を得る唯一の漁場であった。春には年二〜三回、毎回二〜三頭、家族が食べる分だけアマゴを釣り上げた。一九五三年にダムができるまで天然のアユやウナギが遡上した。毎年六〜九月まで年四〜五回、自家用分の二〇頭前後のアユを**簎**(やす)や**友釣り**(**友掛け**(ともがけ))で捕った。田植え直後の六月頃になると水田にウナギが上がり土用(どよう)前の貴重なタンパク源になった。また、イネが茂る六月末までは**松明**(たいまつ)を燃して水田に入り、ウナギバサミで年一〇〜二〇頭を捕獲した。さらに毎年、八月に入ると川の水位が下がり、瀬が切れるため逃げ損ねたアマゴを川底から採ることができた。

2 溜池

昭和の時代、わが国の溜池は、灌漑の受水面積が一ha以上のものだけをみても、全国で二八万九七一三個も存在した。このうち、近畿・中・四国地方が全体の約六〇%を占め、兵庫県で全国最多の五万五〇〇〇個に達した(一九五二［昭和二七］〜一九五四［昭和二九］年)(36)。これらの溜池は灌漑用だけではなく魚介などの副食を生産し、貯水して水害を制してきた。また、水生生物や水鳥など、生物多様性を保続するために重要な役割を担ってきた。

各地の溜池では、二〜三年に一回、稲刈り終了後に水底に堆積した泥を浚うために水を落とし、毎年必要な灌漑用水の水量が確保されてきた。落水後は、水利権を持つ集落が池に入り竹笊(ざる)で魚をすくい、水が引いた場所ではタニシやカラスガイ、ドブガイなどの貝を採った。また、泥を田の肥に引き上げ水底が掃除される溜池では、副食になるヒシの実やジュンサイの芽、薬草になるオニバスなどが育った。

上越や秩父、海南などでは、溜池の排水口に竹**筒**(たけづつ)を仕掛けドジョウやナマズなどが捕獲された。ドジョウは体長二〇cm、直径一cm前後の大きいものだけでも一回に一〇〇〜二〇〇も捕れた。ドジョウやナマズはネギ、醤油、卵を入れ煮込み、**普請**後に催された共同飲食の肴になった。
池の**樋門**を開けるとその下ではヌカエビやスジエビが大量に採れ、甘辛く煮て保存した。落水後は胸まで浸かり、繁殖したフナやコイを竹籠などで捕らえ、ドブガイやタニシを拾い採った。フナからは腸が取り除かれ、多くが竹串を通して火に掛けられた。表面の鱗に焦げ目が入ると、筒状に束ねた麦藁に竹串ごと突き刺し、**竈**や**囲炉裏**の上につり下げ、薪や炭の煙と温熱によって燻製にして保存された。これらの地域の家々には、フナなどを突き刺した麦藁筒が普通にあり、上越の頸城などでは五〇頭ほどのフナを藁筒に突き刺し、これが二〇本に上る家もあった。そして、これらすべてが一年のあいだに煮物の出汁や焼き魚にして食べられていたというから、一家で一〇〇〇頭のフナが食材になっていた。いずれも自然の恵みを少しずつ頂いたという。

大阪の河内や泉州では溜池が多い。これらの灌漑池では、昭和三〇年代まで二～三年に一回秋から冬にかけて水を干した（ドビ流し）。ドビ流しは、池の底にある**樋門**を抜き溜まった泥を流して田や畑に入れることであり、池の清掃と貯水容量の回復、さらには田畑の**元肥**施肥を同時に行っていた。水田の**元肥**になる池底の泥を搬出する際、一〇〇㎡当たりタニシを一〇～二〇個、ドブガイを一〇～一五個採取し、泥を抜いて佃煮にした。また、集落の溜池では、一九六五年頃まで使用権を毎年入札し養魚者が権利を買った。春にフナの稚魚を放流して米糠などの餌を与え、秋の落水まで成長させて出荷した。フナの糞尿は溜池の水を肥やし、流れ行く田水を潤していた。

3 里湖

(1) 漁獲と漁法

里海と同様に、里湖には、里川によって里山、里地から多くのミネラルや有機物が流入した。これらの成分は、沿岸のヨシ群落や水中の植物プランクトンを育み、食物連鎖を通し魚介を殖やした。沿岸に暮らす人々は、末永く魚介や肥料藻を頂くため里湖を大切にした。里地里山から流入する栄養分が、食物連鎖を通して再び食材や肥料として陸地に循環し湖の水質が守られてきた。

昭和三〇年代まで、全国の湖沼における年総漁獲量は、約四万トン、うちシジミが約六二〇〇トン、フナ四〇〇〇トン、ワカサギ三〇〇〇トン、イサザアミ一六〇〇トン、ハゼ一三〇〇トン、コイ九〇〇トン、エビが八五〇トンを占めた（表4-2）。また、現在では駆除対象の特定外来生物に指定されたウシガエルも食用に捕獲され、河川と湖沼での捕獲量は年八〇トンに上った。また、湖沼では食用以外に主に田畑の肥料にする藻類（肥料藻）が年二万二千トンも採取されていた。里湖に流入する無機塩類などの栄養分が肥料藻の採取を通じて田畑に循環し、水質が保全されてきた。

昭和の時代、全国有数の漁獲があったのは、秋田県八郎潟、千葉県印旛沼、茨城県霞ヶ浦、静岡県浜名湖、滋賀県琵琶湖などである。一九五六年の漁獲量をみると、八郎潟ではウナギやワカサギ、シラウオ、ハゼ、フナ、ウグイ等が多産し、計年一・六二万トン前後に達し全国一であった。

琵琶湖の全漁獲量は、全国二位、年八八〇〇トン前後に上り、シジミなどの貝類が七〇％以上を占めた。また、シジミとアユの漁獲量は全国一であった。沿岸では流入河川に遡上する稚アユが捕獲され、食用に加え放流用に全国へ出荷された。一九五三〜一九七九（昭和二八〜五四）年、小アユ出荷量は二〜八万kgに達した。

これらの漁獲は収入をもたらし、労働者の年収が一〇〇〇〜一七〇〇円の時代（一九一六〜一九二八［大正五〜昭和三］年）、琵琶湖における魚介類と藻類（藻肥）の販売総額は、年一〇〇万〜一九〇万円に達していた(37)(38)。霞ヶ浦ではイサザアミやエビの漁獲が際立っていた。皆は、暮らしの糧を生み出す湖や浜を大切にした。

魚具には、**刺網**（さしあみ）、**投網**（とあみ）、**四つ手網**、**延縄**（はえなわ）、**魞**（えり）、**竹筒**、**モンドリ**等があった。**魞**は割竹を縄で編んだ簀（す）とこれを支える竹杭からできている（写4-9）。簀の目の大きさと間隔によって、フナやコイやナマズなどの大きいものを捕る型（荒目魞）とコアユやモロコやエビなど小さなものを捕る型（細目魞）に分けられる。

八郎潟では**定置網**や**刺網**を使い、ハゼやゴリ、ワカサギ、ボラなどが、霞ヶ浦では底引き網や定置網などによってワカサギやシラウオ、イサザアミ等が、琵琶湖では荒目**魞**や細目**魞**、網**魞**などの**魞**、長**小**（ながこ）**糸網**（いと）や普通**小糸網**、**三枚網**などの**刺網**を使い、コイやフナ、ウグイ、ハスなどが捕獲されていた。ウナギ漁には**延縄**や竹**筒**が多用されていた。特に琵琶湖では船引き網や手引きの網籠による採貝が盛んであり、シジミなどの底生貝類が総漁獲量の七〇％を占めた。

漁師らはそれぞれの場所の自然と風土、暮らしに適した魚場や漁法、漁業暦、魚食習慣を編み出し、漁は自給分に加え生業としても重要な役割を担っていた。滋賀県旧マキノ町（高島市）あたりの琵琶湖では、集落の前に広がる沿岸の水域は、**魞**（えり）を中心に**地引き網漁**（じび）などに使い分けられていた。魚種の旬は、季節ごとに移り変わる。漁師らは、長年の経験をもとにオクビキやオイサデ、**刺網**、**モンドリ**など、これに応じた漁具と漁法をあみ出し、季節ごとの漁業暦を作り出してきた。

また、漁師らとその家族は、自給、または地域で購入する魚介をもとに、季節ごとに異なる焼物や煮物、佃煮などを調理した。滋賀県守山市木浜(もりやましきはま)の例をみると、三～五月にモロコやウグイ、四～六・七月にフナやワタカ、ゴリなど、六～九月にドジョウやタニシ、七～一一月にナマズ、一一～一月にカンブナやコイというように、魚介の旬と健康や体力を保つ食材としての役割とがうまく結びつき食されていた。地元ではツクリ（フナ、ビワマスなどの刺身）やスシ（フナ、ワタカ、モロコなど）、ナレズシ（ワタカなど）などのように、独特の食文化も形成されてきた。

一方、五つの湖が連接する福井県南西部の三方五湖（三方湖(みかたこ)、水月湖(すいげつこ)、菅湖(すがこ)、久々子湖(くぐしこ)、日向湖(ひるがこ)）では、海水と淡水の比率が五つの湖で違うため、生息する魚種が異なる(39)。これまでに在来魚四一種が確認されている。塩分濃度は、海に近い日向湖や久々子湖で高く、水月、菅湖と海から離れるほど低く、

写4－9　魚介を誘い込んで捕獲する魞漁
（福井県三方郡美浜町久々子、1955年、個人所蔵・美浜町文化財保護・町誌編纂室提供）

写4－10　枝のあいだに集まって隠れるテナガエビやモロコなどを捕る柴漬け漁（ヌクミ漁）
（福井県三方上中郡若狭町鳥浜、三方湖、2014年）

写4－11　網籠によるシジミ捕り
（福井県三方上中郡若狭町久々子湖、2008年、ハスプロジェクト推進協議会・若狭三方縄文博物館提供）

三方湖に至ると淡水になる。

三方湖では、冬季に水面を叩いてフナやコイを捕る「**刺網漁**（タタキ網漁）」、モロコやフナなどを誘い込んで捕獲する「**魞漁**」（写4-9）、枝葉の隙間に逃げ隠れる魚介の性質を利用してエビやモロコなどを捕る「柴漬け漁（ヌクミ漁）」（写4-10）、「ウナギの**延縄**・竹**筒漁**」（写4-6）、長い柄を付けた網籠で水底の泥を起こして採取する「シジミ掻網漁」（写4-11）、春先に産卵のために川を遡上する「シラウオの**四つ手網漁**」（写4-5）などが営まれてきた。

柴漬け漁（ヌクミ漁）とは、柴束を縦横約五m、七～八mに組み（ヌクミ）、浮き舟のような状態で水面に浮かべたものである。柴枝の下や隙間に隠れ込む性質を使い魚介を捕った。**延縄**ではエビなどをつけた釣針を湖底に沈め餌に掛かるウナギを、また、**筒**のなかに隠れ込む性質を使い、湖底に竹**筒**を沈めてウナギを捕った。

三方湖における主な魚種は、フナ、コイ、ウナギ、エビの四種類、一九五二～一九七〇（昭和二七～四五）年、漁獲量は年三二～一三〇トンに達した。このほかに統計値に反映されない自給分があるため、漁獲量はこれを上回る。

このほか三方湖の水面では、河口から流れ込む水中の栄養分を吸収しヒシが旺盛に繁茂した。このため毎年八月の盆前後から約一ヶ月、この実が食用や民間薬として採取されてきた。「ヒシの実採り」と呼んで、一人一日、籠に二～三盃（一籠：一斗五升）採ることも珍しくなかった。最盛期の湖面には、二～三人が乗りあわせたヒシ採り舟が一日当たり三〇～四〇隻も出た。ヒシの実には五〇％前後の澱粉が含まれ、茹でるか蒸すと栗のような味がする。ヒシは水中の栄養分を吸収して成長する。この「ヒシの実採り」をはじめ、ヨシ刈りなどのように水域から植物体を収穫する営みが、水の富栄養化を抑え水質を維持してきたものと考えられる。

(2) 暮らしとのつながり

三方湖にある鳥浜漁業協同組合のM（昭和二二年生）によると、三方湖沿いの鳥浜集落二三〇戸中、四〇戸が漁師であった。昭和三〇年代、夫婦二人一組で和舟に乗り、全八〇人が編隊を組んで一斉に**刺網**漁に出た。**刺網**を下ろす場所は籤引きで決めた。長さ一〇〇mの網を四～五枚つなぎ、各戸三〇～四〇mの間隔を取って水中に立てかけた。このあと舟に乗った漁師が水面を叩き、逃げようとする魚を**刺網**に捕らえた（タタキ網漁）。主な獲物はコイとフナであり、漁の解禁期は一一月下旬から三月中旬まででであった。捕ったフナは三〇～四〇cmの成魚だけである。網目が約一五cmあるため、これより小さな幼魚はすり抜けていく。根こそぎ捕らず資源を守り続けてきた。三方湖の柴漬け漁では、一二月～三月、各戸がヌクミ二基を沿岸に一〇日ほど仕掛けた。五人一組で舟に乗ってヌクミを岸に移動させ、魚介を網に追い込み捕獲した。鳥浜では各戸が一冬に一～二回この漁を行い、一回でフナやモロコなどをあわせ年四〇〇～六〇〇kgが捕れた。

テナガエビの柴漬け漁は、春から秋に行われる。鳥浜漁協のMは、長さ約一mのアカマツの枝を直径八〇cm前後に束ね、二〇〇束前後を三方湖の五〇～一〇〇m沖合の水面に竹竿を挿して固定した。月一〇回、五〇束前後を引き上げ、エビを網ですくい捕ると、一束当たり五〇〇g、月二五〇kgほどを獲った。柴束には、毎年、枝を補充し、三〇～四〇を新しく更新した。ウナギは**延縄**と竹**筒**で捕獲され、一年を通し月一五日前後ウナギ漁に出た。二〇〇m前後の縄を三本つなぎ、六m間隔でたらした釣針に餌のミミズやエビを付け、水中に仕掛ける。朝夕二回縄にかかったウナギを捕り、小さいものを逃がすと、水揚げは一回一〇頭前後、二回で二〇頭ほどになった。

久々子湖の元漁師T（昭和一三年生）によると、一〇月中旬の解禁から翌年三～四月までがタタキ網漁の漁期であった。一五戸前後の組合員が籤引きで場所を決め刺網を入れた。ここでは各戸とも年五～六回漁を行い、毎回一〇kg前後の獲物を得た。主な魚種はボラやコノシロ、セイゴ（スズキの幼魚）、雑魚であり、割合は五：二：一：二であった。網目が六～一〇cmあり幼魚はその目から抜けていくため捕獲されなかった。また、Tは漁業組合が行う五年ごとの入札で漁場の権利を買い、昭和三〇年代まで魞漁を続けることができた。風がなければ盆でも毎朝六時半に浜へ行き、月平均二〇日、魞の網に入った魚を水揚げした。魚種はボラ、コノシロ、ハゼ、セイゴ、サッパ（瀬戸内海沿岸：ママカリ）、水揚げは一日一五～四〇kgになった。現在の価値でみると七～八〇〇〇円になる。自給用とともに魚の出荷が暮らしを支えた。入札金は、組合を通じ組合員に還元され皆の暮らしに活かされた。

K（昭和一一年生）は久々子湖でウナギの延縄漁を続けた。出漁は、ほぼ毎日、年三〇〇日に及んだ。七〇〇～一〇〇〇mの縄に釣針を一〇〇本前後付けた。餌は、五月中旬から一一月中旬はエビ、それ以外は、畑の堆肥場で養殖したミミズであった。エビについては長さ六〇cm、直径三〇cmの柴束を沿岸の浅瀬に三〇束ほど沈め、これに集まるものを捕った。柴の材料はマツやスギの枝であった。ウナギは一〇〇本の針に五～一〇頭、多い時には二〇前後かかった。一頭が三〇〇～四〇〇g、現在の価値でみるとkg当たり四〇〇〇円というから一日七～八〇〇〇円の収入を生み出した。

菅湖のMYは、自給用に漁を続け、テナガエビ、ハゼ、フナ、コイ、ウナギ、シジミを捕った。テナガエビの旬はイチゴの花咲く頃という。毎年、四～六月、スギやヒノキの枝を長さ一・五m前後に切り揃え、直径七〇～八〇cmに束ねた柴を水際に沈め、網で柴とともにエビをすくい上げた。また、コイは春から秋の蛋白源であった。水面に糠団子をまいてコイを誘き寄せ、これを**投網**で捕獲した。体長五〇～六〇cmの成魚だけを毎年一〇〇～一五〇頭捕り、**あらい**や煮付けにした。

ヤマトシジミの旬は、フジの花咲く頃である。菅湖で漁をしていたMYは、毎年、四～五月、自給用に五〇kgほどを捕獲し、佃煮などの保存食にした。また、久々子湖のKは生業としてシジミ漁を続けてきた。毎年、四月下旬から一一月までの漁期、籠網やタモ網で水底からシジミを掻き捕り、一日一〇kgほどを得ていた。網目が一一mmと大きいため稚貝は目を抜けて水底に戻っていった。また、シラウオの**四つ手網漁**を続け、昭和三〇～四〇年代まで、毎年、三～四月になると一網に一kg前後が捕れた。

(3) 生業への展開

里湖から水揚げされる魚介は、自家用に加えて販売用になり、また、地域色豊かな料理を生み出した。三方（若狭）の鳥浜あたりでは、捕った魚を保存する習慣がない。このため余らせるほど捕らなかった。この地域では、冬季、タタキ網漁で捕るフナやコイを煮付けて料理するほか、刺身にして食べる習慣がある。冬に上がる三方湖のコイやフナは、独特の臭みがなく淡白で美味である（若狭町）。このほかフナは甘露煮や**フナ豆**、フナ汁などに、また、コイは刺身に加え、**鯉こく**や**ぬた和え**、皮の湯引き、鱗の唐揚、頭を味噌汁の出汁に使うなど、捨てるところがなかった。フナやドジョウ、ウナギ、ナマズ、タニシ、カラスガイなどの魚介は、副食や生業を支えた。現在でも三方五湖のまわりには、ウナギやコイ・フナ料理を提供する店屋がみられる。

捕獲量は自給分と生業にまわす分だけであり、漁民らは漁期を定めて稚魚を残し、成魚だけを捕るなど資源保続に努めた。里湖や後述の里海沿岸には、採取される魚介をもとに魚の問屋や加工販売業、料理屋、漁具屋が栄え、農地や林地、それに漁業権を持たない人々も地域の生業によって暮らすことができた。

湧水や沢水は、里山里海で人々の生活を支え、里川、里湖、里海ではプランクトンや水草を育み、アユやワカサギ、テナガエビなど無数の魚介を育んだ。各戸が流し出す家庭排水にはさまざまな栄養分が含まれている。農民らはこの水を田畑や溜池に流し、その栄養分を作物に加えプランクトンなどの魚介の餌、水生植物に取り込ませ徹底的に循環させてきた。水生植物にはヒシやジュンサイなどのように食材を産するものもあり、多くは肥料藻として採取され、再び田畑に還元されてきた。この作法が日常生活や田畑と、里川や里湖とのあいだの循環系を育み、水質を守りながら末永く暮らしを支えてきた。

第四節　里海

1　里海とは

沿岸の集落は、主に出漁と魚介の加工、出荷運搬に至便な湾の入江に形成された。里海は、陸上の生態系と人々の暮らしとが一体となり栄養分の循環を促す沿岸海域である。そこは魚介や海藻、塩などを再生産する命の水辺であった。また、この里海は自給用魚介の採取に加え、漁撈（ぎょろう）や加工、流通などの生業とともに、地域の暮らしに加え海（うみ）と山（やま）、漁村と都市などのように地域間の交流を支えてきた。

奥山や里山に降る雨は、腐葉土や土壌に蓄えられ、その過程でフルボ酸や鉄分など多様な栄養分が溶け込む。これが時間をかけ川や海へと流れ込む(40)。水深が浅く光が海底まで届く沿岸では、栄養分が植物プランクトンや海藻などに取り込まれやすく、食物連鎖を通し動物プランクトンや魚介を育む。こ

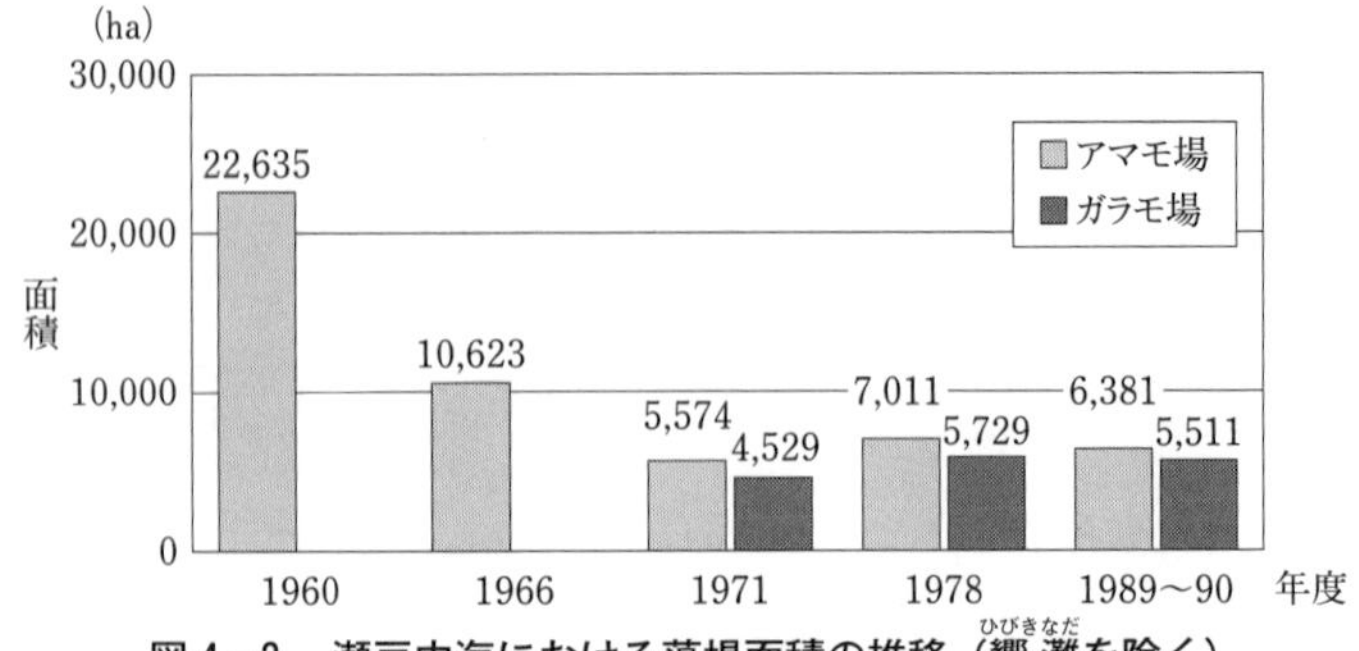

図4－3　瀬戸内海における藻場面積の推移（響灘（ひびきなだ）を除く）

注1）1978年度（第2回自然環境保全基礎調査）の値は1989〜90年度（第4回自然環境保全基礎調査）の面積に消滅面積を加算した値である。

注2）ガラモ場：ホンダワラ科の海藻が優占する藻場を指す。

※環境省資料より引用。1960、1966、1971年度：水産庁南西海区水産研究所調査。
1989〜1990年度（第4回）：自然環境保全基礎調査（環境庁）。

れらに含まれる栄養分は、人々による漁獲や陸上動物の捕食によって再び陸地に戻る。

　里海の代表格である日本の閉鎖的沿岸海域の漁獲量は、他国に比べ著しく多い。欧州の北海や地中海の一〜六トン／年・km²に対し、有明海では特に多く七〇トンにも達する（一九七九年）。瀬戸内海でも二〇トン／年・km²前後に達している(41)。これらの沿岸海域に広がる砂泥底の浅瀬には、豊富なミネラルを吸収してワカメやホンダワラ科などの海藻、アマモ科などの海草が群生していた。

　これらの群生する浅瀬を藻場と呼び、水質や水底土を浄化し、魚介の産卵や稚魚の生息地になった。また、藻は、農業用の肥料藻として採取され沿岸海域の水質が守られてきた。アマモ科の海草やホンダワラ科の海藻が優占する場合には、それぞれ、アマモ場、ガラモ場と呼ぶ。瀬戸内海におけるアマモ場とガラモ場の面積は、近年では、それぞれ、六三〇〇、五五〇〇ha（一九八九〜一九九〇年）に減少したが、一九六〇年にはアマモ場だけでも二二〇〇〇haを超えていた（図4-3）。

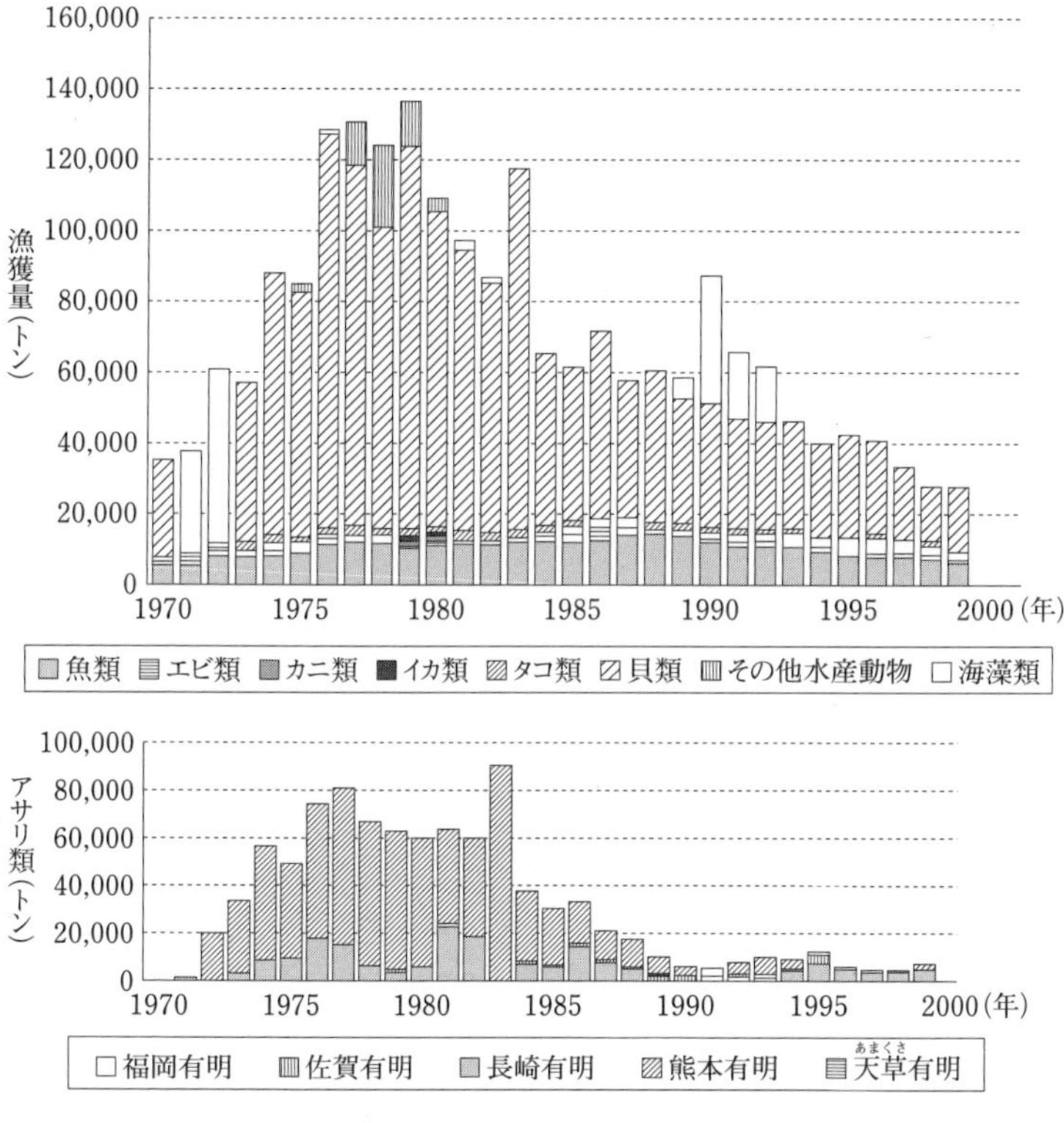

図4－4　有明海における漁獲量の推移

※柳哲雄（2006）『里海論』恒星社厚生閣から引用。

2　干潟（ひがた）

里海の沿岸や河口域には、潮の干満によって砂泥地が水没を繰り返す干潟が広がる。そこでは二枚貝や底生生物が川や海から流れ込む有機物を取り込んで増殖する。そして、これらの生物を求め魚類や水鳥などが多数集まってきた。干潟は生物多様性を守り栄養分の循環を促す役目を果たした。干満差が大きく陽光が海底に届く干潟では、付着藻類の生産力が高く、食物連鎖を通し、これを摂食する魚介の漁獲量も多くなった(41)。

わが国最大の干潟が出現するのは、福岡、佐賀、長崎、熊本にまたがる約一七〇〇km²の有明海（ありあけかい）である。干潮時（かんちょう）にはおよそ八六km²の干潟が形成される。この有明海の漁獲力は、瀬戸内海の年約二〇トン／km²（一九八一年）に対し、年八〇トン／km²前後（一九七九年）もあった(41)。この海域全体における一九七五年頃の漁獲をみると年八～一三万トン強に達し（図4-4）、アカガイ、サルボウガイやアゲマキガイ、アサリを始め年五～一〇万トンの貝を産した。魚が約一割、貝類が約八割を占め、アサリだけでも年五～九万トンに達した。

自給用の魚介類に加え、加工、魚屋、行商を通しさまざまな生業が栄えた。また、漁具の生産や販売、貝殻をリユースする白灰焼（しらはい）、石灰の生産など、関連事業を支えた。白灰焼とは、有明海沿岸でカキやアサリ、アカガイなどの貝殻を原料に作られた白壁の材料になる白灰をいう。

3 沿岸海域

干潮時の磯浜では潮だまりなどにとどまった魚介や海藻、ウニなどを捕獲できた。浅瀬の岩場ではワカメなどの海藻が群生し、採取期になると浜は干し場になった。干満の影響を受ける水際線の岩上には、巻き貝やアオサ（二～四月）、海苔（一一～三月）が繁殖でき、採取期には自給用に摘み取る人が絶えなかった。また、箱メガネで水底をのぞき込んで捕獲するカナギ漁や素潜りで捕る**海女**（あま）漁により、磯の岩礁に潜むサザエやアワビ、イセエビなどが得られた。栄養分が豊富で太陽光が届く波静かな湾内では、古くから海苔やワカメの養殖が行われてきた。また、里湖と同様、浅海では直径八〇cm、長さ一m前後に束ねた柴を組み、隠れ処や産卵場を求めて集まった魚やエビ、これを餌に集まるシイラなどの魚を捕った（柴漬け漁）。

漁師らは砂浜から人力で舟を押し出し、また、動力船には簡単な桟橋を作って乗り込み、タイやメバチマグロなどの一本釣りに出た。半島部や離島では、小型定期船が通学や行商などのために使う重要な公共交通機関であり、簡易桟橋が暮らしにも不可欠であった。

里海では、多くは漁師が出資する漁業協同組合ごとに決まった漁業権域があり、その範囲で魚を捕るのが普通であた。また、船主、**網元**が中心となって共同で**定置網**や巻き網、**巾着網**を用い、群れで行動するイワシやブリなどの魚を引き揚げた。舟上は漁師の仕事場である。漁を成功させるには、漁師に団結が求められた。出漁時、皆でご飯やお茶などを積み込み、帰りの時間になると、浜には荷揚げを待つ女衆が集まった。浜に上がった漁師たちは、世間話やつぎの漁のことなどを話しあい、また、漁具の修理や準備を共同し、日々、絆を深めた。

知夫里島の知夫村薄毛と多沢地区では、昭和三〇年代まで全七〇〇戸が出資し、沿岸に共同漁業権を持つ漁協を運営していた。島の多くは半農半漁であったが、出資金は親から子孫へと引き継がれた。全戸の収入は大半がワカメとスルメイカによった。四月一日前後、海の**凪**方をみて漁協がワカメの口開けを宣言した。これを「巣が立つ」と呼び、五月下旬まで約五〇日間、毎朝三時に起き、一日、乾燥重量で約四〇kgを採取した。ワカメの採取量は約二トン／戸・年になり、地区ごとに地先権を持つ浜では、各戸がそれぞれの干し場を選び、梅雨前までに乾かされた。各戸の干し場は、これまでの経緯や屋敷からの距離で折りあいが付いていていた。

秋からの漁は、一〇月～翌年二月はじめまで、沿岸漁業権域におけるスルメイカ漁であった。このときの出漁は月二〇日間ほど、**時化**を除くとほぼ毎日出漁し年間収入の二～三割を得た。〇・二トン、長さ六～七mほどの手漕ぎ舟で手釣りし、一回の漁で二～三〇〇〇頭で捕り止めた。舟にはこれ以上を載せきれなかった。このことが資源保続につながっていた。約二〇戸が熟練を要するカナギ漁に専業し、舟上から箱メガネで水中を覗き、水深一二m前後までのサザエやナマコなどを採取した。

漁協の組合員数は、昭和三〇年代まで三九二〜五六〇であった。大半が、イカとワカメを中心とする魚介の漁獲と販売収入によって暮らしを支えていた。島では原則的に分家せず、二男三男が本土等に就職したから資源を保続することができた。昭和三〇年代半ばまで、主食は米と麦が五対五の割合であった。不足する米は、加工したワカメやイカの販売収益で補われた。島ではイカをはじめ魚介が豊富に捕れたから、「麦、芋、大根を作れば死ぬことはない」と教えられてきた。

4　製塩

塩は、生きていくために欠かせない調味料である。一九七二年、イオン交換膜濃縮製塩法で生産されるまで、揚げ浜式や入り浜式塩田などによる製塩が続いてきた。瀬戸内海を中心に枝条架流下式塩田法が確立されたのは一九五二年頃である。流下式塩田では、広い浜に枝条架を組んだ棚を作り、そこに海水を散布し、太陽光と風によって海水を濃縮した。入り浜式は、潮の干満差を使い海水を浜に入れ太陽光と風により濃縮した。揚げ浜式は、人力で海水を浜に汲み揚げ、これを散布して濃縮した。いずれの場合も化石燃料が導入されるまで、薪柴を燃料に鉄鍋などで煮込み、水分を蒸発させて製塩した。製塩場では五〇haの塩田を運営するのに、燃料を採取する薪炭林が約三八〇〇ha必要とされた(42)。昭和三〇年代まで全国の製塩量は、年六八七〇〇トン強であり、香川県産が全国最多の三〇%、瀬戸内海産が全量の約八〇%を占めた（表4-3）。多くは、枝条架流下式塩田で製塩された。

徳之島や沖永良部島などでは、天日による自然濃縮法で塩を自給してきた地域が多い。徳之島、大字西犬田布（伊仙）では各戸が六～九月までの約四ヶ月、天気がよい月一〇日間くらい太陽の日射を活かし海水から塩を作った。MS（大正一三年生）、MM夫妻（昭和六年生）は、代々製塩を生業としてきた。この家族は、海際に続くビーチロックの窪みに海水を繰り返し注ぎ直し、塩分濃度が二〇％前後になるまで天日で干し上げた（口絵13）。ビーチロックとは、潮間帯付近で珊瑚や貝殻の破片、砂礫堆積物が炭酸カルシウムなどによって板状に固結した岩場である。珊瑚礁がある熱帯や亜熱帯の海浜にみられる。

表４－３　昭和30年代の全国各県の年平均製塩量

（単位：kg）

地方	県	製塩量	地方	県	製塩量
北海道・東北地方	北海道	7,627,471	瀬戸内海地方	兵庫	134,985,127
	岩手	10,805,998		和歌山	769,027
	宮城	1,146,841		岡山	116,989,321
	福島	33,883,653		広島	47,013,087
	小計	53,463,964		山口	43,105,623
関東・甲信越・北陸・山陰地方	千葉	2,297,241		徳島	73,223,417
	東京	273,634		香川	249,540,046
	新潟	422,035		愛媛	31,839,892
	富山	20,016,869		小計	697,465,539
	石川	82,998	九州地方	福岡	23,866,529
	福井	2,062,226		長崎	33,660,221
	静岡	1,339,844		熊本	672
	愛知	14,174,872		大分	5,178,684
	島根	2,332		宮崎	72,066
	小計	40,672,051		鹿児島	5,990,820
	全国計	860,370,545		小計	68,768,991

※瀬戸内海地方：全国の81％、香川県で全国の29％を生産。
※未掲載府県：生産記録なし。
※出典：農商務統計表 第８～22次（農商務省編：慶応書房刊）、塩専売事業年報（大蔵省主税局編）、塩専売統計表（専売局編）、専売統計年報（専売局編、日本専売公社編）、塩業整備報告第２巻（日本専売公社、1966年刊）。
※(財)塩事業センターホームページ掲載資料を引用して編集

海岸で濃縮した海水を桶に入れ製塩小屋にある塩釜まで運ぶ。塩釜とは海水を煮込むための**竈**である。ここで縦横一m、深さ二〇cm程度の鉄製鍋に入れ、一日二回炊き込み、約二〇kgの天然塩を作った。製塩は年約四〇日に及ぶから、一戸当たり年八〇〇kg前後の塩を得ていた。塩炊き用の燃料は岬の岩場に広がる**入会**地の枯草である。一回の炊き込みに必要な燃料は、一束五～六kgの乾燥茅六～八束、三五～四〇kgと追い炊き用のアダンやソテツの枯葉である。茅とその他の枯葉との割合は、八対二である。このほかに海岸の流木を焚いたから、少なくとも一回の塩炊きに四〇～五〇kg、一日一〇〇kg前後、年約四トンの草木を使った。燃料の草木が米を買う源の一つであり、燃料集めは重要な日課であった。

沖永良部島、瀬利覚（知名）は、大字で消費する塩の八〇%を生産し、七～八月、毎年、大字四〇〇戸中一〇〇戸が塩を作った。干潮時、海岸のビーチロックに生じる岩の窪みが、海水の濃縮場になった。この窪地に海水をかけ流し塩分を濃縮させた。この濃縮場を池と呼び、一家族ごとに二～三坪の縄張りがあった。これは閉鎖的なものではなく、皆がこれまでに折りあいをつけてきた優先権であった。太陽の熱で水分が蒸発するにつれ、直径三〇cm、高さ六〇cmの木桶に濃縮海水を汲み取り、庭先の縦**半間**、横**一間**の平鍋に移し変え、薪で炊き出し自然塩を採取した。FT（昭和九年生）やTK（昭和一三年生）は、二日に一斗を炊き上げ年三〇斗ほどの塩を生産した。「塩で飯を食いこれが本業であった」。当時、塩一升が米三升、塩一升がサツマイモ二〇kgの価値があった。塩炊き鍋がない家は所有する家から借り塩でお返しができた。塩一斗を炊くためには七～八kgの薪柴を燃した。各戸とも海水から採れる苦汁を使い豆腐も自家製であった。塩分が残っているため保存力のある豆腐ができた。沖永良部島では、このような塩干し場（塩田）が沿岸部の集落ほぼすべてにあった。

5　生業への展開

漁師による一連の漁獲は、浜に様々な生業を作り出した。肥料や燃料用の藻などの採取と加工、浜での海苔や貝、魚の一次加工、漁港での仕分け、干物づくりをはじめ、魚屋や干物屋、行商、漁具屋などの生業を生み出した。将来を担う子供たちは、幼い頃から仕事を手伝い技や心得を学んだ。漁具には竹や藁など里の素材を用い、繰り返し修理し無駄なく使い込んだ。

九州の有明海沿岸では、採貝によって大量に発生する貝殻を土壌改良に使う石灰や白灰に再活用するなど、資源を無駄なく暮らしに活かした。里海がもたらす恵みが地域に多様な生業を作り出し、皆の生活を支えた。人々は、海難事故を防ぎ豊漁を祈願するため、漁の年始（ねんし）を祝い、恵比寿社にお参りするなど、節目の共同行事を大切に守り続けた。人々が日々接する藻場や干潟、磯や砂浜、沿岸海域は、里川を通した里山と里海との物質循環の要であり、生物多様性を守る拠点でもあった。

田畑だけではなく、里人たちは蛋白源や副食の産地として、里山、里川、里湖、里海を大切にした。屋敷まわりや土手、畦でも牛の飼葉や**刈敷**を刈取ることを通して、多くの山菜や仏花を育んだ。日々、田畑の土手や果樹園、溜池、里山、里川、里海を見まわり、副食や保存食、仏花、生花、薬草、資材を得る野生動植物を見分け、自然のちからを頂き、**半栽培**、半飼育してきた。里人は、「これ以上採ったら細る。根絶やしにしない」と肝（きも）に銘じてきた。土地や水域が持つちからの範囲で、同じ場所を無駄なく使い込む作法を身につけ、次代に伝えた。重層的、保続的に土地を使い、動植物を**半栽培**、半飼育する知恵と技が**食糧**難から里人らの命を守ってきた。

第五章　幾度(いくど)となく使い再生させ続ける暮らしの素材

里地里山が作り出す燃料や水、木材、雑貨は、暮らしに不可欠である。日本列島では地域の自然との関係を通し、里人らが食料や燃料、生活資材等々を徹底的に循環させる暮らしを築き、野生動植物を**半栽培**、半飼育する知恵、動植物と共存する作法を編み出してきた。

第一節　エネルギーの自給と循環

1　薪炭消費量と生産構造

(1)　薪炭需要

燃料は、暖房や煮炊き、風呂などに欠かすことができない。わが国の燃料は石油やガスが普及するまで、大半が里山から採取される薪(まき)や柴(しば)、さらに薪を加工した炭であった（写5-1）。

写5-1　鉈鎌（なたがま）による薪の収穫
（和歌山県旧西牟婁郡大塔村［田辺市］、1950年代、田辺市大塔行政局提供）

一八九七（明治三〇）年以降、牛馬耕が普及し**堆厩肥**が導入されるに伴い、**刈敷**（かりしき）の需要が減少した。一方、**刈敷**を採取した全国の草山（くさやま）が雑木林に遷移（せんい）し、また、薪炭需要の増大によってクヌギなどの燃料用広葉樹が植林された。新しく植栽された面積は、一八九九（明治三二）年から一九五五（昭和三〇）年までに年一万四千～一万八千ha、計約四二万haに達した。全国の薪炭材（しんたんざい）の生産量は、戦中を除き昭和三〇年代までは年二千万～四千万㎥で推移した（図4-2）(16)。また、薪の生産量が一三億二九五〇万**層積**（そうせき）㎥、炭が二七〇万トンに達していた（一九四〇年、表1-2）。一**層積**㎥とは丸太〇・六二五㎥分にあたる。一九五一～一九五三（昭和二六～二八）年、年三〇～四五万輌もの貨車が東京都内に薪を運び、昭和三〇年代までは、各地から集まる薪炭材が都市生活のエネルギー源としても不可欠であった。

一九五一～一九五四（昭和二六～二九）年、全国二八都市に居住する人々による薪炭の平均購入量は、薪約三六五kg／戸・年、炭約一四一kg／戸・年であった（図5-1）。推計購入額は、薪が二四〇〇～三四〇〇円、炭は三〇〇〇～三八〇〇円／戸・年になる。木質燃料費は、少なく見積もって年五〇〇〇～七〇〇〇円／年・戸に達していた。この額は当時の国家公務員初任給の約半月分相当である。わが国の総戸数は、一九五〇年当時一八〇〇万強であったことから、里山から産出する薪炭は、少なくとも全国で四三〇〇～六〇〇〇億円以上の経済価値があったと考えられる。里山の農家にとり薪柴を生産する薪炭林

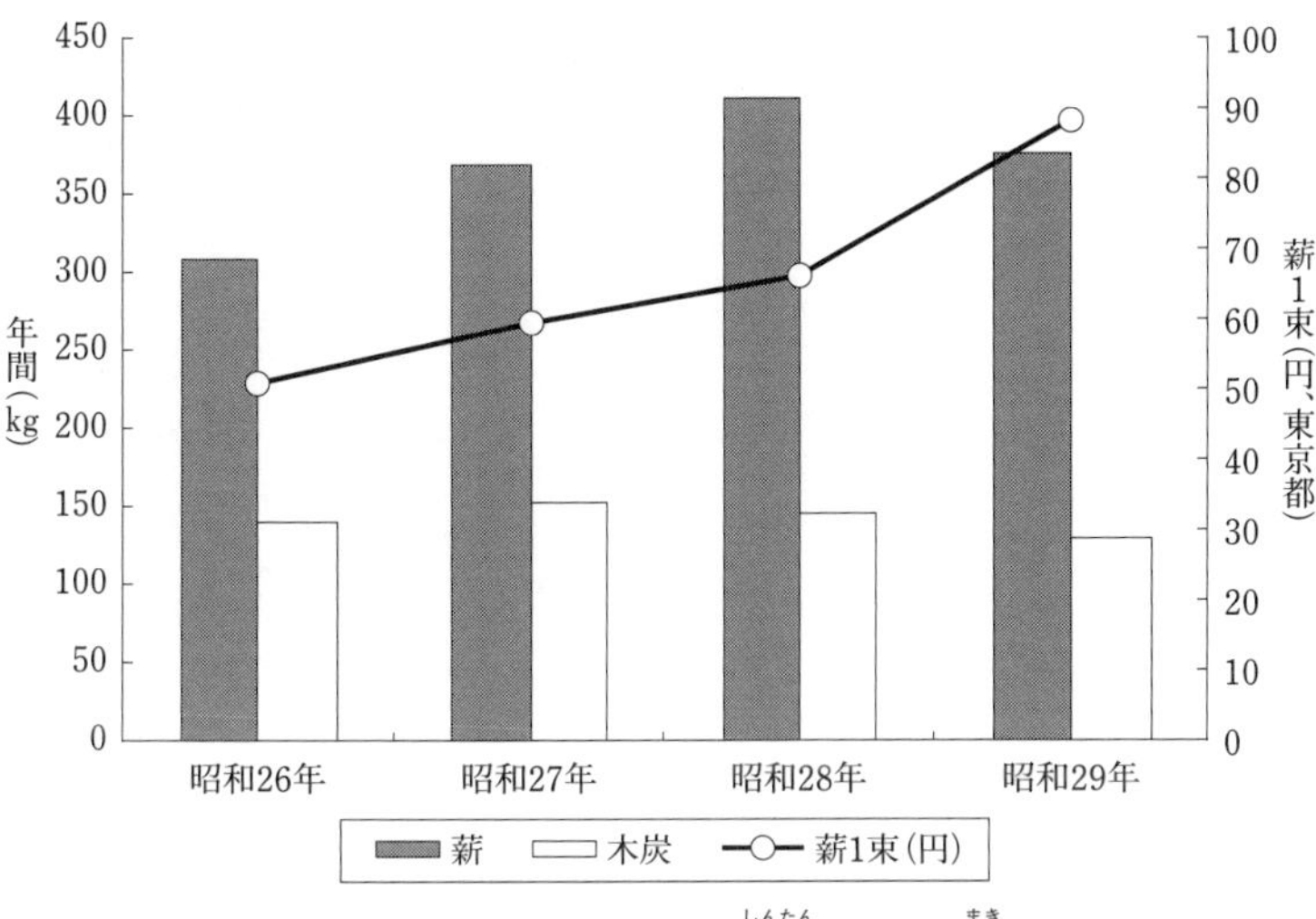

図5－1　都市居住者一世帯当たりの薪炭（しんたん）購入量と薪（まき）1束の価格

※林野弘済会『日本林業年鑑』1955年、1957年から引用。

は、大切な家財などを保管しておく蔵に次ぐ重要な財産であった。

しかし、その後、燃料の大半がプロパンガスや都市ガス、電力、灯油等に移行した。このため薪と炭の生産量は、それぞれ五・一万**層積**㎥と二・五万トン（二〇〇九年）になり、最盛期（一九四〇年）の一％以下に激減した。燃料産出地であった里山の経済的価値が消失していった。

(2) 農家一戸当たりの薪柴消費量

全国の聞き書きによって知ることができた農家一戸当たり薪柴消費量は、薪と柴をあわせ年間、札幌市では一～二万kg、新潟県上越市、埼玉県秩父市、福井県越前市では四〇〇〇～五〇〇〇kg、ほかでは概ね三〇〇〇～四〇〇〇kgであった。全体的に冬季に暖房需要が多い北日本や日本海側で消費量が多く、その量は年平均約五〇〇〇kgに達した。このほかに焚き付けとしてスギやマツの落葉落枝、豆や麦の殻などを使うので、実際の消費

写5－2　軒先で乾燥させて燃料にする桑の剪定枝

（埼玉県秩父市堀切、2007年）

量はこれを上回っていた。茨城県によると燃料の年間消費量は、農家一戸当たり薪一七八〇kg、柴三三〇〇kg、計五〇〇〇kg前後であった（一九五八年）(19)。また、一九五二（昭和二七）年、新潟県旧北魚沼郡川口村（長岡市）における薪柴の年間消費量は、一戸当たり二〇〇～三〇〇束が三〇%、三〇〇～四〇〇束が二七%、一〇〇～二〇〇束が二〇%であった。全体の八〇%が一〇〇～四〇〇束（一八七五～三〇〇〇kg）／戸・年の範囲で生活していた(96)。薪柴を採取する薪炭林の面積が狭く、燃料が不足する家々では、作物殻や流木などを薪柴の代用品にしていた。

　良質な炭を産した岩手県久慈市や二戸市（ナラの切炭）、和歌山県田辺市やみなべ町（ウバメガシなどによる備長炭）、大阪府池田市や兵庫県川西市（クヌギによる菊炭）、愛知県豊田市（三河炭）などでは、薪の多くを炭にして販売していた。このため、これらの地域の自家用燃料は、大半を柴や竹屑、桑や果樹の剪定枝などによった（写5－2）。

(3)　農家一戸当たりの薪炭林の面積

　自家用薪炭林の面積は、北海道を除くと**共有林（入会地）**を含め一戸当たり五〇〇〇～三・五万㎡、平均一町一反（約一・一ha）前後であった。一九五二（昭和二七）年、新潟県旧北魚沼郡川口村（長岡市）では、薪柴使用量は最低でも一戸当たり年一〇石（一石：一五〇kg）必要といわれた。このあたりの気候と土質では、一四〜一五年以上の伐期で薪柴を収穫すると保続生産が可能であり、これに必要な林地面積は一戸当たり最低一〇反（一町）であったという(96)。一束二貫目（一貫目：約三・七五kg）として、薪柴の一〇石は二五〇〜三〇〇束（一八七五〜二二五〇kg）に相当する。

薪炭林が不足する農家は、流木などで代用するほか、余剰のある家々の薪炭を刈取り、しばり分けなどのしきたりによって入手していた。養蚕が盛んな秩父などの地域では毎秋、桑の枝（桑棒）を剪定し、翌春から蚕に与える柔らかい新芽をふかせていた。値の良い薪や柴を販売し燃料の大半を桑棒によった。全国の里山では、少なく見積もっても一戸ごとに約一町歩の薪炭林が必要であり、そこから自家用燃料や焚き付け用の落葉落枝を採取していた。

(4) 薪炭による収入

一九五五年（昭和三〇年）、勤労世帯の平均月収は約三万円、年収三五〜三六万円であった。F（昭和一四年生、上越）は薪炭林を約八町持ち、自家用分五〇〇〇㎡を残して一部を山師に売り、残りを小作に貸した。山師は山の薪や柴を見積もり、樹種と面積によって値をつけ立木を仲買する商人を指す(19)。長い時間燃焼するミズナラやコナラを多く産する山が高く売れた。昭和二〇〜三〇年代、小作料は**反当**約一〇〇〇円であり、七町五反の燃料山からは年七五万円の収入があった。

U（昭和八年生、越前）は自家用分の約一町に加え約九町の薪炭林があった。三五年周期で毎年二反七畝ほどの立木を伐採し、約四〇〇〇束の薪を収穫した。一九五四（昭和二九）年、薪の山出し価格は一束一〇〇円前後であり、計約四〇万円で販売し、これだけで一年分の収入を得ていた。

薪柴を生産するコナラやミズナラ、クヌギをはじめ、当時は木々の経済的価値が高かった。このため、家々は山の持ち分を明確にする必要があり、その境界を沢や尾根筋に定めているところが多かった。しかし、境を判断することが難しい地形条件では、所有者すべてによる了解のもと、その目印としてヤマモモやヒノキなど、明らかにまわりの立木とは異なる樹種を境木として育成していた。特に冬季でも緑葉を着生させる常緑樹が選ばれることが多かった。

2　薪炭林（燃料山）の育成

燃料に適した樹種は、地域別にみるとミズナラ、カシワ（北海道、東北）、クリ、コナラ（東北）、コナラ、クヌギ（関東、中部）、コナラ、アベマキ、アカマツ（近畿、中四国、瀬戸内）、常緑カシ類（南四国、九州）などである。燃料を中心に木材の再生産には、萌芽更新や天然下種更新などの**半栽培**技術が適用されてきた。

(1)　燃料を得るクヌギ、コナラ、ミズナラ林

①各地の伐採の周期と方法

主幹の伐採周期は、上越では二〇～三〇年、越前で三〇～四〇年、その他では一五～二〇年であった。札幌、信濃、越前、四国などでは伐期に入った林から、毎年、薪柴を取るために必要な面積を皆伐し、その後の再生は自然に任せた。

関東などの平地や緩傾斜地にある薪炭林では、伐期に入った林分のうち、毎年、必要な面積を帯（短冊）状や塊状に皆伐し薪や柴を収穫した。伐採周期は、一〇～二五年と地力の違いなどによって幅があ

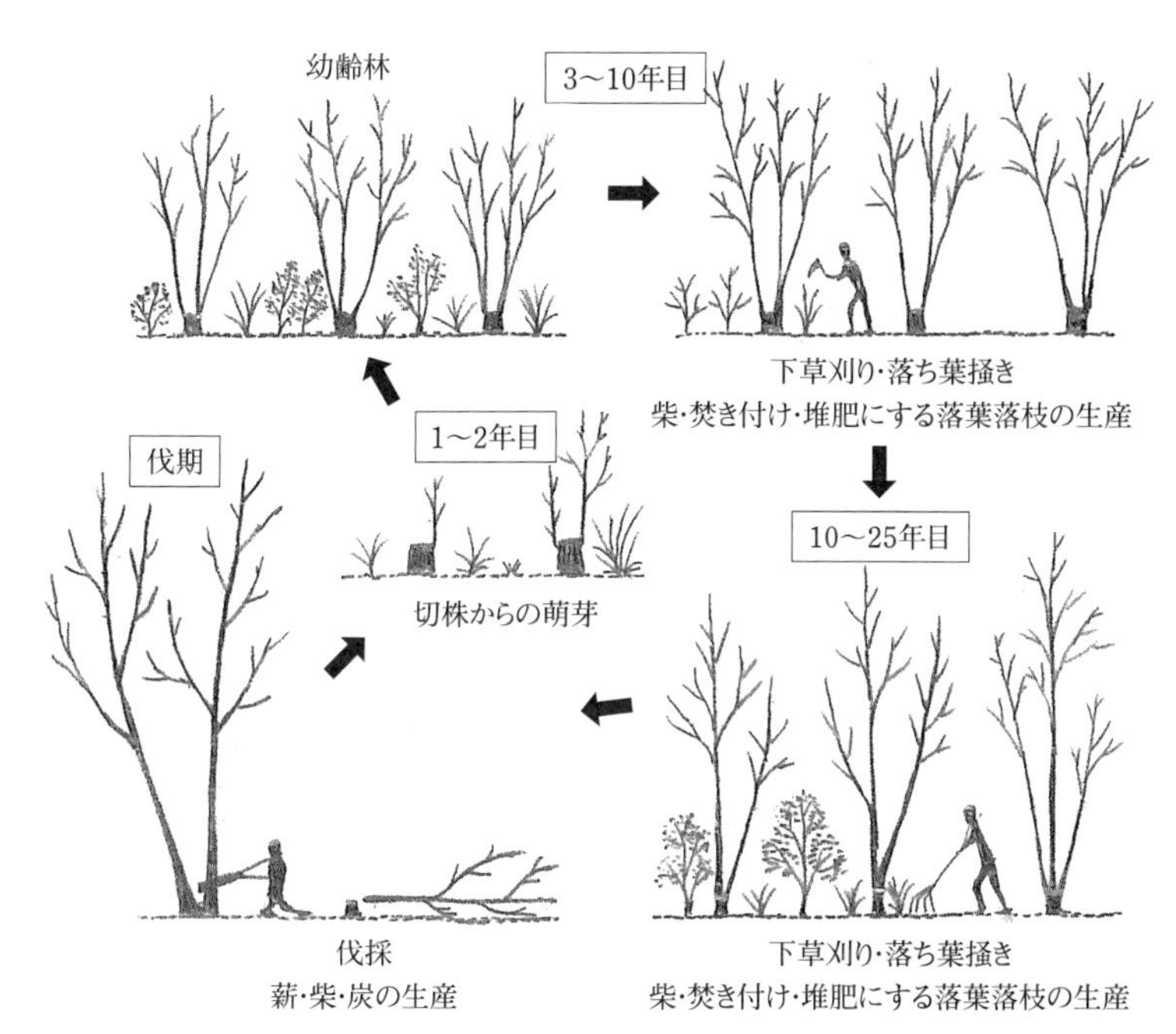

図5－2　クヌギ・コナラ林の皆伐萌芽更新と育成途中における柴や落葉落枝の収穫模式

った。その後は、株元から多数萌芽する新芽を間引き（モヤワケ、芽掻き）、新芽の樹高成長にあわせ、通直な新幹を一株当たり二〜三本残して間引き、下枝を柴に切除するなどして主幹を再生させた（図5-2）。主伐期までのあいだ、柴や焚き付け、屋根を葺く茅を採取するため、二〜三年ごとに下草を刈り取って収穫し、また、**堆肥**材にするため**林床**の落葉落枝を採集された。

上越では薪を択伐方式で採取していた。主幹の薪を根元から伐採後、幹直径約五cm、樹高三〜四mに再生した新幹や周囲の低木を柴（ボイ）として約一〇年周期で刈取った（ボイ刈り）。この刈取りの際、幹が通直に伸びた株の新幹二〜三本を切り残して育成し、この一〇年先、つまり主幹伐採後二〇年周期で再び薪として皆伐した。薪に切り残したナラは一〇〇〇〇㎡で一〇本前後であった。

大阪府や兵庫県の北摂地域では、株元から一〜二m上の位置でクヌギを伐採して薪柴を得ていた（台場クヌギ）。クヌギの切株から発生する若い萌芽を育成し、切株から株立ちする幹のうち、およそ八年ごとに直径七〜八㎝、一五〜一六年生のものを間伐し、これ以下のものを切残し次期の伐期まで育成した（択伐萌芽更新）。

間伐や短冊状などによる薪の採取法では、常に一定の立木が林地に残るため、表土や濁水の流出を防ぎ地力が維持された。一定周期で短冊状や塊状に皆伐や間伐していたため、里山には萌芽更新後の年数が異なる薪炭林がモザイク状に広がっていた。また、林齢の違う薪炭林で柴刈りや落葉を採取することによって、多様な光環境や空間構造等を作り出していた。このことがカタクリなどの春植物や多様な生物の生息環境を継承してきた。

②収穫

炭や薪を採取するクヌギやコナラ林の主伐期は、短冊状などで皆伐萌芽更新させた場合、主幹の寸法と材積の蓄積量の上から、通常一五〜二〇年生、胸高直径一〇〜一五㎝が有利とされた。このような周期によってクヌギやコナラ林を萌芽更新させた場合、地力が高いところでは薪柴の収穫を四〜五世代継続することができた。その後は枯れ株のあとに幼木を補植し生産が続けられた。

伐採に適した時期は、成長が休止する晩秋から初冬である。伐採後切株には十分な陽光が射し新芽の発生と萌芽の伸張を促した。このため、一区画の伐採面積は、皆伐後萌芽する切株への日照を確保するため、接する林分の樹高を目安に、少なくともその長さを二辺とする広さが求められる。

表5－1　皆伐萌芽更新地におけるクヌギ・コナラ林の年生別林分状況、乾燥重量（幹・枝）および年間成長量

項目＼年生	1年生	4年生	6年生	8年生	10年生	12年生	14年生	16年生	18年生	20年生
平均樹高(m)	2.3	3.9	5.2	6.5	7.7	8.9	10.0	11.0	12.0	13.0
平均胸高幹直径(cm)	3.0	4.9	6.5	7.9	9.2	10.4	11.5	12.6	13.7	14.7
株密度(本/ha)	1,221.5	1,289.4	1,330.9	1,361.2	1,385.1	1,405.0	1,422.0	1,436.9	1,450.2	1,462.2
立木密度(本/ha)	5,274.6	3,892.9	3,259.2	2,873.2	2,605.6	2,405.5	2,248.4	2,120.6	2,013.9	1,923.0
幹乾燥重量(t/ha)	2.5	7.1	13.1	20.2	28.2	37.2	46.9	57.4	68.6	80.4
枝乾燥重量(t/ha)	1.4	3.1	4.9	6.7	8.5	10.5	12.4	14.4	16.4	18.4
幹・枝合計乾燥重量(t/ha)	3.9	10.2	17.9	26.8	36.8	47.6	59.3	71.8	85.0	98.9
合計年間成長量(t/ha/年)	2.0	3.2	3.9	4.5	5.0	5.4	5.8	6.1	6.4	6.7

※大西史豊・梶原祐介・養父志乃夫ほか未発表データによる。
※調査地：奈良県宇陀市。
※2～10年生：大師地区（標高450m）、12～20年生:入谷地区（標高600m）の事例。

株の腐朽を防ぐため、伐採高は地上五～二〇cm、切口は少し傾斜をつけて水切りをよくした。伐倒木の主幹や太い枝からは薪を、枝や梢などを柴として収穫した。切株から萌芽を促すためには十分な陽光が求められる(16)。このため、切株に新芽が形成される三月末までに伐採後地上に残った枝条などを処理しておく必要があった。この後は切株から発生した新芽を育成し林を再生させた。

奈良県旧菟田野町（宇陀市）には、一九三九（昭和一四）年から一九四五（昭和二〇）年の終戦までを除き、皆伐萌芽更新によって繰り返し切り株から主幹を育成し、二〇年伐期で収穫を続ける総面積約四・一haのクヌギ・コナラ林（標高四五〇～六〇〇m）がある。そこには伐採直後から二年おきの年生にあたる林分が育ち、収穫材は煮炊きや風呂用の薪柴、椎茸栽培の榾木に使われている（表5-1）(98)(99)。各年生の面積はそれぞれ二七〇〇～六三〇〇㎡である。

立木密度は、一～四年生までにモヤワケによって、ha当たり五二七四本から三八九二本へと二六%減少した。また、六～一四年生までには、主に間伐による集材によって

ha当たり三二五九本から二二四八本へと三〇％減少した。立木密度は、更新時から伐期までにおよそ半数にまで減少させていた。幹の体積から換算すると、一束の直径六〇㎝、長さ三五㎝の薪を一五〜一六束／幹以上を収穫することができる。

伐期に入った二〇年生林分における樹高と胸高直径は、平均値でみるとそれぞれ、一三mと一四㎝であった。また、株と立木の密度は、それぞれ一四六二株／ha、一九二三本／ha、一株当たりの立木（株立）本数は一・三本であった。また、二〇年生の収穫量は幹と枝をあわせ、乾物重量で九九t／haに達した。主に薪や炭になる幹の割合は七〇〜八〇％、残り二〇〜三〇％が主に柴にする枝であった。これらを合わせた成長量は、一〇〜二〇年生林において乾物重量でみると五〜七トン／ha・年であった。

さらに萌芽再生するクヌギやコナラの株まわりでは低木やササ類が茂り、主幹には下枝が成長する。これらは柴として収穫された。柴に使う幹や枝の直径は一〜五㎝である。刈取り周期は上越で一〇年、松本で四〜五年、和歌山で二年、秩父や座間、珠洲などでは一年おきであった。

③皆伐後の育成

皆伐後切株から萌芽した若芽は風害を受けやすい。このため萌芽一年目は新芽を間引かずに成長を促し、二年目になってはじめて通直で成長の良いものを一株当たり四〜五本残して他を切除した(16)(94)。四年目頃までにまわりの株との距離を考慮し、成長途中の萌芽を株当たり二〜三本にまで減じ、これを育成対象の主幹とした。

皆伐後二〜三年間は年一回程度株まわりの下刈りを継続し、競合する植物の繁茂を抑制した。その後は蔓切りと下枝の切除を継続し、再生芽の密度が高い株については間引きを続け主幹の再生を促した。一〇年生くらいで胸高直径八〜一〇㎝、樹高七〜八mになった。

④補植苗木の育成

主伐木伐採後、新しい萌芽が発生せずに枯れた株跡には幼樹を植栽した。伐期にその林地で最大の収穫量を確保するためには、枝葉の繁茂によって林冠の閉鎖率を早期に、また、最大限に高める必要がある。育成株数が一〇〇〇／haを下回る林では、林冠の閉鎖が遅く、鬱閉しない可能性があるため補植が必要といわれている(94)。クヌギやコナラの苗木を育苗するためには、落下種子を採取後、土中に埋蔵し、または湿った砂や鋸屑に混ぜ低温保存する必要がある。これは落下時にはすでに種子が新根を出しはじめており、乾燥すると生育が阻害されるからである。

これらの保存種子は、春の彼岸から四月中旬までに肥沃土の畑に約一〇cmの間隔で播種する。これを翌春まで成長させると一五cmほどの樹高になる(11)。クヌギの小苗は直根性が強く細根が少ない。植え付け後の活着を促すため、この段階で翌春の芽吹きまでのあいだに掘り上げ、根の先端を三cmほど切返して畑に植え戻し側根の数を増やす必要がある。この苗をさらに二年間畑で育て春の彼岸から四月中旬までに林地に植えつける。

雑木林に植栽後は、苗木の株まわりを年一～二回下刈りし成長を促す。しかし苗木を植付けたままでは成長が遅い。このため植栽後五～六年が経過すると、早春の芽出し前に地上二～三cm高で伐採する。この切口から発生する萌芽枝は成長が早く、八年ほどで炭木や薪として収穫できるようになる(11)。

(2)　**燃料や用材を得るアカマツ林**

①林分の更新とその特徴

アカマツは、良質の用材や燃料としての用途に加え、マツタケを生産するため本州以南で古くから育成されてきた。また、本種は、過剰な伐採や柴刈りなどで瘦せた土地でも成長する特性を持ち、裸地に落下した種子が発芽し旺盛に成長する特性を持つ（**先駆植物**）。これまでこの性質を利用し、林地に存置した母樹が生産する落下種子をもとに林分が繰り返し更新されてきた（傘伐天然下種更新）。この方法によると苗木を植栽する人工造林に比べ、立木の根系が発達する。また、落下種子の発芽によって多数の稚樹が成立するため、劣性木を間伐することによって材質のよい立木を育成することができる。さらにこの方法によると、苗木や植栽費用が不要である。ただし、天然下種更新が適用できる場所は、種子供給力を持つ現存するアカマツ林もしくはその近傍に限定される。

②施業法

a 伐採

アカマツの傘伐天然下種更新では、十数年後に樹林の更新を完了させるため、三回に分けて伐採と収穫を行う。事前に低木層と亜高木層を含めて疎伐し（予備伐）、次に**母樹**（種木）の傘（樹冠）の下に飛散した種子が発芽、成長できるように下種伐を行う。この作業では、下層の低木や草本を刈取り搬出する。定着した稚樹が生長するにともなって**母樹**を伐採（後伐）して新しい林を育成する(92)。

この方法による更新に適した地形は、十分な日射が確保できる尾根から斜面上中部である。伐採の適期は、材質の保持、**母樹**の種子生産、翌春の発芽、稚樹の定着を促すためには秋から冬季である(95)。また、この時期は太平洋側では少雨期、日本海側では積雪期に入るため、伐採による林地表土の流亡を防ぐことができるなど林地保護上も好ましい。

b 母樹

この施業法では、伐期を迎えたアカマツ林内で柴用の低木や亜高木を収穫し、つぎに種子を散布する

母樹を切残し、そのほかのアカマツを伐倒して収穫する。樹高の高さと樹冠の広がりが種子の落下範囲を拡大させ、発芽に必要な**林床**の照度を確保する。このため、伐採跡に残す**母樹**には、事後の大径木生産に加え、種子の結実量と発芽率などを考慮に入れ、幹が通直で樹高が高く樹冠の広がりが大きいアカマツを選抜する(95)。

林地に残す**母樹**の密度は、樹高一五〜二五mの林分では、一千㎡当たり一本前後である(93)。**母樹**は種子の散布方向を考慮に入れ、尾根から斜面方向に配置するのがよいとされる。

種子の落下範囲は、**母樹**の樹高に対し三〜五倍におよぶとされている。伐採後四〜五年間は、存置した**母樹**や隣接林分から種子が更新地に落下し、その後の発芽成長も一〜二年目に比べて劣ることはないといわれる(95)。落下した種子の発芽、発根を促すため、下種伐による**主伐木**を搬出後、地面の落葉落枝を掻き集め（地掻き）、鉱物質土壌を露出させこれに太陽光をあてた（写5-4）。

奈良県吉野郡吉野町には、一九三九（昭和一四）年から終戦の一九四五（昭和二〇）年までを除き、一七haにおいて傘伐天然下種更新によってアカマツを育成してきた林分がある（二〇一五年）。現在、周辺のアカマツ林は松枯れ被害などによって激減し、また、スギやヒノキの拡大造林が広がり、健全なアカマツ林はこの更新地だけに限られる。四〇〜六〇年生林分を下種伐（二〇〇九年）したあとに定着した**実生**数は、**母樹**の密度が一〇〇〇㎡当たり二本と一本の場合でも、それぞれ一五九〇〇本／haと四〇〇〇本／haに達した（二〇一一年）(97)。**母樹**一本の場合でも二・五㎡当たり一本の稚樹が定着している。このように孤立したアカマツ林においても傘伐天然下種による樹林更新が可能であった。

c 育成

定着したアカマツの稚樹が成長するとともに、下枝を切除して混みあった立木を順次間伐していく。

写5-3　農家母屋の梁などに使われるアカマツの材
（大阪府泉南市新家、2011年）

これらの材は薪柴や農用材などになった。また、競合を抑えるためアカマツの立木まわりの低木類を刈取り、これらも柴として採取し燃料にしていた。このような手入れによって、アカマツは直径四〇～六〇cm、樹齢四〇～六〇年程度まで育成された。京都府などでは、アカマツの適正伐期齢は四五年とされていた(95)。

　Fら（昭和一四年生、上越）は、尾根部にアカマツを**反当**一〇本、直径一〇～二〇cmのものを三〇本ほど育成した。H（大正一五年生、四万十）らは薪炭林全体で**反当**四～五本、多い場所では三〇～四〇本を分散して育成した。M家（和歌山）の薪炭林二町歩でも、傘伐天然下種更新によってアカマツの稚樹を発生させた。毎年半分の面積からマツの枯枝や下枝、低木類を燃料として採取し、焚き付け用の落葉落枝を掻き出し、アカマツの一斉林に仕立てた。

　収穫したアカマツの材は、建築材（梁、柱敷板、床板、垂木、敷居、鴨居、土台など）に加え、かつては農具に加えトロ箱のような各種の箱、釘樽のような桶樽、貨車の床材や構造材、荷車など各種の用途に利用されてきた（写5-3）。

　奈良県吉野郡吉野町の傘伐天然下種更新によって育成され続けているアカマツ林では、約一〇年に一回間伐が施され、約五年に一回柴用として下枝や下草が、また、焚付や肥料用として**林床**に堆積した落葉落枝が採取されている(97)。

この管理下では八～九年生くらいまでは立木密度が増加し、最多で七五〇〇本／ha前後に達した。この段階までは林冠が疎開しているために、**母樹**や周囲に孤立的に残存した親木から、種子の散布によって**実生**の定着が続くためと考えられる。その後、主に間伐によって一〇～一三年生では四五〇〇本／ha前後に、一九～二一年生までには二〇〇〇本／haほどに減少させていた。二一～二二年生林分では、六五％前後が樹高一〇～一六ｍに、また、四〇％前後が胸高直径一二～二四㎝に成長していた（口絵14）。

傘伐天然更新では、普通、主木伐採の際にすでに定着している若齢のアカマツを切残している。このため、各林分ではその年生以上の樹齢木が存在する。また、天然更新年以降、新たに**林床**に定着する**実生**があるため、各林分においてはその年生以下の樹齢木が存在する。

このように自然落下種子の発芽と**実生**（みしょう）の定着が**主伐木**の伐採、搬出後も続くため、また、天然更新時には**母樹**に加えて、すでに**林床**に定着している若齢のアカマツを存置しておくため、立木の樹齢は単一ではなく、二一年生であっても実際には各個体の樹齢は一五～二三年生に及んでいた。

このような施業によって樹高と樹冠幅の異なる立木が混生し、このことが林内に多様な空間構造や光環境を形成し、多くの種類の**林床**植物の定着に寄与していると考えられている。このように、里人たちは里山の自然とのつきあいを通し、家屋に使う木材の多くを**半栽培**により自給していた。斜面の尾根から上部には天然更新によって繰り返しアカマツを育て、中腹や山裾では自生のスギやヒノキ、ケヤキなどを選択的に切残し、枝打ちや間伐を施して育成し、柱や板材にしてきた。

3　燃料の利用

(1)　薪柴等燃料の調整・保管

採取された薪柴は、土壌が乾燥し太陽光が照りつける尾根などで半年ほど乾燥させた（写5-4）。薪に加工する丸太（幹や太い枝）は長さ七〇～八〇cmほどに切り揃え、柴は長さ一・二cm、直径五〇cm前後に束ねた。冬前になると**背負子**や**木馬**などを使い、これらを屋敷に持ち帰った。薪に使う幹や太い枝は、長さ三五～四〇cm前後に切断され、これを斧で二～三本に切り裂き割木に加工された。束ね、また割木に加工された薪や柴は、軒下や屋根裏などで、さらに乾燥させ保管した。寒冷地や生業などで燃料を多く使う家々では、屋敷地やまわりに**母屋**とは別棟の燃料小屋（薪小屋）を設え保管する場合もあった。

写5-4　尾根部で天日干しする柴と地掻きが施されたアカマツの傘伐天然更新地

（奈良県吉野町小名、2010年）

(2)　落葉落枝の利用

クヌギやコナラなど広葉樹の落葉落枝は、大切な資源であり小苗を育成する苗床の保温や、田畑の**堆肥**の原料になった。

また、油脂を含んで着火しやすいマツやスギの落葉落枝は、炊きつけ材に利用されてきた。里山の

表5－2　1日の食事の煮炊きに要するクヌギ・コナラの柴・薪・炭の必要乾物重量の一例（一人当たり）

料理内訳／燃料内訳	朝食		昼食			間炊（けんずい）		夕食	使用燃料毎合計
	茶粥	里芋の塩茹で	米飯	大根とネギの味噌汁	塩鯖の焼き物	煮しめ	茶	雑炊	
焚き付け（g）	2	1	4	2	－	2	1	2	14
柴（g）	27	－	86	25	－	40	35	44	257
薪（g）	69	42	300	54	－	144	59	138	806
木炭（g）	－	－	－	－	35	－	－	－	35
合計（g）	98	43	390	81	35	186	95	184	1112

※2015年11月14～15日実施。外気温16～18℃。
※表中の値：梶原佑介、大西史豊、養父志乃夫らによる未発表データによる。
※食事内容：当主KH夫妻（昭和２年生、昭和６年生）から昭和30年代の普段のものとして聞き取り調査した。
※竈の形状：高さ62cm、幅62cm、焚口高30cm、焚口幅26cm、内部奥行き60cm、全体奥行き76cm、内径29cm、外径38cm。
※焚き付け：スギの落葉落枝を使用した。
※里芋の塩茹の柴：直径が細めの薪にて代用した。
※昼食調理時に間炊に食べる炊飯を実施。間炊とは午後の間食（かんしょく）を指す。
※間炊にはおにぎり２個と煮しめ、香物を利用した。煮しめには椎茸、大根、里芋、コンニャク、チクワを入れイリコ出汁で調理された。
※朝夕の茶粥に使う米飯は昼に炊飯済み。夕食には間炊の煮しめ残り物を主菜とした。
※米飯炊飯釜の形状：外径26cm、内径25cm、高さ22cm、深さ22cm、底径19cm。
※塩鯖の焼き物：燃料には炭、炭の点火には味噌汁煮炊き時の薪火を用いた。かんてきの内径と高さは、それぞれ、25cm、23cm。焼き鯖の竈には、かんてき（七輪）を使用した。
※夕食の雑炊：刻んだサツマイモを入れ番茶で煮込んだもの。

家々では毎年、落葉期の冬になるとマツの落葉落枝を採集し、その使用量は一戸当たり年五〇〇～二六〇〇kgになるところもあった。炊きつけとは薪や炭を燃やすとき、それに火がつくように最初に燃やす燃えやすい素材を指す。関西ではアカマツの落葉落枝をスクドやコクバ、広島県呉ではモクバ、鹿児島県徳之島ではマツゴモクと呼び、松本では松葉採取をゴミサライ、貝塚では柴刈りと松葉の採集をヤマソウジと称した。

(3) 薪炭等燃料の使用量

全国での聞き書き調査の結果から、各戸では、日々の暖房に加え、煮炊きや湯沸かしを行う

写5－5　竈で行う薪柴を用いた炊飯と焼魚用に炭を準備するかんてき（七輪、写真右下）

（奈良県宇陀市田原、2015年）

竈（へっつい、くど）や**囲炉裏**、風呂に、それぞれ一束五kgから一〇kgほどの柴を一～二束／日・戸、ほぼ同量の薪を一～二束／日・戸ほど使っていた。**囲炉裏**では上から吊した**自在鉤**に鍋ややかんをかけて煮炊きされた（口絵10）。焼魚などの調理には、移動式**竈**（七輪、かんてき）が使われた。この場合、燃料には木炭が利用されることが多かった。

かつて日常生活で使用された必要最小限の木質燃料の量を把握するため、奈良県宇陀市の三〇〇年以上続く伝統的農家家屋において、クヌギやコナラなどの薪柴と炭を使い、**竈**による調理実験を行い、一人一日当たりの必要量が検証されている（表5-2、写5-5）(99)。炊飯を含む煮炊き全般に利用した**竈**は、およそ高さと幅が六〇cm、焚口高三〇cm、焚口幅二六cm、内部奥行き六〇cmである。魚の焼物には内径二五cm、高さ二三cmのかんてき（七輪）と炭が使用された。

古老からの聞き書き調査等から当時の普段の料理を検討し、朝食には茶粥や里芋の塩茹で、昼食には米飯と塩鯖の焼物、大根とネギの味噌汁、間炊に煮しめと握り飯、夕食にはおじや（雑炊）を作り間炊などの残り物を主菜とした。これら一連の煮炊きに要した焚き付けと薪柴、炭は、あわせて乾物重量で一一一二g／人・日であった。食事によって少なく見積もっても四〇〇kg／人・年ほどの燃料を利用していた可能性がある。

かつては、一度採取した薪や柴を途中で捨てることはなく、最後まで燃料や肥料に再利用されていた。薪の燃え残しを消炭という。家々ではこれらを**火消し壺**に入れ、**竈**や**囲炉裏**の**種火**、**火鉢**や掘りゴタツの温熱に再利用された。消炭や柴、焚き付けを燃やし切った灰は、大切に保存され畑のカリ肥料に循環していた。

写5－6　神社から頂き防火を喚起するため神棚に供えられた御札
（長野県松本市中山、2007年）

(4) 防火

家々では薪や柴の燃え残りで火災が発生することのないように、神棚に「火防之神爾」（火防ぎの御札）等の札を数多く供え、防火意識を喚起してきた（写5－6）。

江戸時代に遡っても**竈**を作るには「火の用心のため、壁際から離し流し場に寄せて作る。**竈**の火床が低いと鍋に火の当たる様子を確認できない。鍋底から火が外れる。焚く人の位置を下げ過ぎると火の当たりが強く熱いので離れて焚こうとする。〈中略〉結局は薪が多く必要となり無駄である。**竈**上の梁の上に藁や麻殻などの燃えやすいものを置いてはならない。もちろん傍においてもいけない」とされてきた(61)。

写5-7　家庭排水をコイの池からショウブ池、クワイ池、ハス池、水田へ流し、繰り返し栄養分を吸収させる浄化システム
（新潟県旧中魚沼郡中里村［十日町市］倉渕、2004年）

第二節　水

1　水の自給と節約

(1)　水源

生活用水は、水道が普及するまで、沢（川）水、井戸水、湧水、雨水に依存していた。人々は、この水を生活用水や灌漑用水などに使いこなした。地下水が豊かな地域では、炊事場の近くに井戸を持つ家々が多かった。

井戸水や沢水が各戸に届かない集落では、共同の湧水地や井戸を持ち、皆が、毎日、洗濯や野菜洗い、水汲みに通った。交代で掃除し、風雨を避けるために屋根を取り付けるところも多かった。湧水地では上流から順に飲料水、風呂水の採水、洗濯等と利用を区分した。水神を祀り水の無駄遣いを戒め、末永く清水が湧き出すことを願った。

里川の水も暮らしに活かされていた（口絵15）。川水を上流で引き込む農業用水路は、途中では野菜洗いや洗濯場になった。風呂の残り湯を溜め、洗濯や農具の洗浄に再利用された。皆が集まる水場では、上流から順に野菜洗い、洗濯、牛馬の行水等に使うという**不文律**があった。これは水の汚れを気にせず使うための作法であり、衛生面でも配慮されたものであった。下流では、漁師が漁網を、染め物屋が布を洗うなど、一つの流域で川水を使い分けていた。共同の湧水地や里川は、水を使う集落の全戸が集まるため、情報や物々交換、相談事の場になった。

(2) 生活用水の浄化と循環

和歌山県紀美野町井堰集落でも生活水の水源は井戸水と沢水であった。利用後は集落の下方に流し、水は田水となって再利用された。含まれる養分をイネに吸収させ、**食糧**に循環させた。里人たちは同じ水を幾度も再利用した。家庭や風呂の排水をコイの養殖池やハス田、クワイ田、水田に流し、植物プランクトンや作物の栄養分として吸収させた(写5-7)。米糠などの自然物を洗剤として使うため、合成洗剤などのように化学的に水を汚すことはなかった。S(昭和二〇年生、津山)によると、幼少時代、小字全一一戸の屋敷に二~五畝ほどのハス池があり家庭排水はそこに落ちていた。排水の栄養分がハスの成長を促し、そこにコイの稚魚を放すと野菜屑などを食べ、四~五年で四〇~五〇cmに育った。これらが家族の蛋白源に循環し、残りは収入をもたらした。

埼玉県小川町のある農家では沢水を生活用水に利用するため、**母屋**の裏に三つの池を設えていた(図5-3)。上の池では沢水に含まれる塵を沈澱させ、うわ水を中の池に落とした。この中の池のうわ水が飲料水として利用され余水が下の池へと流れ出た。ここでは食器や鍋釜、野菜を洗い、残ったご飯粒や野菜屑を餌にコイを飼育した。海を持たない埼玉の農家では、コイが家族らの貴重な蛋白源になった。下の池から出る水は、一部が風呂水や紙漉きなどに使われ、残りを下方の池に落とし、洗濯や紙漉き材料の楮を晒すために利用した。別の農家では三つの水槽を作っていた(図5-4)。上段の水槽は沈澱浄

小川町上古寺KS家の例

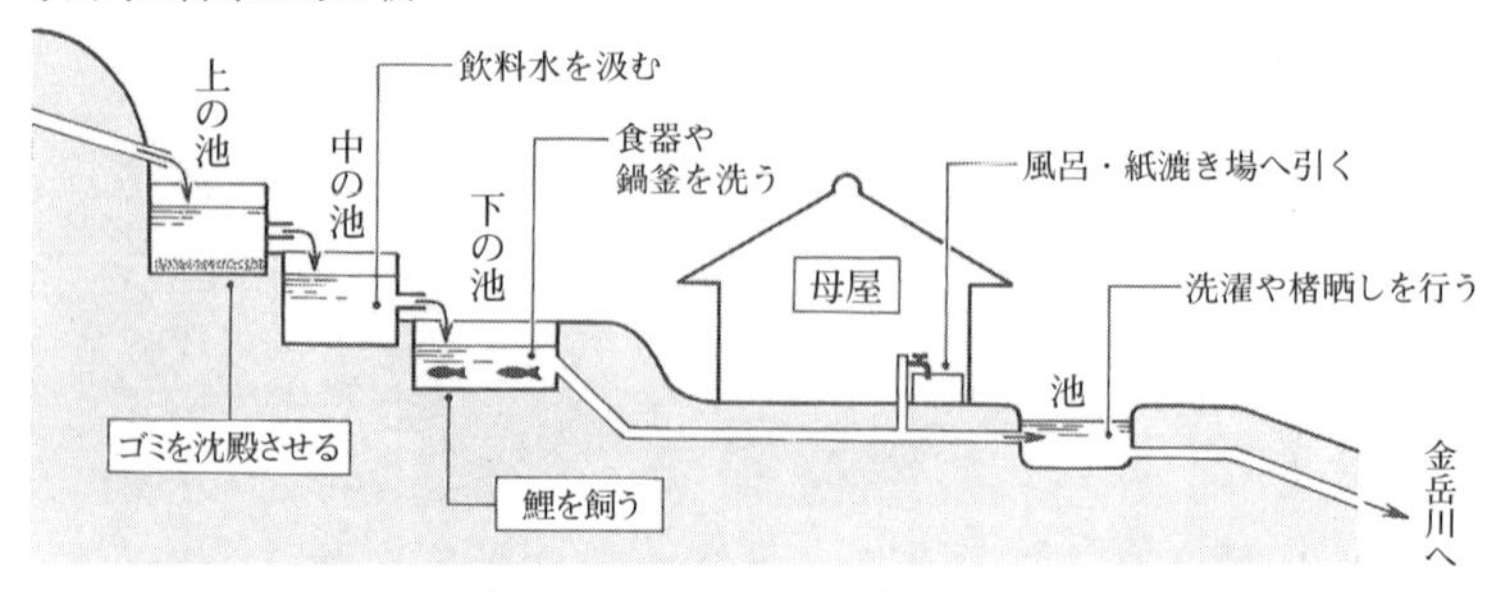

図5－3　屋敷への沢水の導水と利用（埼玉県小川町）

※大舘勝治・宮本八恵子（2004）『農家のモノ・人の生活館』柏書房刊から引用。

小川町上古寺KY家の例

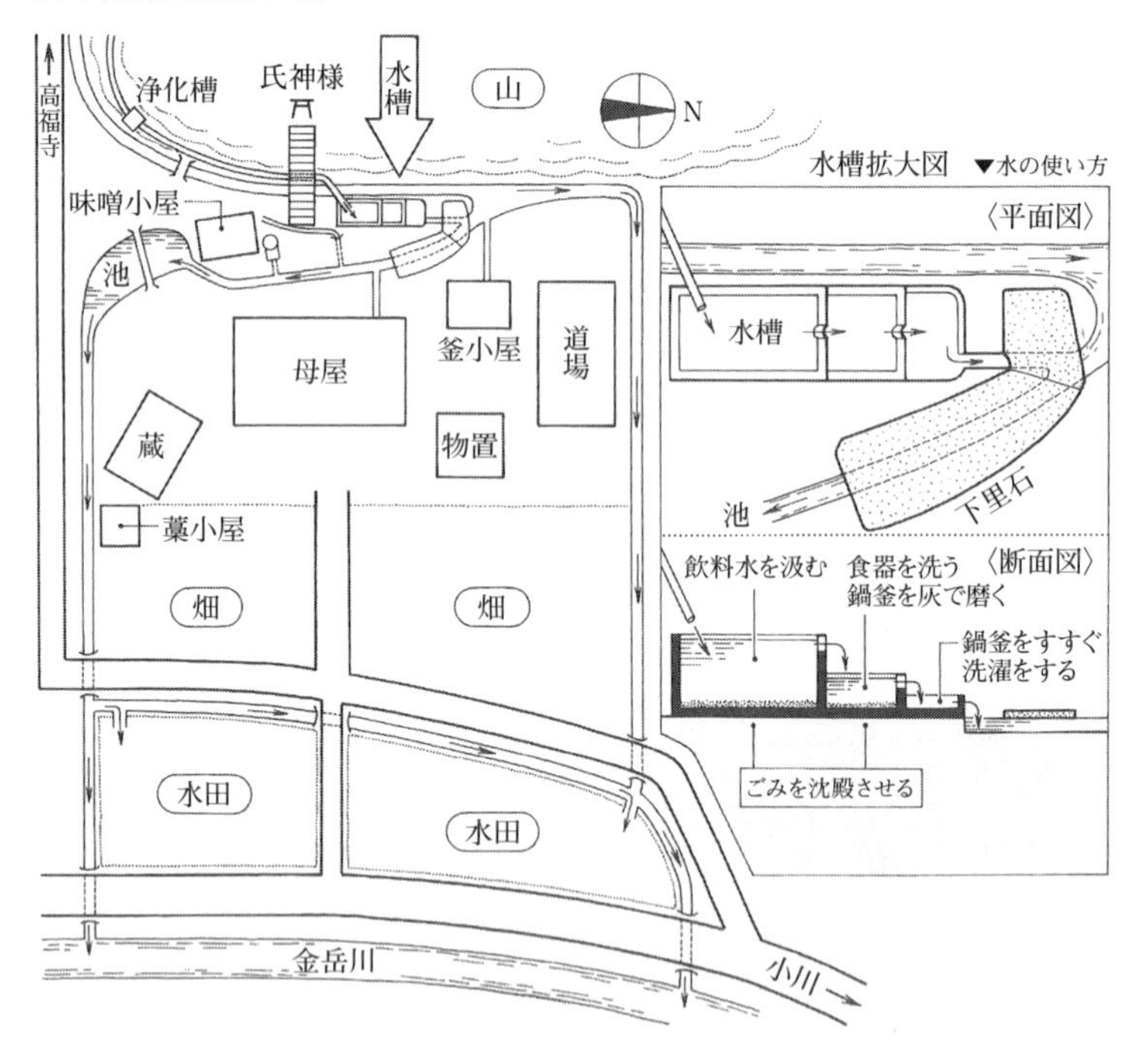

図5－4　屋敷への沢水の導水と利用（埼玉県小川町）

※大舘勝治・宮本八恵子（2004）『農家のモノ・人の生活館』柏書房刊から引用。

化槽であり、沢水の塵を取り除き、うわ水を飲料水にした。余水は中段水槽に落ち食器や鍋釜の洗浄に、下段の水槽に入った余水は洗濯に利用された。この余水と**母屋**（おもや）からの排水は再び一緒になって池に集まり、含まれるご飯粒や野菜屑などの有機物が飼育するコイの餌に循環した。さらに、ここから出る余水は下方の水田に落とされ、イネに養分を徹底的に吸収させ、この浄化された残り水が里川に流れ出た。

このようなきれいな水を川に流していたから、常に清い水が保たれ、下流に住む人々の暮らしをも潤すことができた。その流れには魚やカニ、エビが溢（あふ）れ食卓にあがった。

(3) 家庭排水の再利用

各地の家々では台所の洗い水をどのように循環させていたのであろうか。F家（上越）を例にすると、洗い水は排水路の途中にある沈殿槽に流れ、底には野菜屑や魚の腸（はらわた）などが溜まった。そしてこのうわ水だけが水田に流れた。溜まった有機物は**堆肥**場に積み上げられ、すべて肥料に循環した。台所の洗い水には細かい野菜屑や御飯粒などの有機物が含まれる。K家（宇陀）は、縦一m、横二m、深さ一mほどの下水（げすい）槽（セセナゲ、シシナゲ）を流（なが）しの下に掘り、ここに溜めては**堆肥**小屋や肥溜めに移し、発酵が進むと田畑の肥料に循環させていた。

K家（松本）では、風呂は週一回ほどに慎み、残湯を洗濯やおしめ洗いに使い、肥料分を含むのでこれらを畑へ流していた。U家（越前）でも風呂を週一～二回に節約した。温かい流し湯を**外便所**に入れ、下肥の発酵と希釈を促した。O家（橋本）の風呂では洗浄力を持つ米糠の袋で体を洗い、洗い湯を水田に流しイネに養分を吸収させた。E家（海南）では、隣組が日を違え交代で週二回ほど風呂を焚き、互いの貰い湯で水や薪柴を節約した（風呂**結**）。洗い湯は、やはりまわりの水田に流れ出た。入浴前後の

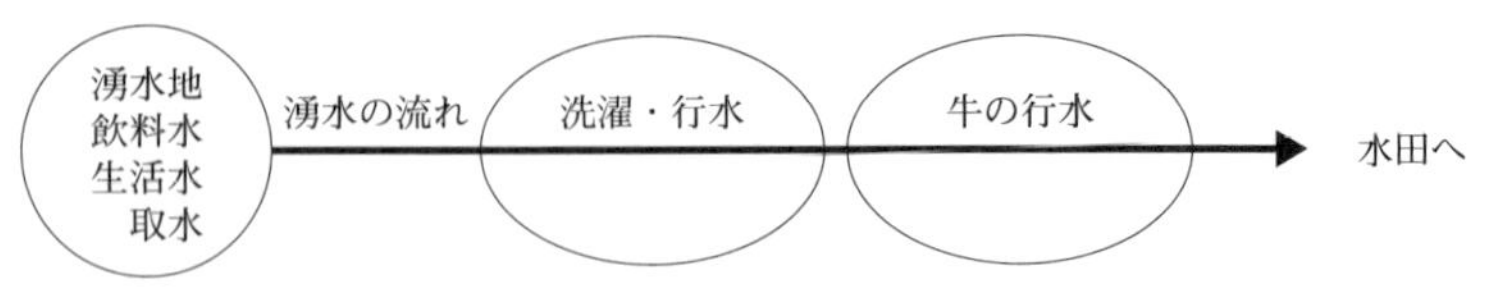

図5－5　湧水地（ゴウ）の模式

※鹿児島県徳之島や沖永良部島では、集落近くに自然の湧水地があり、簡易水道が集落中心に敷設されるまで、各戸の女衆や子供が水汲みや洗濯に集まった。

待ち時間には、大字の子供や高齢者が暮らしの会話を交わし、皆が隣近所を大切にしあう心性（しんしょう）を養った。

2　島の生活用水

水は、**食糧**とともに命の源である。島で得る生活水はそこに降る天水（てんすい）がすべてであった。離島での暮らしを守るためには、水を絶やすことは許されない。水を節約するため知恵を絞った。

(1)　湧水

鹿児島県徳之島や沖永良部島には、**隆起珊瑚礁**（りゅうきさんごしょう）による**石灰岩**（せっかいがん）が広く分布している。雨水は、この岩の主成分である炭酸カルシウムを溶かし地下に浸み込む（溶食（ようしょく））。昭和三〇年代まで、島民の多くが**石灰岩**洞窟（どうくつ）に湧き出す水を飲料水や生活水にしていた。この湧水地を徳之島では穴川（あなごう）、沖永良部島では暗川（くらごう）などと呼ぶ。集落では山の保水力を維持するため、湧水地周辺の**入会**林を禁伐にしていた。末永く水を守るため、この林の木材を燃料などに伐採するものはいなかった。普段から水を大切にした。持ち帰る水、使う水も最小限に控えた。炊事場からは溜まり出るほどの水を使うことはなかった。

湧水地では皆で作った水路に水を導いてきた。採水場所では飲料水、次いで洗濯、行水、野菜洗い、牛洗いの順で使い分けた（図5-5）。区長が順番を決め組ごとに湧水池を掃除した。大人は一回三〇kgくらいを**天秤棒**に担ぎ、また、頭に水桶を載せ、毎日、水を汲んで持ち帰った。運び込む水も、屋敷地に掘った縦**半間**、横**一間**の池に溜め、炊事、野菜洗い、手足洗いの順で繰り返し使うことによって節約した。

自然に湧き出す水を無駄なく使い、傾斜方向に導水するため電力も使わなかった。水汲みは子供たちが手伝い、湧水地の水路へ洗濯に集まる女衆たちは、隣組を越え集落の情報を交換し、病気や姑とのつきあい、行事まかないなど、各戸の相談事を互いに話し、暮らしの節目を乗り越えるための場でもあった。

(2) 雨水

島では雨水も無駄にはしなかった。奄美群島などでは、湧水が不足すると天水による大字の溜池の水は灌漑用に加え、洗濯や風呂などの生活用水になった。池でも上側から飲料水、行水、野菜洗い、牛の洗い場の順に使い分けた。行水や野菜洗い、家畜洗いで水に溶け出す栄養分は、灌漑用水として自然と田畑に流れ、作物の養分に循環した。

また、雨が降ると樹幹(じゅかん)を伝って水が流れ落ちる(幹流水(かんりゅうすい))。屋敷の防風林の幹にハチジョウススキの茎葉を巻き下げ、そこに水を伝わせ二斗(と)(一斗:約一八リットル)ほどの素焼き壺に溜めた。米倉は茅葺きである。この茅を下る雨水も素焼き壺に溜めた。いずれも砂で濾過して飲料水などの生活用水になった。田畑では野菜やイモを洗うため、水が溜まりやすい斜面の下に**一間**四方の池を掘り雨水を溜めた。海岸に住む人々は、**タイドプール**に溜まった雨水で行水や洗濯をした。雨が降ると大勢の人々が集まり、雨が止むと洗い物を海岸で乾かした。

(3) 風呂水

水も燃料の薪柴も限りある資源であった。このため、風呂は一一～三月まで週一回、それ以外の時期は行水だけであった。溜池に近い家ではこの水で風呂を焚き、隣近所が順番に貰(もら)い湯をした。徳之島、大字西犬田布（伊仙）のMS（大正一三年生）、MM夫妻（昭和六年生）によると、集落の風呂は決まった隣近所二～三軒どうしの貰い湯で賄っていた。電気のない時代、ランプだけの灯りで順番を待った。祖父、父、子供の順に入る。庭先では母親どうしの暮らしの会話が続いた。

大字目手久（伊仙）では燃料山がない家も多かった。風呂を炊く家は一〇戸中に二～三戸に過ぎず、貰いに行くのが普通であった。洗髪には木灰(もくばい)を水に沈澱させたうわ水（灰澄(はいす)まし）と赤土を使い、サツマイモやハイビスカスの葉をつぶした汁を石鹸代わりにした。自然素材であり水を汚染することはなかった。風呂を炊かないときは田水で行水し、洗濯をした。女性が粘土を石鹸代わりに髪を洗うこともあった。そこにはカエルやミズスマシなどが生息し、水田には洗い水に含まれる汗や垢(あか)がイネの肥料に循環した。

第三節　住まいや生活雑貨

立木や竹の伐採を一切慎むべき**厄日**(やくび)の犯土(つち)を伝承する地域があった。犯土は**庚午**(かのえうま)から**丙子**(ひのえね)までの七日間であり、このときに立木を伐採すると、キクイムシ科の昆虫などの穿孔虫(せんこうちゅう)が木材に入って腐りやすいという。予(あらかじ)め安全な日を伐採日と定め木材を大切にした。

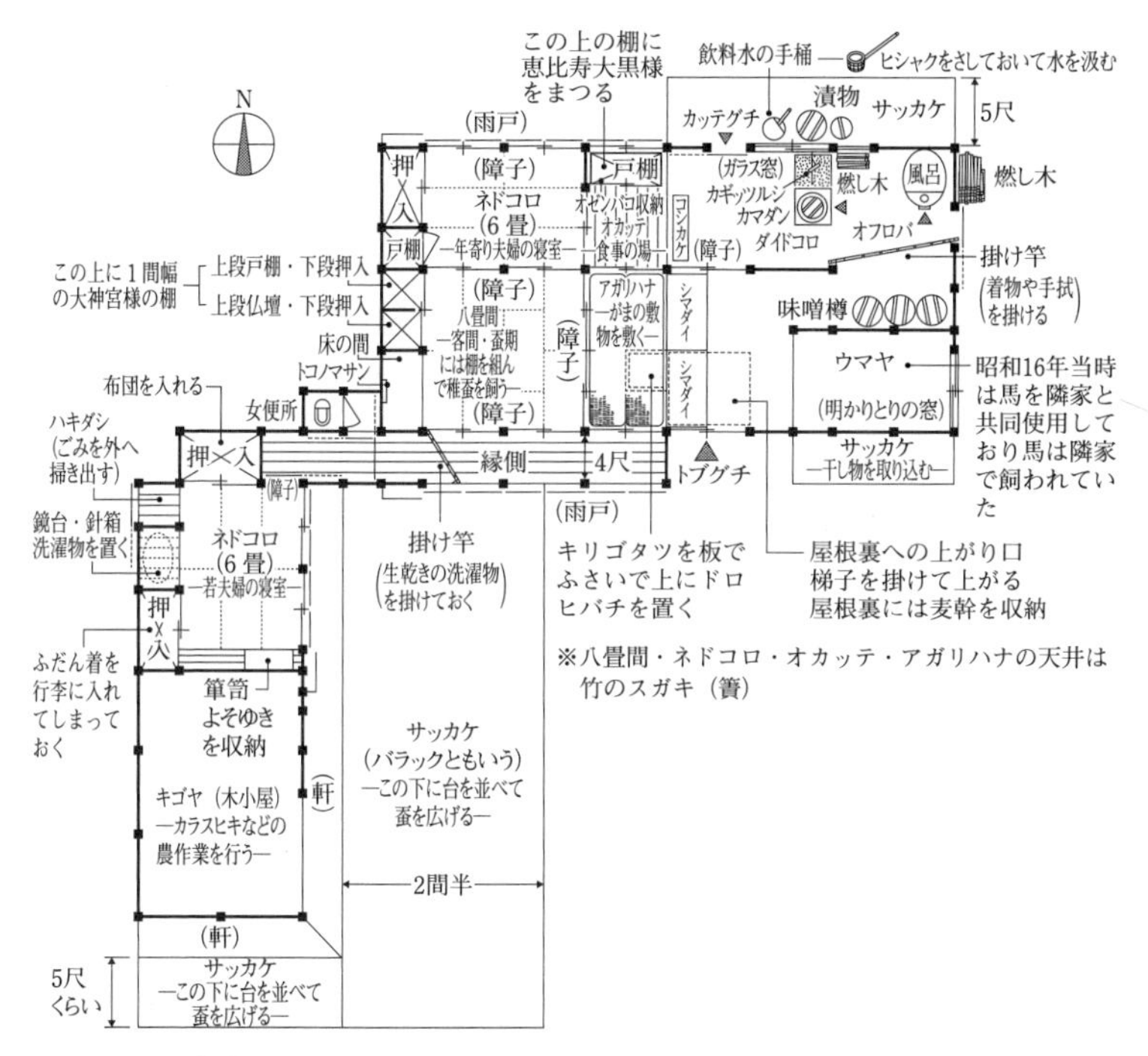

図5-6　農家家屋の間取りと利用法の一例(昭和16年当時、埼玉県川里町)

※大館勝治・宮本八恵子(2004)『農家のモノ・人の生活館』柏書房から引用。

1　屋敷

各戸が暮らしの基礎とする屋敷地は、**母屋**、**離れ**、**納屋**、作業小屋、木(燃料)小屋、土蔵、**外便所**などからなっていた。**母屋**には多少の違いがあっても日常生活に必要な屋内空間を設えていた(図5-6)。**母屋**入り口には、炊事場に面して馬屋(牛部屋)を作り、家畜と生活をともにする家が多かった。部屋では年寄り夫婦と若夫婦の寝室を分け、あいだには客間を設けた。一家に三～四世代がともに暮らし、代々、家風や暮らしの知恵、技を伝え後継者を育てた。

昭和三〇年代まで家屋のまわりは、火災を避け、暮らしを下支えする品を生産し農を補完する空間として利用されてきた。農業研究者であった旧陸奥国会津郡幕内村（会津若松市）の肝煎（名主、庄屋）佐瀬与次右衛門は、『会津農書』（一六八七年）において、農民が持つべき屋敷の構え方を説いている。「家は南向きとし、敷地の北の道に寄せて構え、前と裏側に空地を設ける。火事の用心として隣家とは離す。家の後ろに樹木を植え、前を空けておくと菜園を作り収穫物を干すことができる。屋敷に植える木はケヤキとヤナギ類を除き、クリ、カキ、クルミ、ナシ、リンゴなど果実のなる木を植えるのがよい。第一に植えたいのは果実と渋を採取できるシナノガキ（マメガキ）である。幼木時に木の芯を止め、枝を四方へ斜めに伸ばす。この枝は、編み菜や大豆葉を掛け、その他のものを吊すのに使う。生垣にはクワ、カエデ、ウコギなどを植える。土手の内側にはミョウガ、オオバコ（葉や種子が利尿剤）、ニラ、ミツバ、フキ、シソ、タデの類などを植える。土手の外側には、カラシナを播く。軒下にはホウキグサを作る」とある(61)。植栽する植物には、すべて日常生活の食や薬、雑貨を補うものが上げられている。

屋敷の外縁には、防風、気温調節、境界明示、防犯、災害による被害の緩和を兼ね、林や生垣を育てた。関東地方ではケヤキやシラカシなど、北陸、甲信越ではスギ、関西ではウバメガシやアラカシなど、出雲ではクロマツ（築地松）、南の島々ではガジュマルやイジュ、ビロウ、バナナ、ソテツなどを育てた。これらの立木は肥料や燃料になる落葉落枝を生産し、木材の一部は家屋の修理、改築、新築に活かされた。

2 屋根材

(1) 茅や麦藁葺き

昭和四〇年代始めまで、屋根は、茅や麦藁葺きが多くを占めた。特に風雨や湿気に耐え、保温と通気性に富む材料は、ススキの茎葉（茅）であった。家屋を守るため、竹や丸太を土台に茅を幾重にも積み重ねた（写2-11）。奄美や沖縄群島では湿気に加え、ネズミによる穀物被害を避ける高床式の**高倉**も茅葺きであった。

茅だけで葺くと屋根は約四〇年の耐久性を持つという。茅は個人所有の茅場や**入会**（いりあい）の茅場から採取された。里山沿いの集落では、薪の成長が悪い斜面の背などに飼葉を得る草刈り場以外に、各戸が四〇〇〜五〇〇㎡の茅場を所有していた（上越）。

茅の刈取り時期は、茎葉が枯れ乾燥する一一〜一二月、雪国では降雪前であった（写5-8）。刈取った茅を現地で直径一〇cmほどに縛り、さらに直径約一・八m大の束（一輪（わ））にして日向（ひなた）に立て掛け乾燥させた。三日間で一〇〜一五輪を刈取り、一輪が五〇〜一〇〇kgあったので葺替え用の茅は年六〇〇〜一二〇〇kg採取できた。翌夏にこの茅を山から下ろし**納屋**の二階などに保存し、葺き替えには隣組どうしで労務や茅を融通した（茅**普請**（かやぶしん））。組内では傷んだ家の屋根から順に葺き替えて行った。補修する家に茅を集め、自宅の葺き替えの際、供出した茅を返してもらった。

写5-8 茅の収穫
（群馬県利根郡みなかみ町上ノ原、2012年）

作業の際には屋敷を南北に二分し、一〇年間に北側を

写5-9　杉皮葺きの屋根

（和歌山県田辺市大塔地区、2009年、平田隆行氏提供）

二回、乾燥する南側を一回葺き替えた（写2-11）。厚さ四〇cmの屋根を三層に分け、最下層に新しい茅を一三cm、中層に傷みの少ない古茅を一三cm、その上に新しい茅を一三cmの厚さで積み重ね、傷みの少ない古茅を再利用した。屋根裏には屋根半分を補修するのに要する茅を約二〇〇束（一束：約二〇kg）保存していた。

特定の茅場を持たない集落も多かった。草刈り頻度を年一～二回に抑え茅を育成する土手、伐採直後の薪炭林やマツ林に生える茅を刈る家もあった。茅が不足したときには、麦藁に加え川や溜池沿いで採取できるヨシの茎が混ぜられた。琵琶湖などの沿岸では、水際に群生するヨシの茎が屋根の主たる材料になってきた。

里山から離れた平野部など茅の入手が困難な地域では、稲藁よりも茎が細く材質が硬い、小麦の藁が屋根材にされた。大阪府貝塚市馬場では、一九六五（昭和四〇）年頃まで屋敷の大半が麦藁葺屋根であった。茅が不足したため、これを使うのは屋根の四隅一㎡、厚さ四〇cmだけにとどめ、このほかには麦藁を使った（H、昭和一五年生）。

(2)　杉皮葺き

杉皮葺きの屋根とは、樹齢約七〇～八〇年生の杉皮を幅三尺三寸（約一m）に剝ぎ取り、四枚程重ねたものを並べ、その上に芯材を置き、釘を一切使わず、石の重みで杉皮を押さえたものである(44)。紀伊半島や四国など、奥深い山あいの屋根は、昭和三〇年代まで、入手しやすい木板とこの樹皮葺きで賄われていた（写5-9）。

葺き替えは、小字全戸のほか親戚や隣組との**結組**により、片面、または、両面を五年～一五年ごとに取り替えた。古皮の剝ぎ取りと搬出、芯に使う割竹（わりだけ）の作り方、新しい樹皮を担ぎ上げ、雨漏りを防ぐ張り方など、代々、技術が伝承されてきた。一九五五～一九七〇（昭和三〇～四五）年、全国で生産された杉や檜の皮は、生産統計に計上されたものだけでも計年平均一六〇〇万㎡に及んだ。これらは木材や薪炭とともに山里の貴重な収入源であった（表5-3）。

表5-3　竹材・樹皮の生産量（1955～1970年）

年度	竹材[1]（1,000束）	樹皮（1,000㎡）	
		スギ	ヒノキ
昭和30年	6,776	38,295	7,683
31	7,233	36,655	7,606
32	6,601	34,934	7,645
33	6,402	27,377	5,790
34	7,729	21,617	5,469
35	8,904	16,023	3,714
36	9,867	11,894	3,258
37	10,569	8,470	2,210
38	10,512	6,358	1,366
39	9,560	5,785	706
40	8,549	4,087	489
41	8,550	2,427	296
42	8,230	1,909	206
43	7,974	1,475	146
44	7,622	1,002	120
45	7,652	886	150
平均値	8,296	13,700	2,928

※沖縄県を含まない。
[1] 販売用及び業務用の生産量（自家消費用を除く）。ただし、根曲り竹（北海道分）を含む。
※　林野庁林政部企画課「森林・林業統計要覧」、農林水産省大臣官房統計部「ポケット農林水産統計」から作成。

3　竹

モウソウチクやマダケなどの竹林は、タケノコの収穫に加え、竿（さお）や雨樋（あまどい）、筒（つつ）、屋根葺き材、刈取ったイネを干す**稲架木**に加え、籠（かご）や笊（ざる）、**箕**（み）、**箍**（たが）、扇子（せんす）、傘（かさ）、**簾**（すだれ）などの材料を採取するために不可欠であった（写

写5-10　結組による稲架(はさ)掛け作業と刈取ったイネを干す稲架(はさ)に不可欠な竹桿
(新潟県旧中頸城郡頸城村［上越市頸城区］玄僧、2003年)

5-10)。家々では屋敷の近くにモウソウチク、里山の斜面にマダケやハチクを栽培した。マダケの竹桿は材が薄く曲げに強いので土壁(つちかべ)の芯や竹籠などに適した。家屋を新築するためには壁芯(かべしん)に使う大量のマダケが必要とされた。

竹林では、毎年、桿やタケノコを採取し、モウソウチク林、マダケ林ともに一畝(約一〇〇㎡)当たり一〇~三〇本に間引かれた。このように**半栽培**する竹林は開放的で美しく、モウソウチクでは直径一〇cmを超える新桿が伸張した。

K家(豊田)のように、モウソウチク林一・五ha、ハチク一ha、マダケ三ha、計約五・五haを所有し、タケノコや材を販売用に出荷する農家もあった。マダケ林では三ha全体の半分~一/三を隔年で伐採し、年約三〇〇〇束(一束：三〇~四〇kg)を出荷した。一九五五(昭和三〇)年の勤労世帯の平均月収は約三万円であった。当時、竹一束が約三〇〇円の価値があり、マダケだけで年九万円になった。K家は勤労世帯の三ヶ月分の収入をマダケ林だけからでも得ることができた。一九五五~一九六五(昭和三〇~四〇)年、全国各地で生産された竹材は年平均八三〇万束に達し、里山での貴重な収入源であった(表5-3)。

4 稲藁、スゲなど

近頃は、生活に使う雑貨製品の多くを東アジアなどから輸入している。しかし、昭和三〇年代までは、雑貨にも地産地消と有機物の循環システムが息づき、里山から採取する自然素材を資材や雑貨に活かしていた。稲刈りに続く脱穀作業は、米だけではなく藁を生産した。数束ごとに天日で干し上げ、その後は丁寧に積み上げ保存した。必要に応じ大八車(だいはちぐるま)などに積み、牛などに引かせ屋敷に持ち帰った。稲藁は牛馬の餌だけではなく、**筵**(むしろ)や俵、草履(ぞうり)、靴、**畚**(ふご)、土壁(つちかべ)の芯など、暮らしには不可欠であった。農閑期(のうかんき)には隣組が**納屋**などに集まって藁を編み、技を伝えあう集落もあり、小学校では**草鞋**(わらじ)や藁草履(わらぞうり)作りの勉強会もあった。

写5-11 環境学習で実施される葦簀(よしず)づくり
(新潟県旧中頸城郡頸城村［上越市頸城区］日根津、2002年)

今でも夏の日差しを避けるために**葦簀**(よしず)を窓に吊り、また、玄関口などに立てかける。かつてこの材料の多くは、身近な溜池や河川敷で刈取られたヨシであった(写5-11)。また、沢水は冷たく、直接、水田に入れるとイネの成長を阻害する。多くの場合、棚田の最上段には沢水を温めるために**温水田**(おんすいでん)が設(しつら)えられた。この水田では水を温めるだけではなく、カサスゲなどを増殖させた。このカサスゲの葉は、日差しや雨を避ける菅笠(すげがさ)の材料になり、家々では手製の笠が編まれた。奄美群島など南の島々では、屋敷まわりに防風や燃料用に植えたシュロやビロウが雨合羽(あまがっぱ)や笠の素材になった。また、渋柿の実をつぶし、水の入った瓶に入れ柿渋を採った。渋は重要な記録を書き残す敷紙や魚網などに塗り重ねられ、防水や防腐剤になった。自然からの頂き物を大切に扱い、一つの土地を多くの用途に活用してきた。

現金収入を得るため、商品価値を持つ特用作物を作る農家も多かった。気候条件や販売網の広がりにより、縄に使うシュロ、蠟を作るハゼノキ、畳の材料になるイグサ、実がインクや塗料の原料になるアブラギリ（コロビ）などが栽培された。コロビから搾り採られる油（桐油）は、灯油に加え提灯や傘、雨合羽の防水用塗料、印刷用のインクや印肉などに使用された。

コロビは、一九六一～一九六二（昭和三六～三七）年頃まで商業栽培され、福井県は全国の六〇％を生産していた。福井県小浜市泊は水田が少ない半島部に位置し、里山に栽培するコロビが重要な換金作物であった。米一俵とコロビ一俵が同じ価格の時期があった。泊のアブラギリ林は、大字の**入会**林四〇〇町歩中二五〇町歩前後に達し、全二五戸が平均一〇町歩を栽培していた。幹の胸高直径が二〇～四〇cm、樹高二〇m前後のアブラギリが**反当**二〇本ほどあった。秋に落ちた実を拾い、**臼**で打って実から**鬼皮**を剝がして出荷した。生産量は一町当たり三俵（約一五〇kg）ほどであった。**鬼皮**とは内側の薄い皮に対し木の実などの外側の厚く堅い皮を指す。山あいでは現金収入をえるためミツマタやコウゾ（楮）を栽培する地域もあった。剝いだ樹皮（**鬼皮**）に石灰を混ぜて煮込み、水に晒すと和紙の原料ができた。これをもとに紙を漉き、和紙を販売する農家もあった。

第六章　知恵と絆(きずな)が蘇(よみがえ)らせる里地里山

山あいでは土質や利水(りすい)の悪さから田畑を植え広げることができないところが多かった。そのような地域では、永い歴史を経て半野生資源や土質、気候など自然環境のちからを最大限に活用し、生業(なりわい)による収入によって暮らしを支えてきた。そこでは自然環境に順応する知恵と作法が蓄積し、百姓らによって伝承されてきた。今でも里地里山からの人口流出を抑え、自然環境を礎(いしずえ)に家族と集落を守っている地域がある。

第一節　土手・畦・林床・草刈り場・牧野(ぼくや)・燃料山

1　半栽培する山菜・香辛料・仏花

昭和三〇年代まで、集落のまわりに田畑、果樹園、竹林、燃料山、草刈り場（牧野）、奥山が連続してつながり、それぞれの場所を重層的に利用してきた（図1-1）。土地の地力や日照条件などを活かし、時期や年数、対象を違え、暮らしに必要な素材を幾通りにもわたり収穫してきた。この土地利用が生物多様性を育み、野生鳥獣と集落とのすみ分けを可能にした。古くから里人たちは、毎日のように足元の動植物を観察し、これらを暮らしや生業に活かす技を養ってきた。

K家（豊田）の屋敷まわりにある洗い水を引く沢では、入口にはウルイ（ギボウシ）、後ろの半日陰にはコゴミ（クサソテツ）、樹陰に入るとワサビやユキノシタ、薬草のドクダミを育成する。また、開放地の土手ではフキ、チャノキ、ヒサカキ、半日陰にはミツバを増殖させる。いずれも各植物が好む明るさや土湿であり、日照条件ごとに適した山菜を育成する。さらに雑木林と畑の境にはウドを育成する。株元にモミ殻を一m前後積み上げ、白くやわらかい新芽を収穫する。いずれの植物も野生のものであり、草刈り時に刈残す里人の知恵と技によって増殖させている。年二～三回刈取り地面に残した「雑草」は、土湿を保持するマルチになり、腐熟すれば育成植物の肥（こえ）になる。収穫は、育成植物の株や小苗が衰退しない範囲にとどめ、草刈りと育成植物の収穫により逆に根張りを促し、土手や畦を守った。そこには来る年も育成植物が再生し、土手や畦を守り、自然の恵みを頂く作法があった。

O家（田辺）では、土手をチャノキやヒサカキ、コウヤマキ、タラノキの半ば「畑」として使う。いずれも草刈り時に天然の**実生**を刈残しての**半栽培**である。さらに土手は、休耕田とともにシキミ（ハナ）の栽培地でもある。スギ林では枝打ちや間伐と並行し、自生するサカキを選択的に刈残し、神棚に供える榊を**半栽培**する。沢筋のスギ**林床**では野生ワサビを刈残し自家用に増殖させる。屋敷周りには朽木や木板を使った巣箱を作り、ニホンミツバチを養蜂する。一季で三～四kgもの蜂蜜を収穫できる。このようなきめ細やかな土地利用と**半栽培**技術で、和歌山県はサカキ生産全国一、シキミ生産全国二位である。さらに県内における田辺市の生産割合をみると、シキミが七〇%、サカキでは四六%に達し、この市域を中心に全国一〜二を競う産地が形成されている。

和歌山県旧清水町（有田川町）の棚田では、畦や土手に暮らしと生業に活かす植物を多数育成している。なかでも旧清水町ではヒサカキやシキミに加え、サンショウ、コウゾ、ヤマノイモ、ゼンマイ等々が**半栽培**される。コウゾは紀州手漉き和紙の原料として出荷される。サンショウは元々、生葉（なまば）や実を採るために自家用に**半栽培**していた。今では休耕田や林縁に栽培され全国一の出荷量を誇るようになった。出荷が始まったのは昭和四三年頃である。里人たちは、土地の潜在力とサンショウの栽培管理、収穫の技法を学び取ってきた。旧清水町内でのサンショウ栽培面積は、およそ六〇ha、出荷量は年およそ九〇トンに及ぶ（二〇一〇年）。出荷は年二回、五月の生山椒（なまざんしょう）、続いて七〜八月の乾燥山椒である。乾燥品にすることで生の値崩れを防ぐ。生山椒で五〇〇g当たり五〇〇〜二〇〇〇円、乾燥品は三五〇〇〜五〇〇〇円／kgもする。地区の約一五〇〇戸中、四五〇戸が生産する。**反当**の粗収入は、乾燥品だけで三五〇〇円／kgとみても三五〇〇〇〇円になる（二〇一二年）。生山椒を合わせるとサンショウだけで一戸当たり五〇〜七〇万円の粗収入を得ることができる。栽培に手間が要らず収穫物が軽量である。耕作放棄地を再生することができ高齢者でも生産できる。今では地域に根ざした生業に発展した。里人は、自然とうまくつきあい、必要な素材を枯渇させることなく頂く作法を身に付けていた。地域の特性に応じた素材を発掘、活用し、生業へ発展させることにより暮らしと里山を守ってきた。

2　牧野に半飼育する牛

(1)　牧畑

島根県隠岐郡西ノ島町（西之島）、知夫村（知夫里島）、海士町（中ノ島）では、今も共有の里山に牛を育て暮らしを守る里人らの姿がある。離島で暮らし続けるためには、**食糧**と燃料の自給が基本である。平地が少ない隠岐の先人たちは、わが国では類をみない土地利用を編み出した。

それは慶長一二年（一六〇七年）の検地帳に遡る牧畑である（図6-1）。集落、水田、普通畑を除く全島の山林原野を、土地所有の如何にかかわらず四つの牧に区分した(86)。農家は、この四つの牧のなかに所有する牧畑で大麦・小麦、大豆・小豆、粟・稗などを作付け、牛馬の放牧と輪転した。各牧の境界には垣柵を巡らし、牛馬が作付け区の牧畑や屋敷、水田に侵入するのを防いだ。耕作できない林地や急峻地は放牧だけに使用された。四つの牧では毎年「空山、麦山（本牧）、粟稗山、空無山」の順で利用方法を変えていく。農家は互いに共同し牧全体を毎年四組の方法で利用していた。皆のちからで**食糧**や収入を賄う仕組みを作り出した。

知夫村を例にするとつぎのようである(87)。牧畑は、知夫里島全体で居島牧、西牧、中牧、東牧に区分され、各牧では毎年、空山、麦山（本牧）、粟稗山、空無山という利用方法が順繰り輪転させてきた。

①空山では一〇月中旬～一一月中旬に大麦、小麦の播種する地区であり、前年は空無山であったところである。前年の一〇月上中旬に大豆と小豆を収穫したあと家畜を放牧し、麦を播種する前に収穫を終えた粟稗山に家畜を移す。②麦山では、前年は空山であったところである。六月上中旬に大・小麦を収穫し、その後、大・小豆を播種し、これを一一月に収穫した跡に放牧する。③粟稗山では、前年は麦山であったところである。この牧では前年から放牧していた家畜を五月中旬までにすべて他の牧に移し、

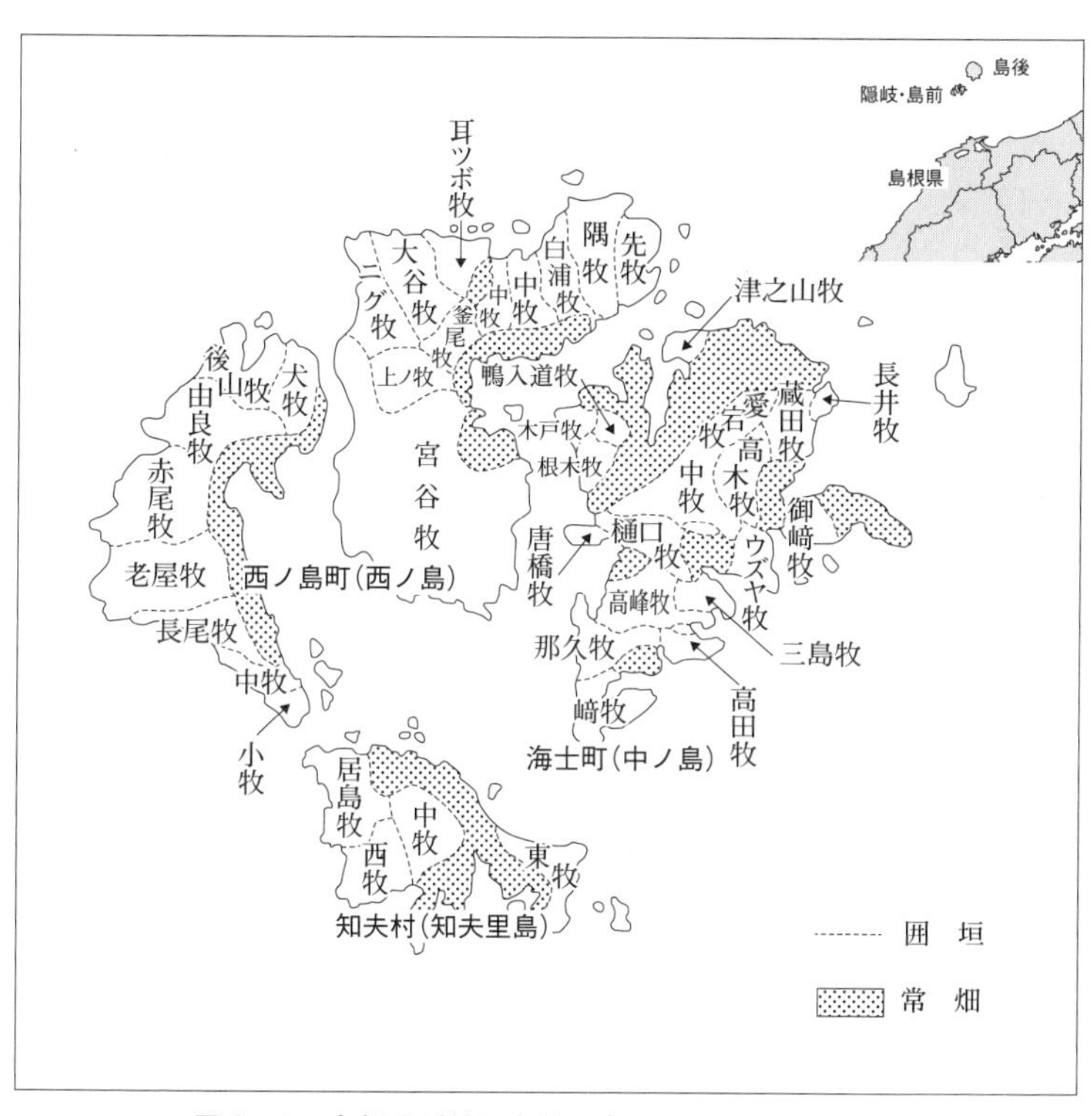

図６－１　島根県隠岐郡島前三島の配置と牧の分布

※三橋時雄（1969）『隠岐牧畑の歴史的研究』ミネルヴァ書房から編集引用。

その跡に粟稗を播種し九月上旬に収穫する。この跡では再び一一月中旬まで家畜を放牧し、その後は牛馬を屋敷に付属する畜舎へ戻して大麦と小麦を播種する。④空無山では、前年から作付け中の大麦と小麦を六月中旬に収穫後、大豆と小豆を作付け、一一月中旬にこれを収穫後、翌年（空山）の一〇月、大麦と小麦を播種するまで放牧する。

土地所有者は四年間に、大麦、小麦と大豆、小豆を二回、粟稗を一回輪作し、有畜農家は大豆と小豆、粟稗の収穫後、麦を播種するまで牛を放牧した。

牛馬の踏圧や蹴上げでイバ

ラなどを抑制し、マメ科植物と共生菌が大気中から固定した窒素、それに牛馬糞からもたらされる栄養分が主食の麦や粟、稗を育てた。この作物を収穫し耕耘した土壌に牛馬の餌になる上質の野草が再生した。昭和三〇年代まで、牧畑における**食糧**自給と牛の販売収入で暮らしを支えた。土地はほぼ全域が個人所有であった。耕地は放牧時に共有し、土地がなくても畜産で収入を得ることができた。各戸の過放牧を抑え、土地の私有権と共同の**入会**放牧権を共存させ、貧農を含む島民の暮らしを守った。

一九四九～一九五〇（昭和二四～二五）年、牧は、西ノ島で一八八六町歩、中ノ島と知夫里島では、それぞれ、一三四九、五三九町歩あった(86)。知夫里でみると、牧として居島牧と西牧が、それぞれ、一二九・一〇と二二八・七六町歩、中牧と東牧が、それぞれ一二二・三〇と五八・五六町歩、このなかに細長く帯状に続く段々畑が全体で約一一一・四六町歩が含まれていた。牧全体の構成割合は、草生地三六・二%、牧畑二八・一、荒地二四・三、藪地七・三、水田四・〇%であった。

牧の標高は一～三二〇ｍと大きな比高があり、傾斜は最大で四五（東牧）～六〇度（中牧）に及んでいた。このなかには牛馬の水呑場（湧水地）が三～五ヶ所あり、草生地は**反当**一〇〇～一五〇貫（一貫：約三・七五kg）の草を生産した。牛馬は斜面を下り降りして餌場や水場を求めて歩きまわって暮らしているため、健康で剛健な体を培うことができた。

知夫村の牧、合計五三八・七二町歩は、農家四八二戸の個人所有である。有畜農家二三八戸は土地所有のいかんに関わりなく、共同で一五〇～二七〇頭の牛馬を放牧することができた。牧は、集落から選ばれた牧司によって統括され、各戸が**出役**する共同作業によって管理されてきた。これは、西ノ島、中ノ島でも同様であった。

(2) 今に活かす先達の知恵

昭和三〇年代まで続いた牧畑（まきはた）の伝統を継承し、島前（どうぜん）（西ノ島町、海士町、知夫村）の里山では、牧野の草や雑木林の若葉を餌にした肉牛生産が盛んである。草食動物は草だけで生きていく。糞尿は肥料となり牛は糞と草の種子を踏み込んで施肥と播種、覆土（ふくど）を行う。放牧は地力を上回る頭数では持続することはできない。

牧（まき）の大半は個人所有の土地である。知夫村は、西牧、中牧など面積約五八～二二〇町歩の四つの牧に区分される。牧畑に築かれたしきたりに裏付けされ、大字の牧であれば、土地所有の如何にかかわらず誰もが平等に家畜を放牧することができる。土地は個人持ち、放牧時は共有という作法が今も守られている。今では麦や豆などの栽培を行う農家はない。しかし、人口六〇〇人ほどの知夫村では、畜産農家が約三〇戸あり、ほとんどが専業であり兼業は二～三戸に過ぎない（二〇一五年）。

隠岐の牧では、野外で自然分娩（ぶんべん）した子牛を六～八ヶ月間で育てる。谷間の水場や斜面や尾根の草原、林内を行き来し、一日に五～六㎞も歩く。日々運動を続けているから難産が少ない。足の太さ、強さは日本一である。なかには崖から海に落ち、産後の肥立ちが悪く死亡する牛もいる。しかし、時を経るごとに病気やケガに対する自然治癒（ちゆ）力も備わり健康体に育つ。牛は一二月から翌三月までの冬季を除き、牧野に放たれ風雨や猛暑に耐え育つ。里山の雑木林で若葉を食べるもの、在来草本が生える牧野で草を喰むものなど里山のちからで育っていく。餌は繰り返し再生する草木であり、牛糞は自然分解されて土を肥やし、地力を維持している。

農家は、冬場、牛を牧から屋敷に連れ戻し一つの牛舎で家飼いする。このため牛どうしは顔見知りであり農家ごとの群れを作り、牧のほぼ同じエリアで暮らす。雌だけを飼育する場合でもリーダーが育まれ、群れを率い、親牛に加え有害な植物や渇水でも枯れない水場などを子牛に教えていく。また、谷部の木陰に集まって雨や風雪を避けるなど、農家ごとのリーダー牛や親牛が、子牛に対し自然のなかで生きていくための知恵と技を伝授している。牛が里山に放つ糞尿が土地を肥やす。牧野を歩くと、牛の食べにくい有刺植物やゼンマイなどの山菜が目立つ。残る植物には、タラノキやサンショウ、グミ類、ノアザミ、ゼンマイなど、人間にとっては貴重な副食材が多く含まれる。家々では毎年、サンショウの若芽三～四kg、ワラビ五～六kgなどを採取し、古くから保存食材にしてきた。

行政は、農家に対して補助金によって多頭飼育を行うことを促す。しかし、農家の多くは「頭数を増やすわけにはいかない。一定の面積で養える牛の数は決まっている。収入と生産面積に折り合いをつけ、自分が管理できる頭数でいく（飼育する）のが一番」と過剰飼育を戒めている。里山の地力、牛の習性と生命力を最大限に活かすのが、代々、牛飼を続けるための鉄則である。まさに永年にわたって培われてきた里人としての心得である。島では年三回家畜市場が開かれ、知夫では一回一二〇頭、年間約三五〇頭の若牛が神戸や松坂、遠くは長野、栃木へ出荷される。若牛は一頭三〇万円ほどになる（平成二二年）。三五〇頭で一億円近い売値になり、農家は収入を得ることができる。島前の牧野には何代にもわたって牛を飼う農民に跡継ぎが育ち、今も土地のちからを最大限に活かして暮らしている。

3　粗朶や笹葉山に生まれかわった燃料山

(1)　粗朶山を育成する里人たち

①粗朶山からの収穫

粗朶山に自生する七～一五年生のコナラやミズナラなどの広葉樹を伐採すると、杭木や柵粗朶、粗朶が得られる。いずれも雑木の幹や枝を利用した土木資材である。立木を伐採し、切株から繰り返し萌芽更新させて生産する（図6-2）。国土交通省の認定規格によると、杭木とは、幹や枝の長さが一・二m、元口（切口）の直径が三～五㎝のものを指し、構造物を固定、支持するため地盤に打ち込む資材である。粗朶とは、長さが二・七m、元口（切口）から四五㎝上の周長が六〇㎝、二m上の周長が五五㎝になるように雑木の幹や枝を束ねたものである。また、長さが二・七m以上あり、元口から二・七m上の直径が一㎝以上あれば束ねて柵粗朶を作る。これらの粗朶を組み合わせ、治水のための護岸や河床の保護工、造成斜面の崩壊防止工、**暗渠**などを施工する（写6-1）。

粗朶は、治水に加え沿岸の植生や生物多様性を回復する効果もあわせ持っている。粗朶で大きなマットや柵を組んで河川などの水辺に施工すると、粗朶の持つ柔軟性と大小の隙間が出水を抑え、稚魚やカニ、エビなど水生生物の住処を形成する。粗朶に着生する植物や腐植は、貝や微生物などの餌になり、さらに生物の種数や密度を増加させる効果がある。

日本の粗朶生産を先導する新潟県新発田市小戸、㈱W建設のWF（昭和一〇年生）やWM（昭和三六年生）らによると、地区の人口は五〇〇人ほどという。周囲には水田が広がり、里山にはスギ植林のあいだに樹齢の異なる雑木林が分布する。この地域では薪柴をボイ、これを採取する里山をボサ山と呼ぶ。ここでも一九六二～一九六三（昭和三七～三八）年頃から燃料用ボイの需要が激減した。当地は新潟県中北部、日本海に注ぐ加治川流域にある。この加治川による水害が、ボイを粗朶に代え全国に広める契機を作り出した。新発田市や村上市、岩船郡一帯は、今では全国有数の粗朶生産地である。多雪地に適した樹種が自生し、五mもの雪に埋まっていても溶けると立ち上がる力を持っている。ここでは粗朶を得るため、かつて全国に普通にあった雑木林が今も育成されている。尾根には天然生アカマツを育て、

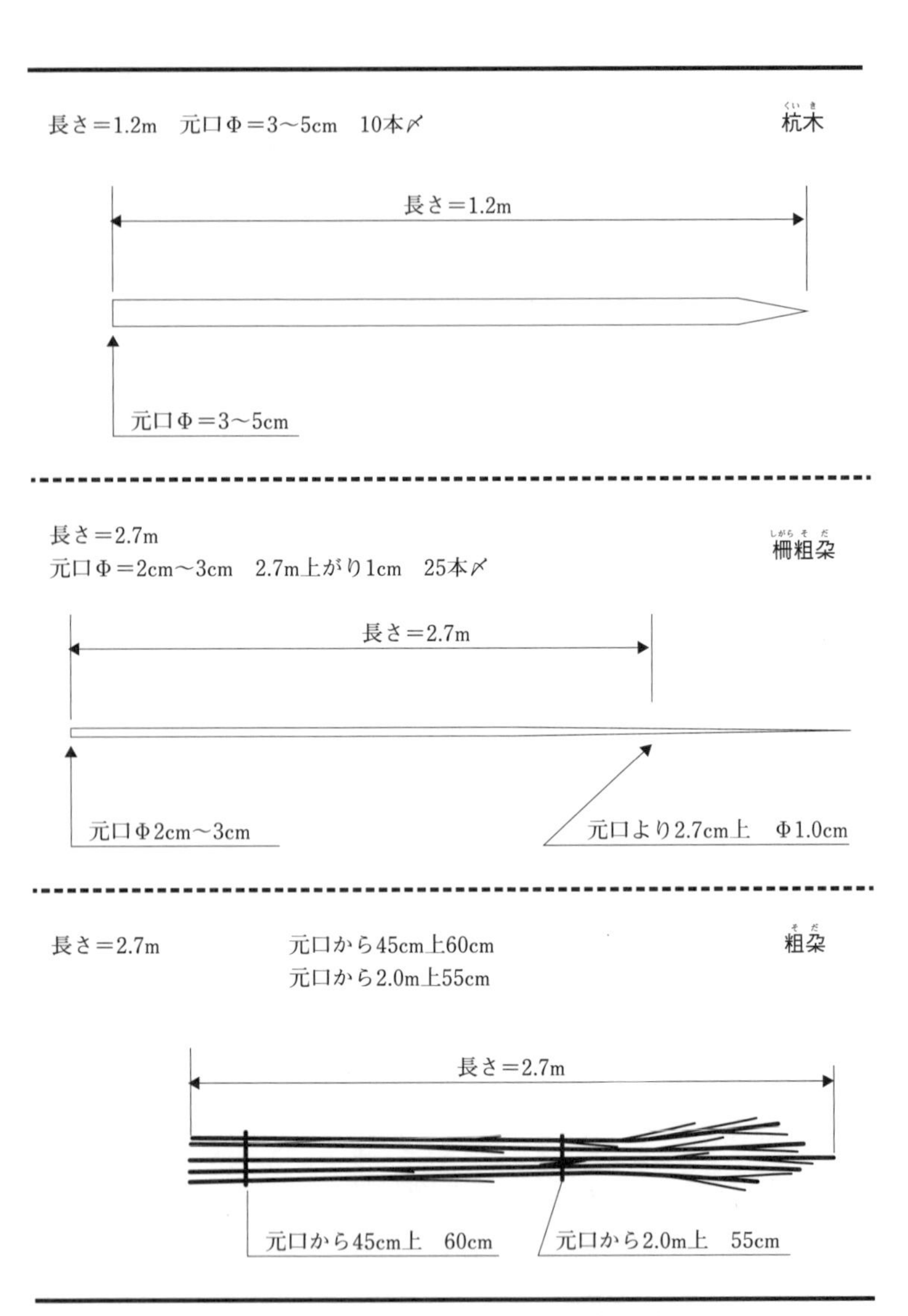

図6－2　粗朶の規格（国土交通省認定）

斜面には区画ごとに林齢の異なる雑木林が広がる。

②粗朶需要

　新発田では戦前から河川工事事務所に対し、治水に要する水制用ボイ（粗朶）がほそぼそと出荷されていた。WFは粗朶を使った**粗朶沈床工**や**柵組工**の技術を、つぎの代へと伝授してきた。その後、粗朶のちからが見直され需要が飛躍的に増加する。最初の施工は、一九六六（昭和四一）年、旧建設省から依頼された加治川の治水工事であり、ついで今でも語り継がれる羽越水害（一九六七年）の災害復旧工事へと続く。この治水工事が放置状態の燃料山を再生させる契機になった。

写6－1　治水用玉石粗朶柵工の施工現場

（新潟県三条市、五十嵐川、2007年、若月 学氏提供）

　新潟県によると一九六六（昭和四一）年七月に集中豪雨があり、災害復旧が未完成の状態で、翌一九六七（昭和四二）年八月に集中豪雨が再来した。羽越水害である。加治川ダムでは日量四九六㎜、各所で三〇〇㎜以上の豪雨を記録した(84)。前年の豪雨で決壊した新発田市と旧加治川村（新発田市）、姫田川や坂井川でも豪雨の再来で再び堤防が決壊し、二年連続で大被害を受けた。この年の降雨は加治川に加え、荒川、阿賀野川まで広がり、加治川の堤を破った水は平野部で家屋を多数浸水させ、豪雨が山肌を削り土石流が人々を襲った。

死者は一四六名、全半壊二五九四戸、床上床下浸水は六九四二四戸に上った（NHK）。交通機関への損害額は、現在の価値で約三三三八億円に及んだ。誰もが一九六七（昭和四二）年八月に再び未曾有の水害が来るとは予測し得なかった。一九六六（昭和四一）年、W建設が加治川の護岸に粗朶沈床を施した。その後の被害調査によると、粗朶沈床で水制された堤は羽越水害によって破堤しなかった。粗朶の生産、販売、施工を続ける原動力はここに生まれた。「コンクリートならひとたび亀裂が入ると、そこから濁流がすべてをさらっていく。粗朶は流れには逆らわんから洗掘されにくい。だから破堤を免れた。自分らは何代にもわたり流域に住んでおる。幼少時代からこの川で遊び、この川の性格を一番よく解っている」（MF談）。

③河川法

さらに一九九六（平成八）年に河川法が改正され、整備内容のなかに「環境」が加えられた。このため、各地の河川整備には、「**多自然型工法（近自然工法）**」が広く取り入れられるようになった。この改革が粗朶の生産、販売、治水工事の追い風になった。Wらが二〇〇五〜二〇〇八（平成一七〜二〇）年に請け負った**粗朶沈床工**は、信濃川や阿賀野川水系を中心に計約三・八haに達する。また、加入する粗朶事業協同組合に粗朶を納入し、施工を指導したのは、福岡県宝満川や矢部川のほか、熊本県や北九州の河川に及ぶ。粗朶の出荷先は、県内を中心に北海道、東京都、石川、高知、福岡など二二都道府県に及ぶ。里山の粗朶が全国の多自然型川づくりや治水に使われ、自然に帰っていく。もともと粗朶枕床工法は江戸時代に開発され、当時の技術者が治水に使った。古き時代からの自然と共生する技術は、コンクリート神話のなかでも人命と財産を守るために受け継がれていた。

④地域雇用と活力再生

表6-1　粗朶づくりによる雑木林の再生と地域雇用の創出

年度	出荷量（束）	伐採面積(ha)※	地元雇用者数	地元雇用者人件費（千円）
平成7年	14,350	10	–	–
8	17,800	12	–	–
9	10,050	8	10	12,500
10	12,750	9	10	12,500
11	25,550	18	11	14,800
12	43,850	30	13	17,500
13	26,450	19	13	22,300
14	27,000	20	14	25,400
15	30,850	22	14	25,900
16	10,900	8	15	29,000
17	55,400	38	15	31,200
18	20,450	14	13	28,900
19	28,000	21	15	32,435
20	34,550	25	16	35,300
計	357,950	254		

※粗朶の出荷量から割り出した年間伐採面積。実際には毎年50ha程度伐採。太い幹はパルプ材料として出荷。

資料：(株)若月建設提供、平成21年6月4日現在の数値

粗朶は、コンクリート護岸の普及によって消えていく運命にあった。しかし、前述のように治水と河川法改正による追い風を受けた。W家は二五haの雑木山を持つ。粗朶の採取は、新発田市、胎内市、東蒲原郡など広く他地域の個人山でも行う。一〇万円／ha前後で立木を買い、地権者に生活費が循環する。粗朶一束が一〇〇〇円前後であり、ボサ山から約一五〇束／一〇〇〇㎡収穫できるので、そこからおよそ一五〇〇〇〇円の売り上げが得られる。

W建設の正社員は、一五～一六人、若手の入社が目立ち、一九九七～二〇〇八年までの正社員の人件費は、年一二五〇万円から三五三〇万円に達した（表6-1）。雇用者の大半が地元の兼業農家であり、米どころで食料の多くを自給している。二〇〇八（平成二〇）年、月収は一人当たり平均一八・三千円、冬は雪で現場仕事が減る土地柄ゆえ貴重な収入になった（写6-2）。このほか臨時職員を年七〇～八〇人雇用し、人口五〇〇〇人ほど

写6－2　地域に雇用を生み出した粗朶。写真は連粗朶柴の製作過程
（新潟県新発田市小戸、2005年）

の集落では重要な産業に成長した。社員は雑木林の伐採と集材、粗朶づくり、粗朶による護岸工事を手がける。粗朶づくりは、地域雇用を創出した。

⑤粗朶の作り方と生産量

粗朶になるボイは、ボサ山からおよそ一五〇〇束／ha収穫できる。この採取作業には、三**人工**（にんく）／一〇〇〇㎡・日、この集材にはバックホーを使い二**人工**／日を要する。一五〇束収穫するのに一日五**人工**の勘定である。粗朶の採取は落葉期の一二月から翌年の三月である。伐採したボイは直径五m前後に束ね、重機とダンプで集荷場まで運送する。その後、乾燥させ入梅（にゅうばい）までに杭木（くいき）、柵粗朶、粗朶の規格に仕分け出荷待ちをする。

杭木、柵粗朶、粗朶用樹種には、コナラとミズナラを中心にマルバマンサク、カマツカ、エゴノキ、リョウブなどが使われる。この地域の樹高の低い立木は、毎年、積雪に埋もれては春になると立ち上がり、成長を再開する。このためにいずれの樹種も、幹と枝がよくしなる特性を持っている。毎年の出荷量は、一九九五〜二〇〇八（平成七〜二〇）年まで年平均約二五五六七束、二〇〇五年には最多の五五四〇〇束に達した（表6-1）。一束一〇〇〇円前後であるから、粗朶の売り上げだけで年五五四〇万円に達する。粗朶は乾燥させると腐るものではない。余剰は翌年に持ち越し、出荷量を調整することができる。

(2) 粗朶の採取に続き同所で生産する良質の笹葉

①粗朶の採取が育む笹葉

クマイザサの新葉は鱒（ます）の寿司や笹団子（ささだんご）の包装、刺身など食材の下敷き等に利用される。これらの笹葉の多くがこの地域の粗朶山から産出している。越後では昔から田植の完了祝いに催す「さなぶり」に笹団子を作る。この風習と里山のちからが笹葉の出荷を地場産業に育てあげる源になった。クマイザサの葉は、放置された雑木林やスギ林内などでは日陰され、また、高標高では気温が低いため小型になる。五～一〇年ごとに粗朶として柴を全伐、集材して更新する粗朶山には適度な日照が戻る。木々に被圧されたササが太陽光を浴び再び活力を取り戻す。さらに、この地域の標高一〇〇m前後の粗朶山では、クマイザサが雪解け水を吸収し特に大型の葉に成長する。当地の笹葉の採取葉は幅七cm、長さ二七cm以上である。雑木が再生するまでのあいだ適度な陽光を受け旺盛に成長する。

②笹葉の恩恵

「この辺の幅の広い笹の新葉が、今でもお土産の笹団子を包む葉や富山の鱒寿司の底に敷く笹葉になる。ばあっちゃんらが葉を一枚一枚採り一〇〇枚ずつ束ねて仲買（なかがい）に売る。小戸地区のこの辺じゃ、仲買が二軒ある」（MF談）。一〇〇枚一〇〇円ほどで仲買が買い取るため、地元の高齢者が小遣い稼ぎに笹葉採りに精（せい）を出す。ゼンマイやワラビなど、山菜の採取が終わった頃の仕事であるため労働が配分できる。

新潟県関川（せきかわ）村のOM（昭和三一年生）は、親子二代の笹葉仲買人である。村では笹葉を採る里人が一〇〇人ほどおり、これらの人々が二〇〇〇枚／人・日、あわせて約二〇万枚／日の笹葉を毎年初夏に採り続けている。採取適期は笹の新芽が展開し、雪解け水や梅雨の雨を吸って旺盛に成長する六～七月である。毎朝四時頃から採取し、午前中のうちに枚数を数えて束ねあげる。ＯＭの山買い価格は、現金払いで一枚一円一銭である（二〇〇八年）。約一ヶ月半のあいだ、里人たちが出荷する笹葉は年八〇〇〇万枚に上る。ＯＭは集荷した葉をＯＴ商店（村上市布部）に卸す。

写6－3　ササ葉の出荷製品
（新潟県村上市布部、2009年）

この会社は、ＯＭのような仲買を二〇～三〇人抱え、年八〇〇〇万～一億枚の葉を買い取る。葉を採取する人は数百人に上る。これらの人々は笹だけではなく山菜も採取しそこそこの収入を得る。ＯＴ商店の社員は一四～一五人、六～七月には二〇～三〇人の非常勤が加わる。布部の戸数と人口は一二九戸、五〇八人である。里山に再生する笹葉が雇用を作り出している。

一九七五（昭和五〇）年頃から冷凍庫が普及し、年中、生葉を出荷できるようになった。鮮度と色を保つため、採取後四八時間以内に冷凍保存する。用途は、鱒寿司と笹団子用、それに真空パックによる市販用がそれぞれ三分の一ずつに分かれる。富山の鱒寿司には当地の笹葉が出荷されるが需要に追いついていない。出荷時の価格は七円／枚、一億枚の出荷によって七億円が計上される（二〇〇八年）。里山のちからを活かす山里の基幹産業になった。ＯＴ商店は全国一の笹葉出荷量を誇る（写6-3）。

里人たちは、林地に再生する笹葉をすべて採り去るわけではない。傷付いた葉や小型の葉を採り残す。

反当約五〇万枚ある笹葉のうち一割ほどを採取するに過ぎない。残った葉が笹株の再生を促す。里人たちは無意識に環境容量の範囲で笹葉を採取していた。笹葉を間引くと、雑木の伐採跡地で笹の密生を抑え、再生する粗朶の萌芽と成長を促す。笹葉の採取が、選択的に粗朶を育成するための除草の役割も果たしていた。

(3) 粗朶と笹葉の採取で蘇る雑木林

粗朶は、繰り返し再生する雑木の萌芽を成長させて収穫する。植物の性質を知り尽くした**半栽培**方法である。収穫までの年数は、地力によって異なる。七〜八年ごとに収穫できる山もあるが、多くは一〇〜一五年ごとである。伐採後は切株から新芽が再生し、この萌芽枝が成長してボイになる。だから現地の里山には樹齢の異なるボサ山が混在する。

粗朶の生産量からWらによるボサ山の伐採面積を換算すると、一九九五〜二〇〇八年のあいだに多い年には三八ha、少ない年でも八haにおよび、あわせて計二五四haの雑木林を蘇らせている（表6-1）。樹齢が高いボサ山では、太い幹をパルプ材に出荷するため、実際の伐採面積は年約五〇ha、一四年間で七〇〇haに達する。

伐採によるボイ収穫後、一・九ヶ月経過した五m四方の林地における雑木の再生状況をみると、総株数は五五、萌芽幹数はあわせて二〇九本に達していた。特にリョウブやマルバマンサクは、それぞれ一株当たり五〇、四〇もの新幹が萌芽していた(85)。将来の樹冠構成木であるコナラ、ミズナラ、クリは、五m四方であわせて四株が自生し、切株からの萌芽幹数は四〜一一本、樹高と幹直径は、それぞれ、一・五〜一・八mと〇・五〜一・五cmに再生していた。

写6-4　萌芽再生し、瑞々しい新葉を展開したホオノキ。朴葉味噌や朴葉飯などに利用される

（新潟県新発田市山内、2009年）

写6-5　朝市で販売される採れたての山菜

（新潟県新発田市、2007年）

伐採後は、地面に太陽光が当たり、笹葉の間引きによって**林床**はさらに疎開される。伐採後二〜三年目には、カタクリやオオカトラノオ、リンドウ、オヤマボクチなどの野生草花や薬草が再生し、低木類も開花する。これらの花は、絶滅危惧種のギフチョウなどの多くの生物の蜜源になる。湧水地にはトノサマガエルやニホンイモリなどが多産し、サラサヤンマやムカシヤンマなど、各地の絶滅危惧種が普通種のように生息している。ホオノキは切株から梢と新葉を展開し、おにぎりや味噌を包む朴葉になる（写6-4）。新芽のアブラムシを食べるゴイシシジミやコナラなどの若芽を**食草**にするアカシジミも多い。立木の伐採と笹葉の間引きで明るくなった林地では、ゼンマイやワラビ、タラノキ、ウドなど、多数の山菜が茎葉を展開するようになる。これらは再生するボイの樹冠が林地を鬱閉するまでのあいだ萌芽し、採取することが可能である。また、これらは自家消費に加えて朝市などで取引され、現金収入を生み出す（写6-5）。

以上のように、里人たちの営みは、燃料山を粗朶山に生まれ代わらせて雇用を創出していた。それだけではない。粗朶の採取で蘇った笹や山菜の採取と加工、販売による雇用を生み出し、高齢者にも生きる元気を育んでいる。さらに、粗朶の収穫は、各種の動植物の生息環境を再生し景観や里山の生態系を蘇らせている。粗朶や柵粗朶、木杭は、炭酸ガスを吸収して成長した立木から生産される。製品として出荷されると、長い年月をかけて自然分解され生態系のなかで循環する。

新発田や村上の里人たちは、自然環境のちからと容量に学び、これを二重にも三重にも活かして暮らしを守り里山を保全してきた。

第二節　生きていくために編み出された「みなべ・田辺の梅づくり」

梅は、古来、食物の毒、水の毒、血の毒を断つとされ、日本人の食習慣に深く根付いてきた(73)。今では梅干しといえば和歌山県、そして、みなべ・田辺地域といわれるほどである。和歌山県全体で全国の梅の五六％（六九三千トン（二〇〇五年））を生産する。しかし、最初から日本一の大産地ではなかった。

一九六五（昭和四〇）年頃までは、群馬もしくは長野県が栽培面積と収穫量ともに首位を占め、和歌山県は二位から三位にあった（図6-3）。南高梅（なんこううめ）誕生の地、旧南部川村（みなべがわ）（みなべ町）でも、一九四一（昭和一六）年頃まで、梅畑の面積はわずか一五〇haにすぎなかった。

しかし、昭和三〇年代後半からは化石燃料の普及によって地場産業の薪炭が経済価値を失い、新たな産業を興す必要に迫られていた。昭和四五年までは米の**反当**収入が高く、ミカンの需要が増えるとその苗木を梅畑に植え込む状態であった（図6-7）。しかし、その後の飽食の時代と健康志向によって梅の

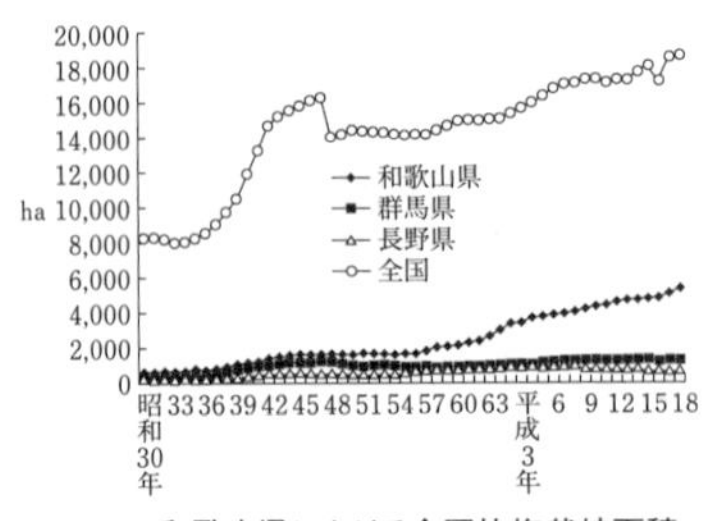

和歌山県における全国比梅栽培面積

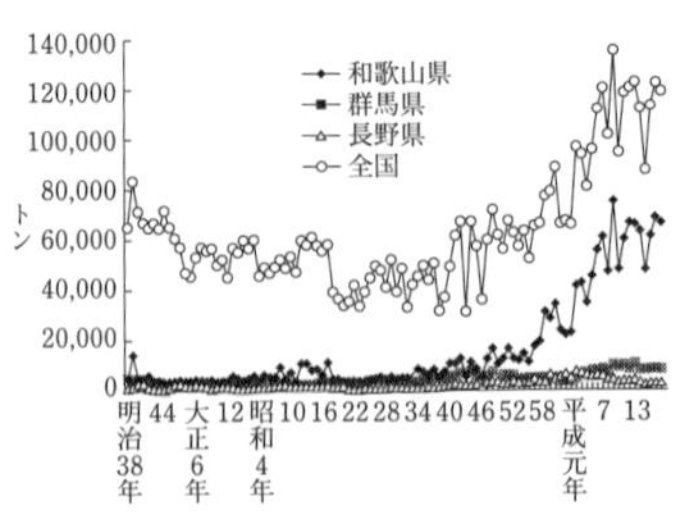

和歌山県における全国比梅収穫量

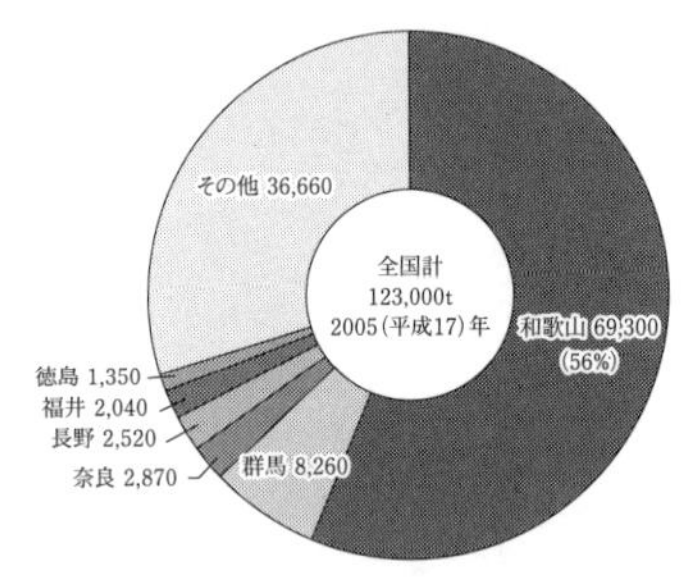

図6-3　和歌山県における全国比の梅栽培面積と収穫量

※各年のデータ：農林水産統計から引用。

需要が急上昇し、これに伴って生産面積と収穫量が増加していった(74)(75)(76)(78)(80)。

1　先達たちの努力

紀州、田辺藩領は、農地が痩せているために作物の収量が少なく、紀州材の植栽にも不適な山地土壌であった。農民らは田畑からの収穫だけでは飯を食うことができず、貧しい生活を強いられていた。特に耕地が少なかった旧上南部村埴田（みなべ町）では、古くから農民らが**野鍛冶**として京都や近江へ出稼ぎに出ていた。今でも現地には、収穫が少ない田を意味する八斗田に加え、**早生**や中生のイネが育たず**晩稲**しか育たない田を指す「晩稲」という地名が残っている（図6-4）。

梅は、畦畔や竹藪わきでの粗放栽培にも耐え、毎年、実を着け続けた。慶長年間（一六〇〇年～）の頃から、代官に対し竹や

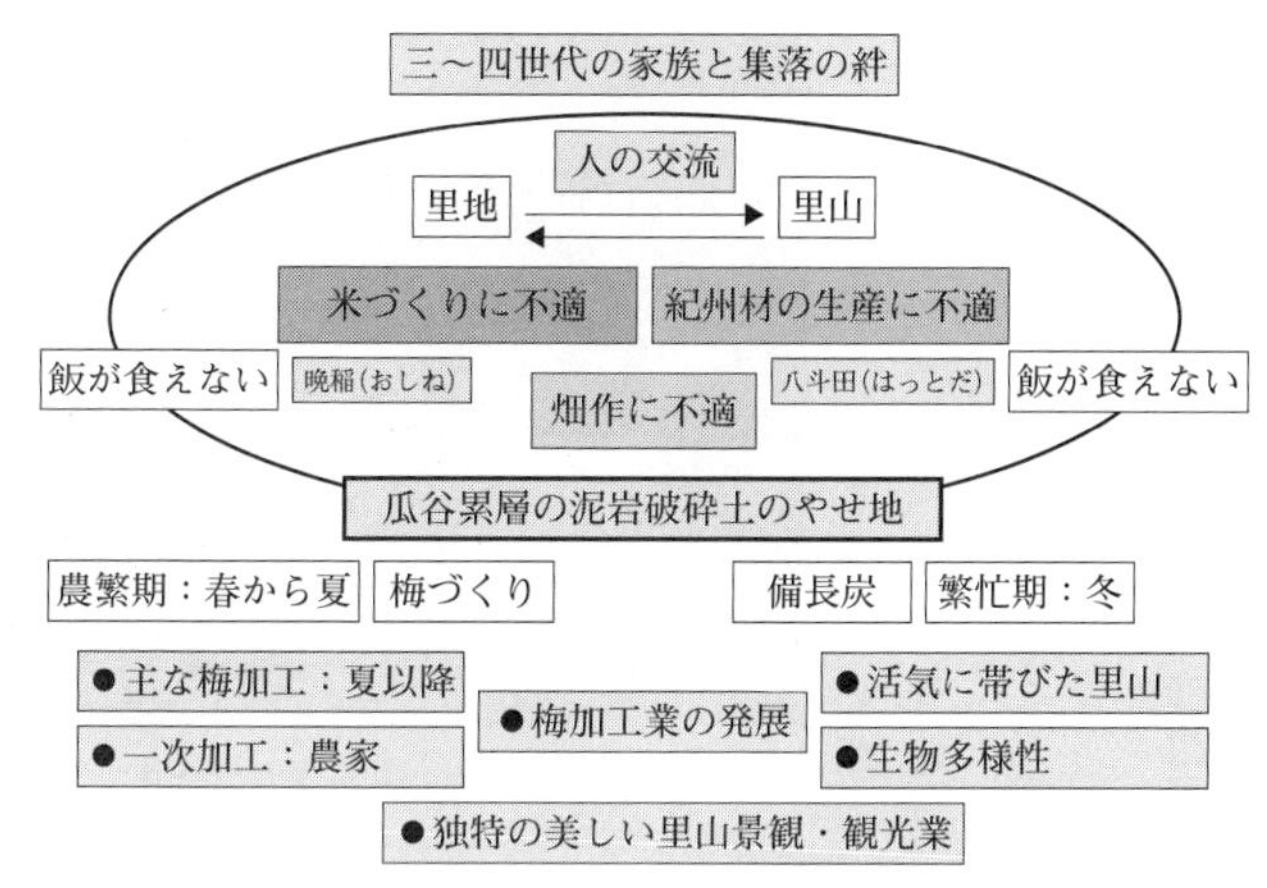

図6-4　みなべ・田辺地域における梅生産の背景とみなのちからによる地域継承の流れ

梅しか育たない瘦地だというと、農民らは年貢を租免された。このため梅畑を作っては租免地を増やし、食を賄うために梅木の下に麦を作った。落葉樹の梅は、早春には葉が展開前であり、その下に育つ麦に太陽光が届き、収穫を促した。それに梅の幹や枝は麦の霜除けにもなった。

この地域では、貧しさから抜け出すため、明治の頃から**実生木**を**交配**させて優良品種の**選抜育種**が行われてきた。旧上南部村晩稲（みなべ町）では、**篤農家**らが一八七九（明治一二）年に優良種を発見し親木となる内本梅を創りだした。当時からこの梅を**実生**増殖して畑に植え、産地形成の基盤が形成されてきた(77)。晩稲では、区有林を地区二〇〇戸に二〇aずつ分配して栽培を奨励し、多くの農家が優良種の内本梅を植栽した。明治後半になると内中源蔵ら先導者が、梅の大産地と地場産業を育成するため加工場を開設する。ここに農家が栽培と収穫、一次加工を担い、供給先の地元業者が二次加工を施し販売する体制が確立されていく(75)。

一九〇二（明治三五）年、晩稲の**篤農家**、高田貞楠ら

写6-6　南高梅の成熟果

（和歌山県日高郡みなべ町、2005年、みなべ町役場提供）

は、のちの南高梅に受け継がれる内本梅の**実生**苗を数々植栽し、大粒で紅色のかかる梅を選抜した。これがのちに高田梅の親株になる(80)。その後、旧上南部村では梅優良品種選定会（元県立南部高校教諭、竹中勝太郎委員長、一九五〇〔昭和二五〕年）が作られ、生徒たちが手伝い、種子の大小、開花の早晩、病虫害に対する耐性などによって繰り返し**選抜育種**が続けられた。この努力がみのり、一九五四（昭和二九）年には最優良品種（高田梅）が決まり、高校の名を取って「南高」と命名された（写6-6）。品種選定会会長は「優秀な無名品種に母校の名をとり、この梅と共に南高の名が全国に広がり栽培農家の幸せに奉仕してもらう事をひそかに願った」(78)。この品種をはじめ数多くの梅の品種が、今もみなべ・田辺の梅畑、そして人々の暮らしと自然環境を支えている（写6-6）。

2　自然環境に順応した最適な栽培地

(1)　土壌

産地形成を牽引したのは、**選抜育種**への努力だけではない。先人達が自然環境の特性を深く理解してきたからである。梅の生育を最も左右するのは土壌と気候である。みなべ・田辺では梅畑の大半が**音無川層群**の**瓜谷累層**にある(74)。この土層は、今から約六〇〇〇万年前、低地や海岸に堆積した泥が固結し、その後の造山活動により破砕され隆起した泥岩がもとになっている。

この岩は、化学的には炭酸カルシウムが豊富で中性を示す。物理的にはもろく風化すると砂礫状になり、通気性と保水性に富む土になる。梅の成長と安定した収穫には、特にカリやカルシウム、ホウ素含有率の高い土壌が要求される。幸いにも**瓜谷累層**は、この条件を満たす土を生成した。ただし、この土壌はもろく砂礫状のため、水田や普通畑、スギやヒノキの造林地に適さなかった。このことが飯を食うことができず、貧しい生活を強いられてきた原因である。この地域の里人らは、この土を逆手にとって生きていくための仕組みを作り上げた。

(2) 気象

みなべと田辺の里山は**紀伊水道**に面し、流れ込む**黒潮**の影響を受けて気温の年較差が少ない。年平均気温は一五〜一六℃と温暖で、丘陵部の年雨量は山海を行きかう気流によって二〇〇〇〜二五〇〇㎜に達する。梅は、中国中南部原産であるため生育には温暖な気候を求める。みなべと田辺は、梅が花を咲かせる早春に暖かく、このことがミツバチをはじめとする花粉を媒介する昆虫類等の活動を支えている。いわば全国の梅産地のなかで最も適した土壌と気候条件にある。

3 併存する生業との相互補完

(1) 備長炭生産

①製炭の特徴

炭は大きく分けて黒炭と白炭に大別される。なかでも和歌山県の白炭生産量は、全国一、年一二二〇

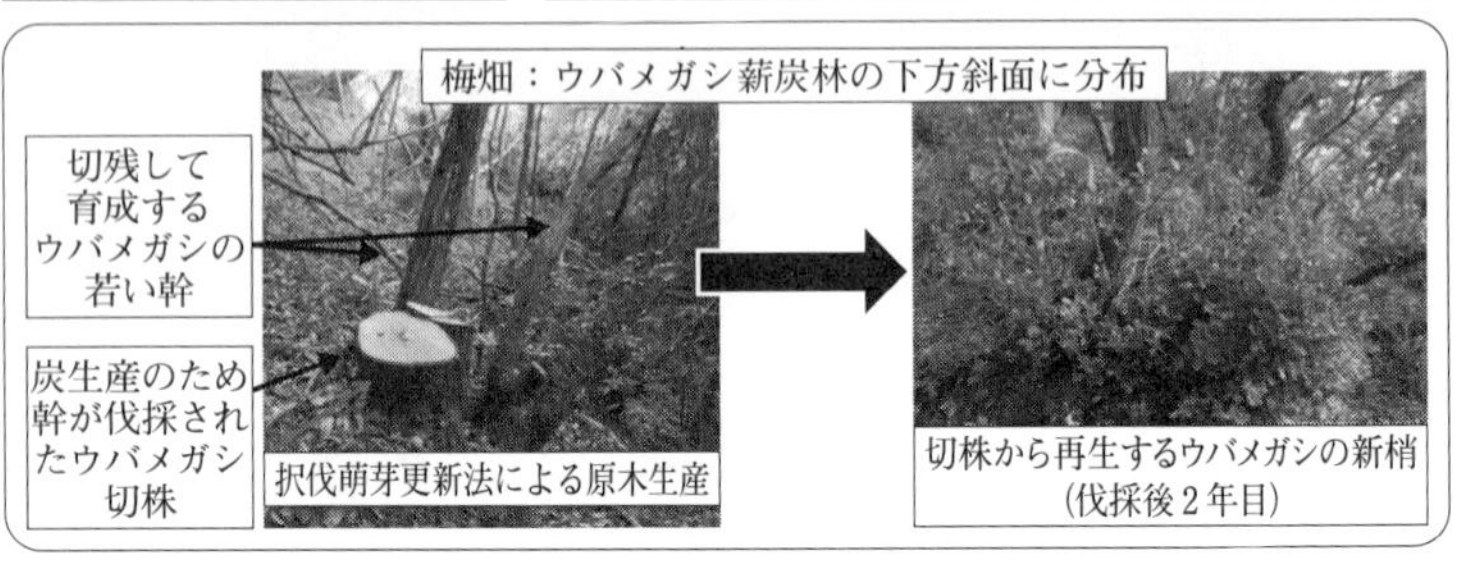

図6－5　紀州備長炭生産と薪炭林の育成管理

※みなべ・田辺地域世界農業遺産推進協議会（2015）「世界農業遺産申請書関連資料」から編集引用。

「世界農業遺産（GIAHS）」：2002年から国際連合食糧農業機関（FAO）が認定を開始した次世代へ継承すべき重要な農法や生物多様性等を有する地域。

トンを上回る（二〇一二年）。白炭とはカシなどの堅い木を原料とし、一〇〇〇℃付近の高い温度で炭化させ、窯から取り出して土、灰などに埋め急冷消火してつくる炭である。灰によって表面が白くなるので白炭と呼ばれる。黒炭はクヌギやナラノキなどを土窯で焼き、窯の中で自然消火させた軟らかい木炭である。白炭に比べて火もちが短いが、着火点が低く瞬時の火力が強い。

みなべ・田辺の里山では古くから製炭業が盛んであり、卓越した伝統的製炭技術が継承され最高の白炭が生産される。なかでも紀州備長炭はウバメガシを**原木**とする最も良質な白炭であり、梅干しとともに一七〇〇年頃から江戸や大坂に出荷されてきた。この炭は強い火力を持ちながらも炎や対流熱が少なく長時間燃焼するなど、焼き物料理に最適である（図6-5）。さらに古くは製炭業と梅生産の両業を営む農家も多く、繁忙期が異なるた

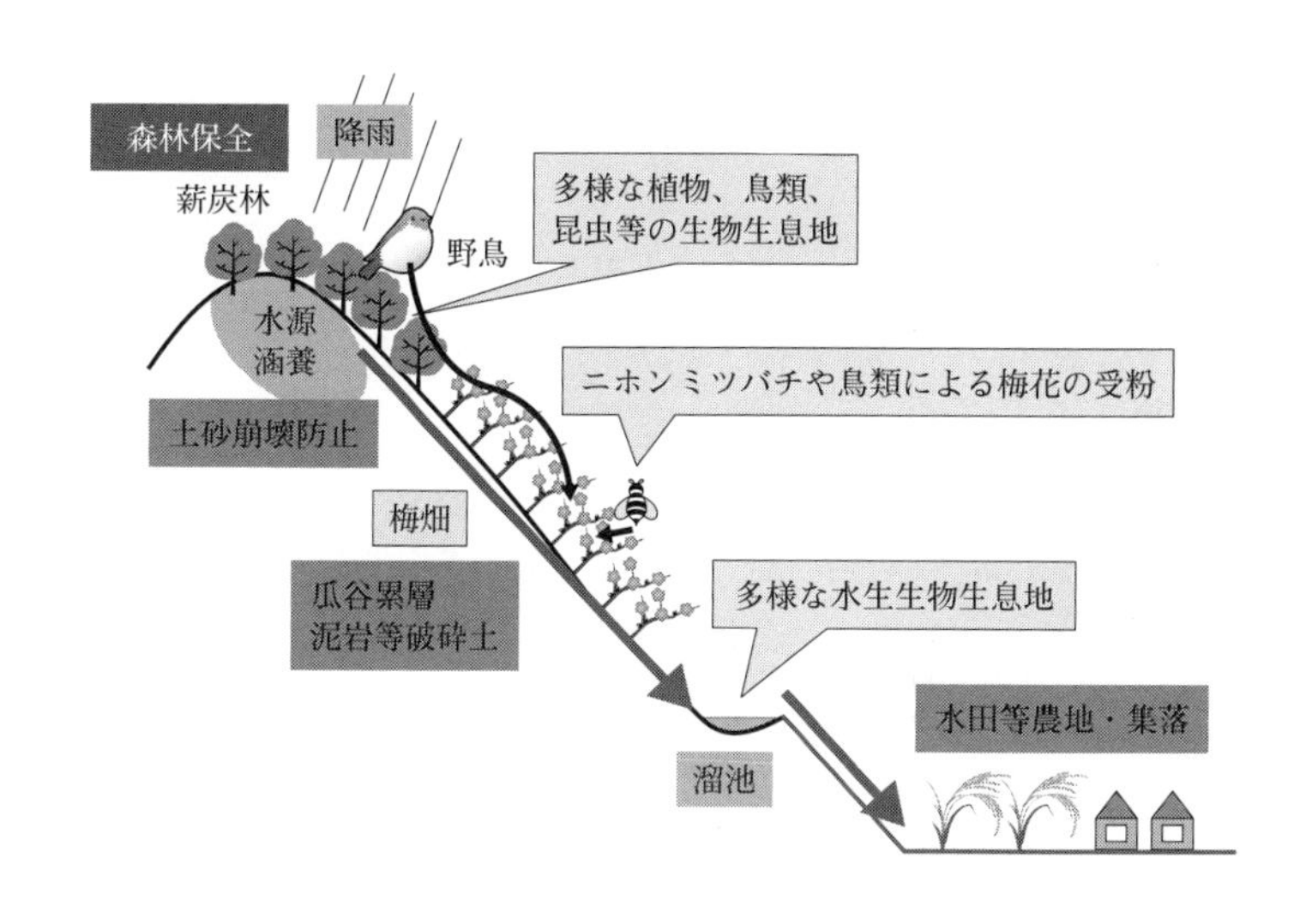

図６－６　治山（ちさん）と水源涵養（すいげんかんよう）を担う薪炭林と梅畑の配置、ならびに樹林に生息するニホンミツバチや鳥類による梅花の受粉および生物多様性を育む仕組み

めに労働力の相互補完が行われ、暮らしのなかでも強い結びつきが存在した。このことも梅生産を支える重要な要因であった（図６-４）。

②薪炭林の斜面上の配置と役割

この地域では、梅と炭の**原木**生産とが密接な関係性を持ち続けてきた(79)。農家は尾根から上部斜面にウバメガシを中心とする薪炭林を育成し、中腹に梅畑を植え広げた（図６-６）。この配置によって崩れやすい泥岩破砕土からなる急斜面の崩壊を抑え、薪炭林の水源涵養機能によって梅畑の保水性を維持した。ことに薪炭林の**林床**では樹冠から降り注ぐ落葉落枝が徐々に分解され、多様なミネラルが流下水や重力水を通して梅畑に供給される。そしてこれらの余水を溜池に貯水し田畑を潤し続けてきた。

③択伐萌芽更新による**原木**生産

土壌保全と良質の**原木**を得るため、江戸の頃から薪炭林の生産管理に択伐萌芽更新という技法を取り入れてきた（図６-５）。そこではウバメガシを選択的に切残し、他の低木が薪柴用に採取されてきた。このため、現地ではウバメガシが優占する林分が広く分布している。また、**原木**の生産過程では、ウバメガシの立木を皆伐せず、製炭に適した直径級の幹だけを収穫し、不定芽を間引き、次回、収穫木として成長する幹を切残して育成した。

このため尾根や斜面上部が皆伐されないため、斜面の崩落を防ぐことができ、また、水源を涵養しながら**原木**を生産することができた。このような土地利用と施業によって、梅畑の土質と良質の梅を生産する基盤が守られてきた。この一連の営みによって尾根から上部斜面にウバメガシなどの薪炭林が広がり、斜面中腹を中心に梅畑を配する独特の里山景観が形成されてきた（図6-6）。

さらに択伐更新によって代々保全されてきた薪炭林には、オンツツジやササユリなど、当地を代表する多様な植物種が自生している。また、紀州の名がついたキイセンニンソウ（県準絶滅危惧種）をはじめ、**タチバナ**（県絶滅危惧ⅠA類）などの希少植物、ウバメガシを主な食餌植物とするキナンウラナミアカシジミ（ウラナミアカシジミ紀伊半島南部亜種、県準絶滅危惧種）などが分布している(79)。

(2) 養蜂

和歌山県の養蜂業は全国一～二位の飼育戸数と養蜂群数を誇り、温暖なために国内有数のミツバチ越冬地でもある。このみなべ・田辺の薪炭林には、古くからニホンミツバチが営巣し飼育も盛んである（口絵16）。この蜜は和蜜と呼ばれ、アスパラギン酸やフェニルアラニンなどのアミノ酸を多く含み、濃厚で粘りが強く味が円やかであり、セイヨウミツバチの蜜に比べて付加価値が高い。現在も梅畑沿いの薪炭林の林縁には採蜜用巣箱（ゴーラ）が数多く設置されている。梅が開花する二月は気温が低く、訪花を期待できる生物は主にミツバチのほかにはメジロなどの訪花鳥類に限られる（図6-6）(79)。

梅品種の多くは**不和合性**が強く、**自家受粉**で実を着けることが少ない。主要品種の「南高」は**送粉生物**による**交配**が不可欠であり、これが収量や品質など着果に対して大きく影響する。一方、梅の花蜜が女王蜂の産卵率と働き蜂の生存率を向上させ、ミツバチ個体群の維持に重要な役割を果たしている。

梅農家は開花期の梅畑に梅花を生けた水筒を設置し、また、そのまわりではナタネの栽培や早春に花が咲くツバキの生垣植栽を行うなど、**受粉用**蜜源植物を数多く用意してきた。このような農家の努力によって気温が低い二月でもミツバチの訪花範囲を拡大させ、梅の**交配**を促進している。梅やナタネなどの花が終わるとホトケノザやカンサイタンポポなどの野生植物が花を咲かせ、これらの一連の蜜源植物によって蜜や花粉が供給され、当地域の養蜂群と梅生産が互いに継承されてきた。

4 生産・加工・販売の知恵と技

(1) 梅づくりの一年

毎年の天候や土壌、梅の生育動向を見ながら栽培管理が行われる。果実の大きさを整えるために、毎冬、有機肥料による肥培管理を欠かさず、徒長枝や枝を剪定して花芽を間引く。花を持つ枝の一部は、年末、門松やお正月の飾り付け用の切り花として出荷される（写6-7）。これらの枝にはすでに蕾が着生し、事後の加温によって開花する。

写6-7　切花として出荷される南高梅の剪定枝
（和歌山県日高郡みなべ町、2009年、みなべ町役場提供）

梅畑では早春の開花を終え、梅雨に入ると実が熟しはじめる。まず青梅（あおうめ）が収穫、出荷される。これが終わると地上に自然落下する完熟梅を地面に敷いたネット上で収穫する。これらの梅は、農家によって選果（せんか）、塩漬け、天日干し、選別、樽詰（たるづ）めされ、価格の動向をみながら仲買や梅の加工場に販売される。

梅農家の屋敷には梅を天日干しするハウス、塩漬けする樽、保存する梅蔵（うめぐら）が取り巻く。みなべや田辺では生産に加え、塩漬けから天日干し、選別、樽詰めまでの一次加工ができて初めて梅農家と呼ぶ。農家自身が生産物の一次加工を担うことで価格の安定化と付加価値を向上させてきた。

(2) 梅農家

梅の栽培管理、収穫、一次加工、これら一連の作業は、三〜四世代がともに暮らし、老若男女、家族全員が一致団結してはじめて成し遂げられる。年老いてもすべての構成員に役割がある。みなべ町の梅産地における三世代同居率は、都道府県別全国平均値の七・四％、一位の秋田県二二・一％よりも圧倒的に高い（二〇〇五年、総務省）。岩代地区では三九・九、同様に上南部三九・七、清川三七・〇、高城三二・七％にも達する(91)。

梅の収穫と一次加工時期には炭焼き職人など、集落で手の空（あ）いた者を含め、農家どうし、地域が一丸となって梅作りを支えあってきた。今でも家族とともに集落内にしっかりとした絆が息づき、相互扶助をはじめ、生まれる前から逝ったあとまで、互いに支えあう気持ちを醸成している。皆が互いに日常生活と梅作りを通してつながっているため、一人暮らしの高齢者も安心して暮らすことができる。

(3) 労働を配分し収穫の手間を省いた南高梅

さらに梅栽培の生産から一次加工までの工程が、稲作とのあいだで農家の労働力をうまく配分されている。田植えは五月、梅の収穫は六〜七月、梅実の塩漬けから天日干し、選別、樽詰までの一次加工は八〜九月、稲刈りは九〜一〇月である。青梅と完熟梅の出荷量を比べると、青梅は梅総生産量の一〇％前後に過ぎない。青梅は一次加工を行わないため付加価値が少ない。青梅を手採りで収穫、選果して出荷できる量は、一家族三〜四人で一日一〇kg箱、一〇〇個前後に過ぎない。摘み賃や箱代、運搬賃を差し引くと、利益は一箱三〇〇円、一日三〇〇〇〇円しか見込めず、一個一個もぎ取るには多くの手間と熟練を要する。

一方、完熟梅は梅畑に敷いたネットに自然落下して収穫される。この地域の梅畑の多くは里山にあり、梅の実がネット上に落ちると斜面を下り一定の場所に集まる。これを**たも網**で収穫する。一個一個収穫する青梅に比べ手間が少ない。三〜四人家族の収穫量は、二〇kg用コンテナで二五〇個前後／日、二〇〇円／kgとすると最大で一〇〇万円分／日を収穫できる。さらに青梅のように収穫期が限定されず、自然落下した梅を収穫する期間は一ヶ月に及ぶ。完熟梅は青梅よりも効率良く収穫でき、期間が長いために労働力を分散できる。しかも高齢者でも作業を行うことができる。さらに青梅と完熟梅の収穫時期は、それぞれ、六月の上旬、下旬と約半月の開きがある。高値のあいだは青梅を出荷し、値が下がると同じ梅を完熟梅で収穫する。これを梅干しに加工して出荷調整を図り、青梅の値崩れを回避する。加工梅干しは一〜二年をかけて販売できるため、豊作年の値崩れを防ぐことができる。

（4）他産地との住み分け

群馬、長野、山梨は日本有数の果実生産県である。これらの県には火山灰土壌や扇状地が多く、何種もの果樹を栽培でき、首都圏に近いことから兼業農家が多い。このために単一果樹による産地形成が進みにくかった。南高梅の品質は、土壌と気候条件が最適なみなべや田辺で最高になる。

昭和五〇年代、群馬県でも南高梅が栽培された。しかし春の気温が低いために収穫時期が遅れ、群馬の出荷時には、すでにみなべ・田辺産が出回っている。南九州でも南高梅を生産し早く出荷したが、梅干しの加工技術が未熟なために安値にならざるを得なかった。また、みなべや田辺の農家は、耕作規模や完熟期がずれる山の奥や入口など畑の環境条件の違いを使って出荷時期を調整し、市場での値崩れを回避した。また、高度な加工技術があるため、青梅の値が下がると梅干しに加工して値崩れを防ぐことができた。また、この地域の梅の実が値段の安い台湾や中国産に負けないのは、農家が気候と土壌に最適な品種を選抜し、常に改良を重ねながら最高品質のものを作る栽培方法を確立してきたからである。

（5）生産拡大の後押し

青梅は梅干しに加工されてはじめて高い付加価値を持つ商品になった。ところが一九六二（昭和三七）年に酒税法が改正され、個人で梅酒を作ることができるようになった。これを契機に青梅の需要と商業ベースの梅酒生産も急増し青梅価格が上昇した（食料新聞、二〇〇八年）。

さらに一九七〇（昭和四五）年頃から梅による農業所得が米を追い抜き、健康食志向によって一九九〇（平成二）年まで梅干し価格が急上昇した。しかもその後も米による農業所得を下回ることはない（図6-7）。このために一九六五（昭和四〇）年以降、和歌山県では梅の栽培面積と生産量が急増してき

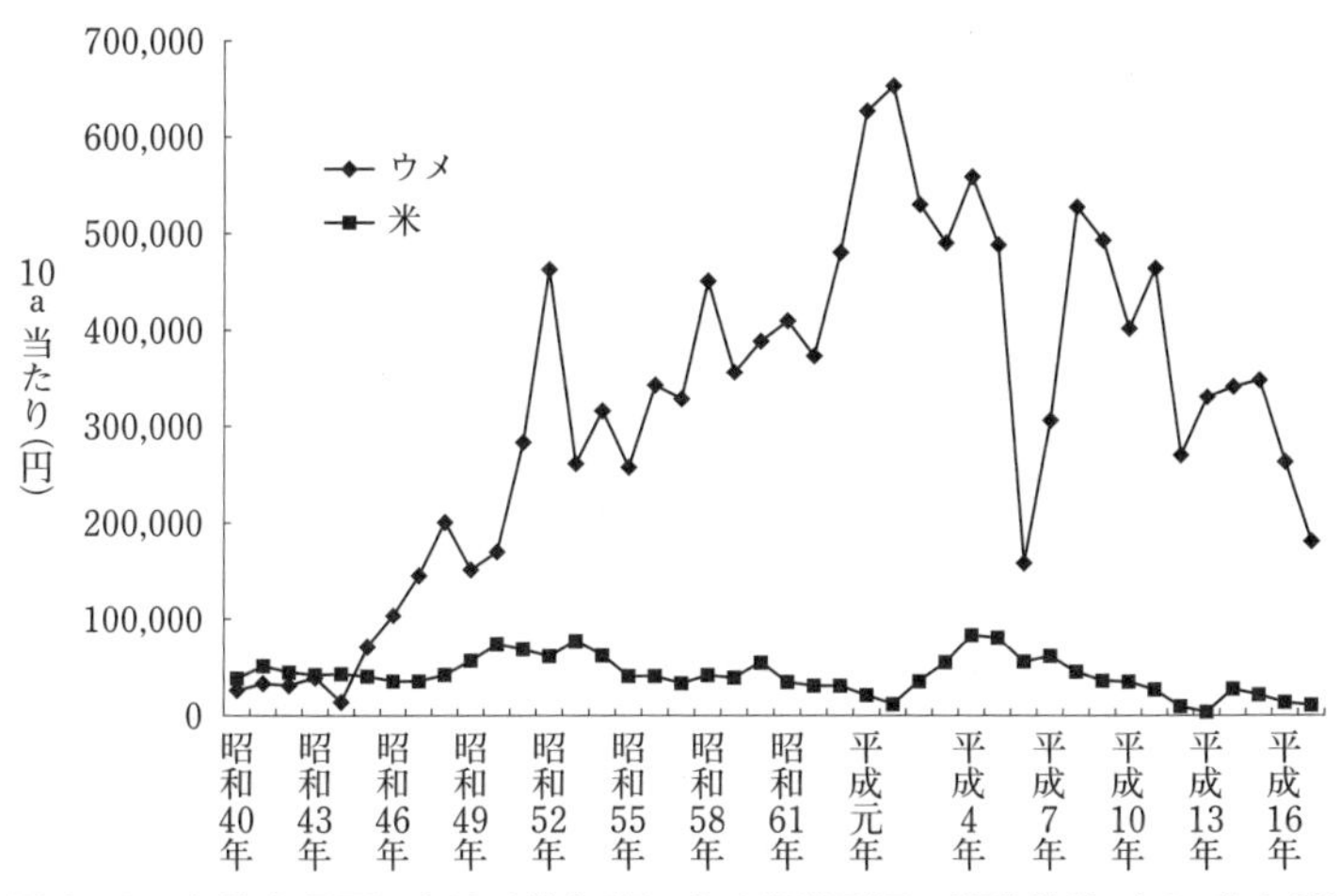

図6-7　和歌山県下における梅と米による農業所得の推移比較（10a当たり）

※近畿農政局和歌山統計情報事務所編（1965～2006）「和歌山農林水産統計年報」のデータをもとに作成。

た（図6-3）。

二〇〇五（平成一七）年度、県下の栽培面積は五一四〇ha、生産量は年六七一〇〇トン、全国一の五六%を占め、梅干しの出荷額は年三一〇億円になった（食料新聞、二〇〇八年）。みなべの栽培面積は、一九八三（昭和五八）年の約八〇〇haに対し、二〇〇六（平成一八）年には二〇〇〇haを超えた。同様に収穫量は、一九六五（昭和四〇）年の三七〇〇トンから二〇〇五（平成一七）年には三万トンに、田辺でも生産量は年二四五〇〇トンに増加し、二行政区だけで県内生産の七九%、全国生産の五三%を占めるに至った。地域の土壌と気候が礎になり、高田貞楠をはじめ、明治時代から、地域を上げ取り組んできた**選抜育種**と土地利用への作法があったからこそ、高品質の梅生産を拡大することができた。

梅を加工する際には梅酢が発生し、梅一トンから三五〇kgが生産され、紫蘇（しそ）漬けなどに利用されてきた。しかし、梅干しの生産増加に伴い、従来の用途だけですべての梅酢を消費しきれなくなった。梅酢はクエン酸やアミノ酸等を含み健康によい。和歌山では、夏、暑さで弱った鶏に梅酢を飲ませる習慣があった。この教えをもとに以前は廃棄された梅酢を脱塩して濃縮加工し、機能性食品が作りだされた。これを餌に加えると鶏の肝脂肪が減少し病気への抵抗力が高まり、さらに鶏肉や卵の食感、食味、外観を高める（「紀州うめどり」、「紀州うめたまご」）。

(6) 観梅客

みなべと田辺の梅畑は、あわせて約三八〇〇haに及ぶ（二〇〇八年）。観光向けの梅林として、「一目一〇〇万本、香り十里」、日本最大の「南部梅林（みなべばいりん）」や「石神梅林（いしがみばいりん）」などがある。加えて各梅林とも梅を生産する個人の梅畑であるから、見渡せる範囲が梅園である。一九六六（昭和四一）年から地元の「梅の里観梅協会」が観賞コースを設置し観光客に有料開放している。植栽密度が三〇〇本前後／haであるから全体で約一一〇万本以上の梅が広がっている。里人が生きるために育んできた里山景観である。

観光客数も増加した。梅林へ有料入園する観梅客数は、みなべ町内だけをみても年四〜五万人に達する。また、二〇〇二（平成一四）年、町内の日帰り観光客数は年五九万人に達し、宿泊客数は年一六・六万人に増えた。宿泊者と日帰り客は、ともに一九九三（平成五）年比で四倍前後増加している。観光客の約八割が一〜二月の観梅期に集中する。この時期は梅栽培の中心的な労務と重ならない。土産物屋や旅館業をはじめほぼすべてのサービス産業が潤（うるお）い、そこには手の空（あ）いた農家の労働力が投入される。

表6－2　みなべ町農家1戸当たりの平均農業所得（千円）とその全国比、県内比の推移

年度	全国	和歌山県	みなべ町	全国比(%)	県内比(%)
昭和45年	460	496	479	104.1	96.6
50	1,039	815	815	78.4	100.0
55	979	704	1,066	108.9	151.4
56	962	936	1,265	131.5	135.1
57	937	634	1,017	108.5	160.4
58	967	615	1,227	126.9	199.5
59	1,015	725	1,492	147.0	205.8
60	998	857	1,711	171.4	199.6
61	962	650	1,335	138.8	205.4
62	900	558	1,317	146.3	236.0
63	941	699	1,698	180.4	242.9
平成元年	1,107	1,136	2,533	228.8	223.0
2	1,243	1,436	3,060	246.2	213.1
3	1,281	1,981	3,715	290.0	187.5
4	1,284	1,687	4,257	331.5	252.3
5	1,248	1,653	4,443	356.0	268.8
6	1,391	1,895	4,612	331.6	243.4
7	1,354	1,756	4,601	339.8	262.0
8	1,329	1,997	4,712	354.6	236.0
9	1,196	1,542	5,127	428.7	332.5
10	1,219	1,757	4,581	375.8	260.7
11	1,149	1,318	4,926	428.7	373.7
12	1,147	1,433	4,229	368.7	295.1
13	1,116	1,132	2,501	224.1	220.9
14	1,158	1,282	3,258	281.3	254.1
15	1,217	1,264	3,168	260.3	250.6
16	1,150	1,437	3,611	314.0	251.3
平均値	1,224	1,544	3,958	322.5	257.8

※農林水産省近畿農政局『和歌山農林水産統計年報』による。
　平均値：平成元年～平成16年までのもの。

5 地域の絆が守る暮らし

(1) 暮らしと共同体を支える収入

一九七五(昭和五〇)年まで、みなべの農業所得は県下の平均以下であった(表6-2)。しかし、一九九五～二〇〇四(平成七～一六)年、農家一戸当たりの平均農業所得は、県内比二・五～三倍、全国比三～三・五倍に達した。そして一九九〇(平成二)年、梅農家の農業所得が史上最高を記録した。収入は平均約六五五万円／反、米の四八・五倍になった。二〇〇六(平成一八)年で米の二・九倍、一九九五～二〇〇四年までの平均値では一八・三倍の所得を得ることができた。この収入が農家の暮らしと**共同体**を支えた。

一九九七～二〇〇六(平成九～一八)年までに梅価格が平均二五%前後下落した(81)。しかし、一日当たりの梅の労働報酬はハッサクの二倍、米の一〇倍ある。しかも梅は青梅だけでなく、梅干しに加工することで付加価値を付け、出荷を調整することによって値崩れを防ぐことができる。個人経営の柑橘(かんきつ)栽培では無理である。また、会社員や他の作物の生産農家に比べ、梅栽培は皆との協力が不可欠であることから、互いの絆が強くなる。このため梅栽培は、収入に加え家族や地域を守る上からも効果がある。

さらに全国と和歌山県、みなべとのあいだで販売規模別農家数の割合を比較すると、一〇〇〇万円以上の売り上げを持つ農家は、全国平均で全体の四・七～七・三%、和歌山県下で六・八～八・七%に過ぎない。一方、みなべの農家による販売額は、全体のおよそ半数が五〇〇万円以上、二〇～三〇%が一〇〇〇万円以上、全体の約五%が二〇〇〇～五〇〇〇万円を売り上げる(一九九五～二〇〇五年、農林水産省近畿農政局)。これらの収益が地域の歴史と文化を守り、皆の暮らしと次世代を育む基盤を支え続けてきた。

(2) 地域雇用を育む梅のちから

南高の梅果実は「紀州みなべの南高梅（なんこううめ）」として地域団体商標の認定を受けている（紀州農業協同組合、二〇〇六年）。完熟梅の大半は地域で加工される。外資を入れず江戸時代から地域が一丸になって加工技術を開発し販売業を発展させてきた。労働力率からみた地域雇用力は、一九九五（平成七）年、二〇〇〇（平成一二）年ともに男女合わせて県内一である。町内の就労年齢者の約七割、男性では八割強が有職者である(82)。女性の労働力率も県下一である。完全失業率は二・四%に過ぎない。みなべの二次産業では、食料品関連製造業の大半を梅加工が占める。この総出荷額と付加価値額は、二〇〇四（平成一六）年、和歌山市に次ぐ県内二位であった(83)。

梅を加工販売する梅屋は、もとは梅農家である。一次加工まで行う農家から仲買を通して梅を購入する。梅農家が立ちゆかないと販売も行き詰まる。梅農家は、主たる営農者が働けるあいだ、就労年齢に達した子息を梅屋に修業に出す。そこからは、現金収入に加え梅屋の技術と人脈を持ち帰る。この修業の広がりが生産から加工、調味、販売を手がける梅屋を繰り返し育成してきた。

梅の消費増による生産量と栽培面積の拡大は、切り花、青梅、完熟梅、梅干しによる収入に加え、加工と販売流通、観梅に求められる地域雇用を生み出した。また、この地域雇用が日常生活に求められる二次、三次産業を増幅してきた。みなべ・田辺では古くから六次産業化を推し進めてきたことになる。

この地域力が若者の流出を抑え、地元での世代交代を促し、地域の文化と歴史、**共同体**の絆を次代に伝えてきた。この地域に里人たちが暮らす限り、三八〇〇haもの里山に梅の花が咲き続ける。これは里人が自然に学び、先達の努力を活かし、一丸となって生産から加工、販売、開発のすべてを担うちからを身につけてきたからである。だからこそ皆が里地里山で暮らし続けることができる。

この地域の持続可能な暮らし方と生産の営みは、「みなべ・田辺の梅システム」として、国際連合食糧農業機関（ＦＡＯ）による「世界農業遺産（ＧＩＡＨＳ）」に認定された（二〇一五年）。世界に誇れる里山における暮らしのシステムである。今後も発展と継承が期待されている。

第三節　絆と知恵で里山の資源を最大限に活かす観光地（愛知県旧東加茂郡足助町［豊田市］）

足助町は、名古屋市から国道一五三号線を北東へ約四〇km、九千人ほどの山里である。平成一七年、豊田市に編入されたが、地域の文化や人々の生き方を尊重するため、ここでは旧足助町を足助と呼ぶ。

一九七五（昭和五〇）年を境に多くが農林業をやめた。町内の農業就業者は一九五〇（昭和二五）年の四九三三人に対し、二〇〇〇（平成一二）年には三六八人に、林業就業者は八三〇人から八三人にまで激減した(100)(101)(102)。名古屋や豊田へ人が流出した。「このままでは足助の文化や伝統はもちろん、雇用や農林業が衰退し、次代を継承することも困難になる。何とかしなければ」と思う住民が多数いた(101)(103)(104)。地域で生活できなければと、役場と観光協会に勤めたＯ氏（昭和一二年生）らが当時の足助を牽引した。里地里山を生かし、これによって次代と文化を継承すべく先陣を切った。

Ｏは、「観光とは交流の中で地域色豊かな文化を公開、保存、継承しながら地場産業を育てお金を得ながら愛郷心を高めるもの」と語る(103)。自立した地域を目指し、古くから続く大字や小字の自治組織が結束し、役割を分担し、行政、観光協会、商工会などが支えあい活動を展開した。足助には、約三八〇年の歴史を持つモミジの名所「香嵐渓」があった。これに学んだ。その後、有数のカタクリ群生地を育み、アユ漁を観光簗に切り替え、また、生きるための技を伝える「三州足助屋敷」を整備した。さらに代々受け継がれてきた「塩の道」の町並みを住民自らが暮らしと観光に活かした。

　そこには資源を発掘し、持続的に再生する里山の循環思想が息づく。自然と共生する里人の知恵と技による「観光による町づくり」である。これらの活動が皆の絆を結束させ、それがゆりかごになって需要を掘り起こしてきた。今や東海地方屈指の観光地に成長し、移住者を呼び込む仕組みを編み出した。この地域が過疎化のなかで生き延びることができたのは、里山の自然環境と文化を大切に守り育ててきたからである。本項では当地の里山、里川、町場での持続可能な観光地づくりを踏まえ、暮らしと地域を守り続けるおおもとを解く。

1　里地里山の育成

(1)　先達が育てたモミジ山「香嵐渓」に磨きをかける

　足助の里山「飯盛山」にモミジを植えたのは、山裾にある香積寺一一代目住職、参栄本秀和尚である(101)。江戸の寛永年間（一六二四～一六四四年）に般若心経を唱えながら苗木を植えたという。これに次ぐモミジ山づくりは、一九二三～一九二四（大正一二～一三）年に遡る。地元青年会や婦人会など多くの住民が、勤労奉仕で一〇〇〇本に及ぶモミジを植え、脇を流れる巴川に沿って遊歩道を整備した。この頃、すでに「香積寺のモミジ」として多数の見物客が訪れていた。『足助町誌』によると、「香嵐渓」（約五五ha）は、昭和五年、香積寺の「香」と山の気を指す嵐気の「嵐」をとって命名された。

　これを機に飯盛山をモミジ山に育成する機運が高まる。材木や薪が高値の時代、スギや雑木を伐採しモミジ山にすることには強い反対があった。しかし、里人たちは目先にこだわらず、モミジを植え美しい

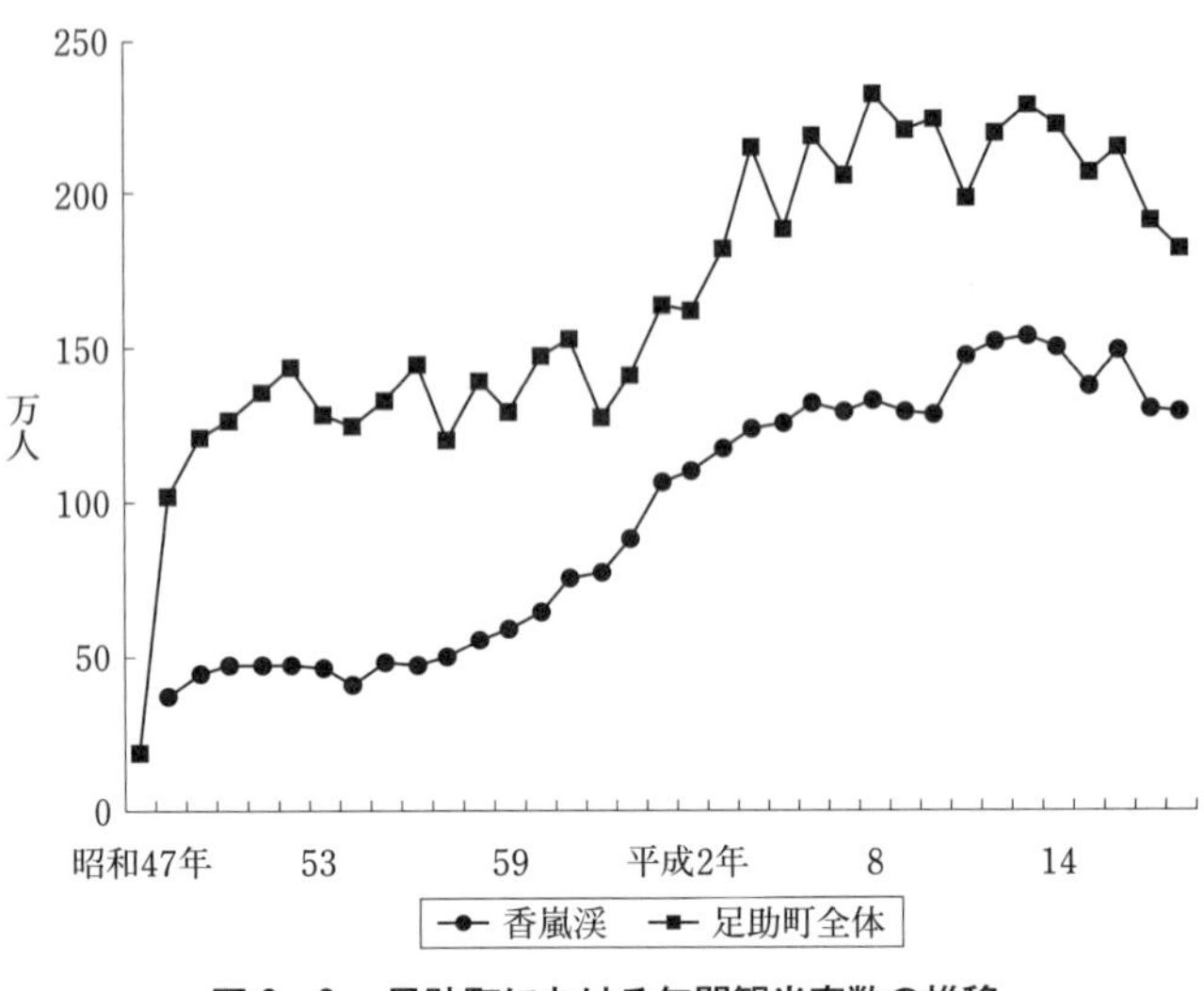

図6－8　足助町における年間観光客数の推移

※「足助観光協会」の資料による。

郷土を育てることを選択した。一九三四（昭和九）年、一九三七（昭和一二年）とモミジを植え続け、香嵐渓はさらなるモミジの名勝に育った[105]。観光客は、増加の一途をたどった。一九四七（昭和二二）年、足助町に観光協会が設立されると、名古屋への宣伝やモミジ祭をはじめ観光客の誘致が本格化した。

一九五一（昭和二六）年には県立公園に指定され、二年で二千本のモミジが植栽された。住民が植栽したモミジは、合わせて四千本を超える。飯盛山のモミジは、江戸時代に遡る香積寺和尚の遺志を受け継ぎ、大正時代から長い年月をかけて育成されてきた。現在もスギの間伐や枝打ちが継続されている。この将来を見据えた里人たちの活動が、地域の暮らしと自然、文化を支えることになる。

香嵐渓では、毎年一一～一二月上旬、赤や黄色の紅葉が織りなす景観が巴川の渓谷に映える。観光協会によると、香嵐渓の観光客数は、統計を取りはじめた一九六三（昭和三八）年の年三六万七千人を皮切りに、一九八三（昭和五八）年には年五〇万人を超え、一九八九（平成元）年には一〇〇万人を突破した（図6-8）。観光客は二〇〇一（平成一三）年まで右肩上がりで増加し一五〇万人を上回った。その後は頭打ちの傾向にある。すばらしい自然環境を堪能（たんのう）するためには、駐車場や道路の容量から考えても、これまでの範囲にとどめるのが無難である。地域の里山にモミジなどを育成する営みが、年一五〇万人を集客する地域資源を生みだした。香嵐渓は、「日本の紅葉一〇〇選」（日本観光協会、二〇一〇年）に挙げられ、「紅葉スポット人気ランキング」ベスト二位（るるぶcom.、二〇一五年）等に選ばれている。この高い評価は、地域住民の絶え間ない努力があったからである。

(2) カタクリ群生地の育成

東海地方の低山では希（まれ）なカタクリは、イチリンソウやニリンソウと並ぶ代表的な春植物である。三〜四月上旬、**林床**にピンク色の花を咲かせ、種子を付けたあとは翌春まで休眠（きゅうみん）する。この植物が繁殖するためには、春、陽光が十分に届く落葉広葉樹林の**林床**が必要である。役場に奉職した前出のOによると、古くから香嵐渓はモミジの名所で、その中心の飯盛山では、毎年、モミジやスギの枯れ枝掃除と下草刈りを続けていたが、カタクリは点在するだけだったという。珍しい野草といわれ昭和五〇年代前半に保護を促す看板が立てられた。地元は里山の自然環境と受け継がれてきた伝統を活かし、秋のモミジだけに集中する観光客を周年に広げようとしていた。カタクリの群生地を育成しようとする試みは、役場に請（こ）われ観光協会に転職したSY氏らによる。この頃から夏に年一回の草刈りを継続し、低木類の繁茂が抑えられた。

アリがカタクリの種子散布を担う。運搬距離は五～一〇年に五mほどという。群生地を拡げるため、地元住民が協力し一九七六（昭和五一）年から種子を採取して蒔き始めた[104]。四～五月に採取する種子数は年七万～十五万粒に上った。下草を刈取り、表土をほぐし種子をばら蒔き覆土した。毎年一〇〇㎡ずつ播種面積を増やした。発芽は播種一年後の翌春、開花までに最低四～五年かかる。三〇年間種子を蒔き草刈りを続け、群生地は五〇〇㎡から二〇〇五（平成一七）年にはおよそ五千㎡にまで広がった。今では「香嵐渓を愛する会」などのボランティア二〇～三〇人が年一回一月に落枝や下草掃除を行い、六月までにカタクリやシャガなどの野草を育てるために草を刈る。ついでカタクリの種子を蒔き、山守二～三人が、毎夏、約五千㎡の自生地で草刈りを続けている。

林床一面に咲くカタクリの花によって、早春の観光客が増加した。カタクリは一九九〇（平成二）年頃から群生化し、花期にはピンクの花が**林床**を埋め尽くし、ニリンソウやイチリンソウまで開花するようになった。三月中下旬、花を一目みようと訪れる観光客は、年四～五万人に達する。種子の採取と播種、草刈りといった努力の賜物である。里山を環境容量の範囲内で観光に活用すること、その一つが、カタクリなどの春植物を保全することであった。

(3) 生きるための技を伝える――「三州足助屋敷」

さらに観光協会のOらは、過疎化と農業の衰退に抗して地域を再生するため、地元ではモミジの紅葉時期だけの観光客を周年にさらに拡大させようとした。これにも代々受け継がれてきた里山の伝統技術を活かすことにこだわった。地域に培われてきた技を、職人の教えで観光客自らが体験することで伝承し、雇用を生み出した。それはまさに生きた民俗資料館「三州足助屋敷」である（写6-8）。地元には衰退したとはいえ、炭焼きや機織り、藁編み、味噌や醤油づくりなどの暮らしの技、木地や下駄、桶、傘などの職人が伝承してきた技が残っていた。観光客に体得してもらい、学び取ってもらおうとした。

Oらは、地元に残る職人や生活の技を受け継ぐ先達を探し、農具などを集めた。運営を通し、来場者に暮らしや生業の技を伝えること、生業で生活に必要なそこそこの収益を生み出すこと、後継者を育成することを約束した(101)(107)。その後「三州足助屋敷」は独立採算を続け、今では地域の文化と伝統を育み、生業を守り伝える法人である。職人は株式会社「三州足助公社足助屋敷事業部」に所属する。この事業部の社員は一五人、雇員一〇人、臨時職員二一人である。入場料、駐車場、機織りなど生業の実践学習による収入、土産や飲食店の販売収入から給与が支払われる。公社は足助屋敷事業部のほか、ホテルやハム加工販売の「Z・iZ・i工房」等を営む「百年草事業部」を運営する(106)。雇用者数計一二二人の一〇億円企業になった。

開設後約二八年が経過した二〇〇九（平成二一）年、「足助屋敷事業部」職人の大半が二代目になった。炭焼き職人の弟子は茨城、桶職人は和歌山、機織り職人は静岡出身である。若手の炭焼きOH氏は、一窯で三〇俵ほどの炭を焼き、年三〇回、約一〇〇〇〇俵の炭を生産販売する。窯

写6－8　昭和30年代までの暮らしと知恵、技を伝える三州足助屋敷の佇まい

（愛知県豊田市飯盛、2009年）

写6－9　柚餅子を軒先に吊るして乾燥させる縁側と床下に見える網で囲った鶏小屋
（愛知県豊田市飯盛、2009年）

入れ中は地元の雑木林から**原木**を切り出す。二〇～三〇年ごとに同じ山から**原木**を採る。若き桶職人のTT氏は、手仕事の木工で暮らしたいと移り住んだ。年五〇～一〇〇個の木桶を注文生産する。機織り職人は、公募に応じ足助屋敷に入り、先代から技を学び生業を引き継いだ。籠屋の二代目は福岡出身、定年後に移住し初代の師匠から技を授かった。鍛冶屋、紙漉屋ともに地元出身者が跡を継ぐ。当時の農具や民具も現役である。

背負子で山から薪柴を運び、**囲炉裏**や**竈**での煮炊きに使う。**母屋**の縁の下にある網蓋が付いた鶏小屋では、食堂で使う肉と卵を採るチャボを飼う。縁側の軒先には、販売用に秋は干しガキ、冬には**柚餅子**を作る（写6-9）。ここでは農耕牛も飼育する。牛が排泄する糞は**堆厩肥**になり、園内の食堂で使う野菜の畑に循環させる。屋敷では昭和三〇年代までの徹底循環型の生活を生きた姿で伝承している。

都会出身の若手職人達が先達の教えを受け、持ち回りで牛を世話する。一日二回餌をやり、牛糞を搬出し**堆肥**場に積み上げ、十分に発酵すると野菜畑に鋤き込む。ここでは昔の農家と同じく雌牛一頭を飼い、子供ができたら雌の仔牛だけを残し親や雄の仔牛を売る。

炭焼き職人のOTが通う雑木林では、**原木**を採取するため定期的に立木を皆伐し萌芽更新させている。

昭和三〇年代まで普通に見られた光景である。伐採後二年目の林地では、伐採株から若い幹が五〇〜八〇cmに再生していた。大気中の炭酸ガスを吸収して再び伐期まで成長する。サクラは、太い木に育成して質の良い床板（とこいた）を採るために切残す。明るくなった**林床**には、ゼンマイ、ワラビ、イタドリ、オオバギボウシ、ウド、ヤマホトトギス等々、山菜や薬草、野生草花が再生している。燃料を繰り返し採取する営みが、暮らしに必要な数多くの植物を育む。

一九八〇（昭和五五）年の開設以降、来場者は町並み保存や飯盛山に育成した春のカタクリ、秋のモミジ、夏から秋の観光**簗**等々と連動し右肩上がりで増加し、一九八〇年の年一〇万人から一九九五（平成七）年には一八万人に達した。平成に入り一八年間の平均来場者数は年一三万八千人、開設時からの積算数は三五六万人に達した。足助屋敷の営みは、昭和三〇年代までの暮らしや伝統文化を生きた姿で伝え、来場者が五感で学び取ることで伝承させてきた。流行（りゅうこう）に迎合（げいごう）せず、山里で生きていく技を守り伝えることが、職人を志して移住する若者を引き込み、地元雇用と後継者を育成し、生態系を再生する原動力になってきた。

2　里川の育成

(1)　里川の生態系を蘇らせた「川を守る会」

一九八六（昭和六一）年、家庭や飲食店の排水で汚れた川を再生するため、地元七町内（約七百戸）を中心に「足助の川を守る会」（会員約五八〇人）が発足した(108)。支援団体には区長会、巴川漁協、観光協会、商工会などが加わった。昭和三〇年代までは人糞尿は田畑の下肥になり、家庭排水は水田に流して養分を吸収させ、残飯は家畜の餌に再利用された。このため排水や塵の投棄で川を汚すこともなく、川水は野菜の泥落としや洗濯など生活用水であった。しかし、化成肥料が普及し下肥等の自給肥料が無用になった。家畜が農家から消えて行くと残飯が塵に代わる。これにプラスチック塵も加わった。心ない人々はこれらを川に捨てた。人糞尿や排水を処理するため、各家庭に個別浄化槽が普及していく。この浄化槽からは、未分解の屎尿などの有機物がうわ水とともに流れだし、川へ流入するようになった。各家庭や香嵐渓にある飲食店の排水は塩ビパイプ等を通し川へ生放流される。これで一気に川が汚れた。

「川を守る会」は、水質改善の勉強会を続け、毎月第一日曜日を川の清掃日と定め、自治会ごとにゴミを回収していった。ポイ捨て防止を筆頭に、浄化槽の正しい使い方や無リン洗剤や石鹸の使用、食器に付いた食べ残しや油汚れを拭き取ってから洗うことなど、家庭排水の浄化に取り組んだ。住民全員の意識を変えることで、川に魚が育ち、子どもが水遊びできる清流を取り戻そうとした。婦人会や漁協、小学校、保健所などの団体と、幅広く町民を巻き込み、美しい町並みにあう美しい川を目指した[107][108]。平成八〜一三年、「川を守る会」は家庭の浄化槽から川に流れる排水を浄化するためEM菌を導入した。市街地の約七百戸に無償配布し住民意識の向上を図った[109]。今ではおよそ半数の世帯が浄化槽に使い、排水の水質を改善する。すでにゲンジボタルが乱舞するまで蘇った。足助川は、町並みと地域の人々に守られ観光資源としてのちからを取り戻すことができた。

(2) 魚協による資源保全と鮎釣りを呼ぶ川づくり

足助には、延長約五六km、流域面積三五四平方km、矢作川の支流、巴川が流れる。漁業資源を枯渇させず、有する環境容量を最大限に生かすため、巴川漁業協同組合は、一九五〇（昭和二五）年の設立

表6-3　矢作川水系巴川における漁獲量の推移

（単位：kg）

年	アユ	アマゴ	コイ	フナ	ウグイ	オイカワ	ウナギ
昭和41年	14,056	−	1,500	600	−	3,000	1,400
43	11,420	−	1,800	600	−	3,000	1,500
45	13,750	−	2,500	300	50	3,540	1,300
49	15,050	465	2,650	280	250	2,450	950
51	16,400	1,170	3,300	300	880	4,800	980
53	18,100	2,400	4,200	280	1,000	4,400	1,300
55	27,589	1,800	3,700	300	890	3,900	1,200
57	25,032	2,051	3,800	300	900	3,920	1,200
59	43,800	2,350	3,500	80	800	800	1,200
61	46,800	2,200	3,200	100	800	1,200	900
63	45,580	2,320	1,960	90	950	1,190	910
平成3年	47,308	2,461	1,673	87	866	1,088	906
5	34,434	3,108	1,864	96	943	1,211	523
7	35,001	3,082	2,238	105	1,067	1,393	941
9	32,603	3,154	2,399	107	1,107	1,408	736
11	30,380	2,952	2,058	98	993	1,276	724
13	26,365	2,702	666	59	550	692	520
15	25,216	2,312	1,211	74	722	910	684
17	31,483	2,321	1,145	72	702	886	684

※昭和41〜45年：愛知県足助統計事務所資料による。
※昭和47年〜平成7年：内水面漁業生産統計調査結果表（巴川漁協提供）による。
※平成9〜17年：巴川漁業協同組合資料による。

当初からひたむきな努力を続けた。漁協によると、稚アユ放流は、一九五五（昭和三〇）年から二〇〇七（平成一九）年までの記録で年四〜四・五トンに及ぶ。この努力によってアユの漁獲量は、昭和三〇年代の年平均三トンに対し、昭和四〇年代には年一五トン、平成に入ると年三〇トンに達した。また、一九八〇（昭和五五）年から、毎年、アマゴの稚魚、約一三〇kg、ウナギ四〇kgが放流されている。これにより一年にアマゴ一・八〜三トン、オイカワ〇・七〜一・四トン、コイ〇・六〜三・八トン、ウナギ〇・五〜一・二トンの漁獲が維持されてきた（表6-3）。

　これらの魚は、後述する観光簗の食材になるほか、川魚を求める釣り師を集めた。遊漁券発行数を、昭和六〇年から平成一九年までの平均値でみると、アユの年券は約一四〇〇枚強、日券は四二〇〇枚になり、アマゴと雑魚を合わせた総遊魚券販売数は、年券約二〇〇〇枚、日券五四〇〇枚に達する。これは、少なくとも七四〇〇人以上の釣り師が川に入ったことを示す。これらの釣り師が支払う遊漁料収入は、一九八五（昭和六〇）年から二〇〇七（平成一九）年までの平均値で年約二五〇〇万円、うちアユによる収入が九〇％を超す。さらに四つの簗から、年二七～三五万円ずつ賦課金を徴収できる。このため、漁協の収入は、年平均二六〇〇万円を上回った。先にも述べたように、これらの簗には毎年約一万人の集客がある。川を交えた観光客は少なく見積もっても毎年一万五千人以上に及ぶ。この収入が地域の雇用を生みだす。

　巴川における遊魚者数のピークは平成二年で、総遊魚券販売数は年一〇八八六枚、漁協の収入は三八〇〇万円を越えた。その後、アユの遊漁者数は減少傾向を示す。巴川漁協によると、アユの漁獲量は、年二五～三五トン、アマゴは二・三～三・三トンの範囲で急激な落ち込みはみられない。一九九一（平成三）年頃までの一時的なアユ釣りのブームが去り、年券を買い求める釣り師が減った影響が大きい。漁期中、アユを求め続ける釣り師が減少している可能性が高い。この減少を止めて増加させるよりも、漁協が独立採算で存立でき、漁獲が再生可能な範囲に遊漁者数をとどめておくのが無難である。

　漁協は巴川の漁業資源と自然環境を守るため、稚魚の放流に加え漁具、漁法、漁期、捕獲魚の体長を制限し、禁漁区を設定した。前述の「足助の川を守る会」と連携し、清掃や害魚の駆除、魚類の産卵環境の育成や河川の生態系調査へ参画する（表6-4）。特に他産地からの稚魚の放流に対する批判を背景に、本流の矢作川の稚魚が巴川まで遡上できるように下流の矢作川漁協と連携し、魚道の施工指導、モニタリング調査にも協力する。開発による濁水発生等の水質問題、河道の土砂採取、河道周辺からの土

表6－4　巴川漁業協同組合の河川環境保全活動

〈生息環境保全〉
河川清掃（平成16～19年：組合員ほか425～450人参加）
カワウ駆除（平成６年～）
漁具・漁法の制限（昭和59年～）
採捕魚体長の制限（昭和60年頃～）
禁漁区の設定（昭和40年頃～）
魚類生息環境育成や魚道設置と改修を目指した陳情と技術指導（平成６年～）
河川改修工事に対する監視、指導、多自然工法採用への陳情
組合員による漁場、魚類生息環境整備
矢作川河口堰問題に対する陳情
アユ漁業再生プログラム実証事業への参画
河川生態系調査への参画（平成19年～）
魚類調査実施協力
遡上アユ調査（「細川頭首口」付近）実施の行政への依頼
〈監視・指導〉
密猟者指導、禁漁区の監視委嘱（人数：アマゴの期間１名、アユの期間３名、寒バエの期間１名）
開発行為による濁水発生を中心に水質や河川環境悪化に対する監視（平成13年～、専任２～３名）
河道堆積土砂管理に対する監視、指導
土砂採取の事前協議、監視、指導
河道周辺域における毒物埋設等の監視
水質汚濁対策に対する県、国への陳情
開発ゴルフ場等公害防止連絡協議会への参画
〈関係団体との連携〉
矢作川水系四漁協連絡協議会への参画と連携
郡内内水面漁協との情報交換
足助の川を守る会や水辺環境フォーラム、シンポ等への参画
愛知県水産試験場内水面漁業研究所等との連携

※巴川漁業協同組合通常総代会提出議案とヒアリング調査から作成。

砂や毒物の流入、密猟者や禁漁区での遊漁に対し監視と指導を行う。これらの息の長い営みが、巴川の自然環境と、この川を生業の場とする里人たちの暮らしを守ってきた。

(3) 川に伝わる技の伝承と観光簗づくり

足助のアユ漁は、江戸期に盛んになった。**簗**の経営歴四〇年のK（昭和三年生）によると、巴川には昭和二〇年代まで六ヶ所以上の**簗**があり、当時は秋の落ち鮎を捕え、氷に詰め料理屋や名古屋の川魚市場に出荷した。しかし、乱獲による資源枯渇と伊勢湾台風の被害で多くが廃業していった。付近にはかつての燃料山に竹林が広がる。多くは竹とタケノコ、薪炭の販売で収入を得ていた。しかし、薪炭需要が激減し竹も暴落した。昭和三〇年代以降、戦後復興が進み、庶民が自家用車を持つ時代に入る。巴川に近いK家は、**簗**の経験があった親類から竹組やアユやウナギの調理を学び、一九六四（昭和三九）年、観光客向けにS**簗**を開業する。

アユが川を下るのは九月後半から一〇月である。漁獲はこの時期だけである。七〜八月、**簗**に来る多くの観光客に出す鮮魚がない。昭和四二年頃まではこの時期をしのぐため天然アユを仕入れた。時同じくしてアユ養殖が技術化される。この養殖アユが落ちアユまでの観光**簗**を支えた。**簗**場は、七月〜一〇月末まで竹と河原の石で組み立てる。出水による流亡を避けるためには、川の流量や水位変動を熟知して組む必要がある。Kは矢作川で研修し、地区を流れる巴川の流況にあった竹組**簗**に仕上げた。この**簗**は出水で沿岸の立木が流亡しても破壊されない。白鷺、一ノ谷など四つの**簗**の利用者は、年一万人を越えた。Kは、客に出す米や野菜などの食材を自前の田畑から地産地消する。ウドやミツバ、フキなどの山菜は、里山の群落を刈残し**半栽培**したものである。食の安全安心に加え、里山の自然環境と共存する知恵を活かす。

3　町場資源の育成

(1)　伝統的町並みと文化景観を守る仕組みと里人たちの心性

足助は古くから太平洋と中部山岳地を結ぶ交通の要所であり、戦国時代に足助城下に町並みが形成された。かつては信州の飯田、伊那に至る「塩の道」であり、界隈は「中馬街道」と呼ばれてきた。江戸から明治には行き交う人の交流で商業が栄え、平入りや妻入り、柱を露出させる真壁や塗籠造りなど約六〇〇軒の町屋が築かれた。塗籠作りとは、近世以前から続く土を厚く塗り込んだ壁で囲まれた部屋をいう。民家では、寝室のほか衣類や調度品を保管するために使われてきた。

足助町は、一九七〇（昭和四五）年、人口減少に伴い過疎地域に指定された。一九七一（昭和四六）年、観光客が集まる長野県の妻籠宿保存事業を視察した前出のO氏らは、「足助でも香嵐渓だけではなく、町並みの保存が新たな観光客を呼び込み過疎化の歯止めになる」と確信したという(101)(104)。

これを契機に、町屋の価値を再認識し、一九七五（昭和五〇）年、住民中心で「足助の町並みを守る会（以下、守る会）」を結成する。当初三〇人の会員は一年を経ずして二四八人に増え、町役場と「守る会」が一体で保存運動を展開した。一九七八（昭和五三）年には古い町並みが残る名古屋市の有松地区と共同で、全国町並み保存連盟の第一回町並みゼミを開催し、全国から四五〇名を集めた。この営みが足助の町並みを全国に広めた。

昭和五二年、町は県や専門家と「足助の町並み保存対策協議会」を発足させ、文化庁の**重要伝統的建造物群保存地区（重伝建地区）**への選定準備を進めた。しかし、昭和五五年、「守る会」は町との協議でこれを受け入れなかった。「①総論的に賛成であるが看板などの問題では商店の合意が難しい。②補助金と制度は住民生活を縛ることにならないか。③町屋の改修や修景に多額の費用を要し町財政では難しい」と考えた(107)(110)。昭和五七年、住民自らの意志は、「保存」から伝統的町並みを守りながら、住み良い環境づくりを目指すことになる。昭和五八年、「守る会」会長のT氏は、「私たちの町並みは、私たちの手で守らなければ誰も守ってくれません。観光とか商売とか超えたところで、とにかく私たちの住んでいるこの町並みを守って、未来に伝えていくのが私たちの役目だと思うのです」と、町並みは自分達の手で守ることを打ち出す。T信用金庫足助支店などの金融機関や郵便局も町並みづくりに協力し、建物修景への先駆けを担った。

「守る会」は、平成五年「足助まちづくりの会」に発展し、足助らしさを視野に入れた幅広い活動を繰り広げた。平成六年「足助らしさを生かす街づくり」が開始した。生活者と観光客、そして地域振興、伝統的町並みと文化の継承という視点から「景観ガイドライン」を作成する。そして「足助の街づくりに関する要綱」、「足助の街づくり規範」を制定した（表6-5）。「要綱」は、地域固有の財産として価値ある歴史的町並みを保存し継承すること、現代にふさわしい居住環境を形成し生活を豊かにすること、これによって商業を活性させ経済基盤を確立することが目標である。「規範」の修景基準に沿って敷地壁面の位置、高さ、意匠、材料、建物から外構、自動販売機に至るまで町並みとの調和を図ることになった（表6-5）。

これだけ厳しい規範を町民が受け入れるためには、注ぎ水も必要であった。歴史的景観を今に生かした足助らしい住環境整備を工夫、実践する費用として、足助町役場は、新築、増改築、修繕等に際し「個人用建物補助金制度」を導入した。新築には二百万円以内、増改築、修繕には補助限度額として一五〇万円等、伝統的建築物に調和した町並みづくりを進めた。一九九四（平成六）年から一〇年間の街づくりによって、祭に使う山車の倉庫である郷蔵の修景に加え、公民館新築が五件、マンリン小路などの石畳再生が二一件、個人住宅修景が三四件に達し、今に生きる歴史的町並みを再生した（写6-10）。今も江戸時代からの建造物群を中心に優れた文化景観を醸し出す。日々の暮らしに息づく街並みが観光資源としての役割を発揮している。

さらに、二〇〇五（平成一七）年、足助町の豊田市との合併とともに「足助まちづくり推進協議会」

表6－5　「足助の街づくりに関する要綱」抜粋

項目	内容
目的	1．江戸末期からの建造物が残る町並み景観の活用 2．歴史的景観を今に生かし商住環境を改善整備する新たな町並みづくり 3．街づくりの目標と達成に必要な規範づくり
目標	1．地域固有の財産としての価値を持つ歴史的街並みの保存と継承 2．現状にふさわしい居住環境の形成と豊かな生活文化の創造 3．商業活動の活性化による経済基盤の確立
『街づくり規範』の制定	『街づくり規範』はつぎの基本原則にもとづいて定めるものとする。
	1．良好な居住環境の形成と街並み保存 (1)江戸時代より建物が生活環境を守ってきた工法の確かさを学び、これを受け継ぐことと、現代にふさわしい居住環境への改善を図ることとの一致点を追求する。 (2)住宅地としての良好な環境の維持・改善に努める。特に日照・風通し・騒音・プライバシーなどの相隣関係に注意を払う。また、自然環境の保護・育成に努める。
	2．街並みの活用と商業活性化 (1)伝統的建物は保存に努める。新しい建物は伝統的建物を尊重し、それと融合し合ってより豊かな街並みを発展させていくような建築とする。 (2)町民及び町を訪ねる人々が何かを予感し、期待に胸をときめかせながら、ゆっくりと時間を過ごせる環境づくりを進め、商業の活性化を図る。
『足助まちづくりの会』	対象区域住民等により組織された『足助まちづくりの会』(以下、委員会)は、この要綱に基づき事業を行うため、『街づくり規範』を作成し、街づくり活動を実践する。
住宅等の整備に関する事項	1．対象区域内において街づくりに関する行為を行う場合は、『街づくり規範』を尊重する。 2．街づくりに関する行為をしようとする者は、できるだけ早い段階で計画を町長に届け、協議をしなければならない。 3．町長は『街づくり規範』を尊重し、当該計画が街づくりの目標に適合した住宅等の整備につながるよう指導に努めるとともに、必要に応じ、委員会に意見を求めることができる。

※愛知県足助町役場・足助まちづくりの会（1994）「足助らしさを生かす街づくり事業」から引用。

が発足した。足助市街地七自治会の代表、行政等が参画する。KY会長によると古い町屋の多くに建て替え時期が迫り、このままでは歴史的町並みが消失する可能性が出てきた。そこで、二〇一一（平成二三）年、補助金を求める苦渋の選択を行い、以前は退けていた重伝建地区の指定を受けるに至った。今も地域の絆が、日常の暮らしの場である伝統的な町並みを守り続けている。

写6-10　改装された町並みと営業中の書店
（愛知県豊田市足助町、2009年）

(2) 地域伝承文化の再生活用

行政も観光客の周年化を促すために、努力を続けてきた。しかし、年一五〇万人の観光客のなかでおよそ五〇％強が一一月の一ヶ月に集中する。このため道路には平日でも五km、休日には一〇kmを超える渋滞が続く。住民からの苦情はもちろん、同じ店でも観光客を相手にしない商店主は、買い物客の減少に苛立ちをぶつける。この閉塞感を解消するため、平成五年、観光協会員の若手は、秋以外の集客方法を練り上げた。一九九六（平成八）年から「足助城月見の宴」、一九九九（平成一一）年「中馬のおひなさん」、二〇〇一（平成一三）年「塩の道おたから展」、二〇〇二（平成一四）年からは「たんころりん」とともに、足助の旬や四季おりおりを素材にして地元も楽しみながら、町並みと暮らしを発信し続けた[104][107]（写6-11）。「たんころりん」とは、竹籠と和紙で作った円筒形の行灯のこと。この催しでは、毎年八月の夜に町並み（約一・三km）

沿いにこの行灯を置き、和紙を通した灯火で暗がりの通りを照らし夏夜の情緒を演出する。

「中馬のおひなさん」では、二月、足助の町屋約一四〇軒に約六千体のおひなさんを飾る。各家自慢のおひなさんの脇では、嫁いできた頃や娘時代の思い出を語るおばあちゃん達と観光客とのあいだに心のふれあいを生み出す(111)。観光客は香嵐渓だけではなく街中まで入り、家々に押し寄せる観光客をみて商店街も変わった。特に女性たちが変わった。おひなさんを見に来てくれる人たちをどう迎えようか、何を置いたら喜んでもらえるだろうかなど、催事が終わるや来年への思いを寄せるようになった。なす事なく店の片隅にいたお婆ちゃんが元気になった。嫁を叱咤激励し蔵中のおひなさんを持ち出し、並べ方を指南した。神経痛で歩くのを嫌ったお婆ちゃんは、痛みも何処吹く風。あっちへうろうろ、こっちへうろうろ、来訪者に説明したり、人前に出るからと化粧をしたり、活き活き気分へと変わった。若者達が古ぼけた土びなに新たないのちを吹き込んだ(104)(107)。

写6-11　竹籠と和紙で作った円筒形の行灯「たんころりん」が灯す夏夜の町並み
（愛知県豊田市足助町、2007年、足助観光協会提供）

この時期の人出は、初回の一九九九（平成一一）年は三千人にとどまった。しかし翌年には一万人、二〇〇一（平成一三）年には三万人と右肩上がりで増加し、二〇〇四（平成一六）年には七万六千人にも達した。訪問客のなかでリピーターの割合が三一％に達し、三回以上の訪問者が一五％になる人気である(11)。この人出による派生効果も大きい。主会場の足助中馬館では、二〜三月の入館者数が、平成六年の六三四人に対し、平成一五年には三四〇〇人に増え、観光客の約半数が足助屋敷などの施設や香嵐渓などを訪問する。寒い早春の足助にこれまでにはなかったにぎわいを生み出した。

おひなさんが終わる三月下旬、飯盛山ではカタクリの花が咲き始める。五千㎡の山裾に花が密生し、四〜五万人の観光客が殺到する。休日には園路は観光客で数珠つなぎ。足助での早春のあいさつは「カタクリの花咲いたかね」に変わった。さらに新しい工夫を生んでいく。一九九八(平成一〇)年、地元の思いを観光資源に活かすため、観光協会はボランティアガイドを育成した。年利用者数は、一九九九(平成一一)年の八件、一五七人に対し、二〇〇七(平成一九)年には一三三件、三〇四七人に増えた。足助屋敷や町並み、中馬のおひなさんなどに、多い日で七〜八名のガイドが三〇〇名のお客さんを案内する。ガイド歴九年のKY氏は、「毎日の活動が生きがいで、お客さんに出会えるのが宝です。ほんとうに楽しい」と。

4　移住者を呼び込む仕組み

足助は東海地方屈指の観光地に成長し、多くが知る土地柄になった。このことが観光客を招き、移住者やその予備軍を招く上で、代えがたいちからになった。新しく足助に住む移住者は、人口回復に直結する。ここでは、足助が移住者をその気持ちにさせる仕組みを掘り下げる。

(1)「あすけ里山ユースホステル」などによる環境と暮らしの学習会

山里での児童の減少は、多くの小学校を廃校させた。しかし、足助はこれを逆手に取った。里地里山をフィールドに、環境学習や移住に関心を持つ人々の施設に代えた。平成一〇年閉校した旧椿立小学校は「あすけ里山ユースホステル」となった。周囲には美しい棚田が連続し、水車で沢水を導水する。全国約二六〇のユースホステルのなかで、里山を名に持ち、利用者に保全活動を指南するのは、ここだけである。

支配人のOM氏が語る。「目指すところは、利用者に生きていくための知恵を身につけてもらいたい。ここに来て田舎の静けさ、夜の暗さ、空気のおいしさ、仲間の作り方を学んでほしい」と。利用者の二〜三割はリピーターである。幼児が小学生、中学生になっても親子で再来する。利用者の多くは将来の移住候補である。この山里に引っ越す家族もある。また、学習塾の先生が、受験勉強の生徒をここで気分転換させる。年齢階層は多岐に及び、里山の保全活動や山里暮らしを始める登竜門でもある。ユースの体験活動では、「森の健康診断」、「炭焼き塾」、「きこり塾」、「あすけ山村塾」、「ビオトープ再生」などに参加する。

ユースの利用者は、ここ一〇年、年一四〇〇±一〇〇人に達する。一人当たりの宿泊費は五千〜七千円であるが、収入だけが目的ではない。都市民や豊田市内の子ども達に里地里山の暮らしや生業を伝承し、移住やUターンを促すなど、お金では代え難いちからを持つ。ユースのある地区は、人口減少が激しく移住者の受け入れを望んでいる。現在、移住希望者はかなりの数になるが、多くは都市部へ通勤できないなどの理由で足踏みする。近い将来、当地のすばらしさを体感したリピーターが定年を迎えるなど、人生の節目を契機に足を向けることは間違いない。

豊田市では、小学校児童が二泊三日でユースや地元農家に分宿し、里地里山暮らしを学ぶ。九月の一日目、OMらの指導で、薪割り、飯炊き、食材用の雑魚釣りを体験した。飯は斧で割った薪で焚くこと

写6-12　子供らが指導者の教えを受けて実践するヒノキ林の間伐

（愛知県豊田市新盛町、2009年）

を知る。魚釣りも釣竿自作である。深みや流れの速い場所を避けるOMの先導で釣り場へ向かい、生きていくための技を学ぶ。二日目はヒノキ林の間伐体験である。指導者にはOMのほか、M夫妻、「炭焼き塾」のKJ氏などである。ヘルメット姿の子ども達は、安全対策と作業の手ほどきを受け、鋸で切り込みを入れた（写6-12）。M夫妻は小中学校の教員を定年後、長年の思いであった地域の山里暮らしを守る活動「新盛里山耕流塾」に参画した。体験学習終了後に子ども達に語りかけた。「子どもの時から授かった知識や体験は、本を読んだだけではわからない。間伐で光が入って草が生え、雨が土にしみ込みきれいな水が湧き出て下流へ流れる。私たちのために私たちは何ができるのか、ここで生まれ、この田舎を元気にしたいと頑張っている。大人になって山で生活したいと思ったら、ぜひ足助に来てください。里山には十分なお土産はないけれど、十分な土産話があります。ぜひ来てください」と。子ども達の原体験に山里暮らしを刷り込んだ。

(2)　移住者を生みだす「ゆりかご」

先の「新盛里山耕流塾」は、里山と都市の「耕流」の場である。「手入れが行き届かなくなった山と田畑。〈中略〉そんな山里で、山里と都会の人が一緒に持続可能な美しい里山づくりを目指し、楽しみながら取り組んでいる」。学び家は里地里山である。この塾の運営は、主として第二章第一節**共同体**としての集落で述べた大字新盛が行っている。これまで築いてきた絆が礎にある。

受講コースには「旬栽食(しゅんさいしょく)」、「市民農園」などがある。地元民約二五名が塾生の先生だ。平成二〇年から塾生を公募し、一年を通し年二五~三〇名が受講する。多くは市街地に住み、山里暮らしや自給自足、食の安全安心、里山保全等に関心を寄せる市民である。移住の予備軍である。「旬栽食」では、野草の同定、採り方、保存法に始まり、米や野菜づくり、ワラビの灰汁(あく)抜き、イナゴ、スズメバチの佃煮(つくだに)づくり等々、生きるための技を教える。また、「フジの花が咲いたら夏野菜の植え付け」といった適期や旬を知らせる自然の教えも学ぶ。

前出のKJは、暮らす野林(のばやし)町で、子ども達が減る現実に危機感を抱いた。地域や行政、専門家を巻き込み、「足助街づくり塾」によって平成一〇年から一〇〇組以上の家族を招き、田舎のすばらしさ、素朴さ、食料や燃料自給のありがたさを伝えてきた。足助、そして野林への移住を促すためである。この活動によって、今までに一二組の都市民が移住し、廃校寸前の小学校を蘇らせた。地元小学校児童の約二割が移住者の子ども達である。「二一世紀の暮らしは自然と共生した農のある生活」とするKJは、地元小学校を存続させ、山や田畑を保全し、自然豊かな美しい故郷を存続させてきた。二〇〇九(平成二一)年、野林町一一〇人のうち、四九人までが移住者である。大字に住む地元民の心の絆が移住者を受け入れ、山里で暮らす技と知恵を授けた。

5 観光資源などの育成による効果

足助町の人口は、一九五〇(昭和二五)年の一七三四二人を最高に、一九七五(昭和五〇)年には一一三六三人へと三五%、六〇〇〇人も急減する。高度経済成長は、この地域から労働力として多くの住民を奪い去った。しかし、その後二五年間におけるこの地域の人口減少率は一〇%前後に抑制された(102)。これは通勤圏の豊田市街に雇用企業が集中することに加え、観光振興を目指した里山づくりが効したものと考えられる。足助町の一次産業就業人口は、一九五〇(昭和二五)年から一九九五(平成七)年まで減少を続けたのに対し、観光客を受け入れる飲食店、卸売、小売業、サービス業が、昭和二五年以来増加してきた。

前述のように町を訪れる観光客は、一九七三(昭和四八)年の年一〇〇万人から右肩上がりで増加を続け、一九八六(昭和六一)年には一五〇万人、一九九二(平成四)年には二〇〇万人を突破した。その後、一九九六(平成八)年、二三〇万人でピークを迎え、頭打ち(あたまうち)の状態である。ただし、平成に入ってからの年平均観光客数は、二〇〇万人に達する(図6-8)。「中馬のおひなさん」に訪れた観光客一人当たりの支出額は、一人当たり平均四五八一円という(112)。これが周年の額を示すわけではない。しかし目安にはなり、およそ二〇〇万人の人出(ひとで)は、年九〇億円を超える経済効果を生み出していることになる。足助町は、二〇〇五(平成一七)年、豊田市に合併したため、残る最も新しい町民所得は、一九九九(平成一一)年度の値である(102)。総額は約二六六億円で、総就業者数で割り戻すと一人当たり推計約五三〇万円である。自給農家も多いため、浪費しなければ十分に生活できる範囲にある。

足助町観光協会は、一九四七(昭和二二)年発足である。山里観光が市民権を得ていない時代に早くも観光協会が設立されたのは、江戸時代からの歴史を持つモミジの名所、香嵐渓があったからである(104)(105)。この観光協会が、創立以来、独自性と先見性で地域の観光資源を発掘、育成し、観光客の増加を牽引(けんいん)してきた。事務局はわずか三人ほどである。この事務局が知恵袋である。

協会の会員数は、二〇〇七(平成一九)年現在一五九、地元一四の自治会長を核に、観光客にサービ

表6－6　足助観光協会による観光振興のための事業支出の推移（決算額）

（単位：円）

	宣伝振興費	観光イベント費	人材育成活動費	観光資源育成費	研究調査費	振興管理費	合計
平成11年	2,930,549	5,219,976	977,313	102,047	112,000	1,890,512	11,232,397
12	2,884,802	5,313,698	709,506	358,028	665,184	1,419,599	11,350,817
13	2,855,972	5,670,448	550,113	100,000	1,010,100	1,088,730	11,275,363
14	2,420,000	5,600,000	800,000	200,000	800,000	1,085,000	10,905,000
15	3,411,000	5,230,000	620,000	100,000	800,000	1,150,000	11,311,000
16	2,896,005	9,726,936	249,500	100,000	0	851,837	13,824,278
17	2,941,642	4,892,517	249,000	80,000	889,866	1,1605,49[1]	10,213,574
18	2,636,426	5,709,614	307,545	50,000	265,571	1,867,170[1]	10,836,326
平均値	2,872,050	5,920,399	557,872	136,259	567,840	1,247,613	11,368,594
割合(%)	25.3	52.1	4.9	1.2	5.0	11.0	

※足助観光協会資料による。観光協会は、平成17年度の町村合併に伴い足助町観光協会から（株）三州足助公社所属組織に移行。これによって[1]の内訳は、それ以前と異なる。

※宣伝振興費：主に宣伝印刷物発行費、宣伝媒体作成費。観光イベント費：主に春の催事、中馬のおひなさん、もみじまつり等に要する経費。

※人材育成費：主にボランティアガイド、AT21倶楽部等支援費。振興管理費：主に事務費や関連協会費等。

スを提供し収入を得る宿泊施設や飲食、土産物店が全体の約四〇%を占める。協会の事業収入は、一九九九～二〇〇四（平成一一～一六）年までの平均値でみると年約三六二〇万円である。そのうち会費が一割の約三六二万円、大半が足助町からの補助金による。その額は約二八〇五万円である[112]。協会が支出する観光振興事業費は、人件費等差し引くと年約一〇〇〇万円である。約半分が観光イベント費、ついで宣伝振興費が占め、これだけで全体の七七%を占める（表6－6）。前出の年九〇億円の経済効果に対し、行政による観光協会への投資額は二八〇〇万円に過ぎない。しかも、町から駐車場管理を受託し、その委託費の約三三八七万円に対し、収入は約一億一三四四万千円（一九九六年度）に上る[107]。施設の減価償却や管理費用を差し引いた利益は、役場へ還元されてきた。

ここ数年、地元からは観光客の減少を嘆く声が聞かれる。足助への幹線道は国道一五三号線一本だけである。公共交通機関は豊田、岡崎市からのバスにとどまる。秋の紅葉シーズンには車の渋滞が絶えず、「香嵐渓といえば渋滞」、「渋滞は香嵐渓名物」といわれる。紅葉のシーズンは日常生活が混乱し、住民は一ヶ月間を堪え忍ぶ(104)。里山のすばらしい自然環境と文化を堪能するためには、駐車場や道路の容量から考えても、観光客数はこれまでの範囲にとどめておくのが無難である。環境容量の範囲で自然環境と共存する。これが里山で生きていくための鉄則である。

旧足助町内では、いつもどこかで都市住民との交流や里山と暮らしの再生活動を繰り広げている。**共同体**に息づく皆で地域を守る心性、そしてこれを進める町民どうしの絆と努力が下支えしている。外資を入れず地元の資源を最大限に活用しながら、そこそこの収入を得て暮らしている。この営みのすべてが、年一五〇万人以上もの観光客の来訪を長きに持続させ、その周年化に効をなしてきた。「なつかしい風景から未来を生きる知恵を学んだ」といっても過言ではない。

足助には江戸時代からの伝統を守り、地域づくりを実践する里人が津々浦々に暮らし、把握できないほどの里山保全活動が続く。今、里人たちが暮らせるということは、次代に地域の里地里山が継承されることを示す。足助は、まず足元を見つめ、先代から受け継いできた里地里山の潜在力と、そこに育まれた文化と地域の絆を今に活かし続けてきた。これは、人々の暮らしと自然環境や経済社会との壮大な賭けであった。足助の里人たちは、今もこの賭に地域一丸で立ち向かう。

今、先達らが築き上げてきた知恵と技、里山里海が持つ重層的なちからを見つめ直して欲しい。自然環境と先達の教えに向きあうこと。そこからは、ほかにはない宝物が見つかる。育ての親は地域みんなのちからである。切磋琢磨と共にかく汗が、**共同体**の絆を結束させる。里地里山、里川、里海の暮らしは、地域住民のちからをもとに、多様な主体の活動が重層的に進むことで守られていく。

今必要なのは、柔軟な感覚で魅力を発信する地域に足を運び、皆の暮らしを五感で体得することである。そこでは、皆の絆と心性によって**共同体**を守り、一丸になって地域を蘇生する仕組みや人、自然環境、食料、燃料等々すべてを守るための心得と作法、知恵、相互扶助の精神を学ぶことができる。ここには個だけの暮らしや虐待、孤独死はない。元気な里山里海では、暮らしのおもとを学ぶことができる。

過疎への歯止めと集落崩壊を抑えるためには、最低限の行政の財政支援も必要である。しかし、お金だけの経済感覚と助成金だけで実現できるものではない。また、里山里海の資源によって経済的利益を求め続けるだけでは、暮らす人々の競争と環境負荷の増大によってその営為は遅かれ早かれ破綻(はたん)する。日々の暮らしと世代を累々(るいるい)と積み重ねる集落、これをお金や支援だけで維持し続けることはできない。集落に代々暮らしてきた地元民や移住し世代を重ねつつある先達に学ばれんことを願ってやまない。

おわりに

日本列島に生きる里人たちは、縄文時代以降、原住民や渡来人を含め、**食糧**（食料）を確保し子孫を継承してきた。そこでは暮らしに息づく人々の絆、地域を愛する人々の心性こそが、現世の命と子孫をつなぐおおもとであった。この暮らしが次代を育て、歴史、風景、風土を作り、多様な動植物を育んできた(59)。

薪炭林から柴や落葉を集めるシワだらけの古老の手と足。このちからがカタクリを殖やし、その花蜜を餌にするギフチョウを、また田んぼに溢れたトノサマガエルやドジョウ、トキやコウノトリを守ってきた。この手足に伝えられた意思が、**食糧**（食料）や燃料を作り家族の暮らしと集落を守ってきた。これら古老たちの手足と体は日々に自然に学び、空気も水も食料も燃料等々も、生活に要するものすべてを循環させ、芥も汚水も出さず自給する暮らしを築き上げた。

里人らは、集落のまわりに災害や鳥獣から命や農作物を守る土地利用を作り出し、無駄なくそのちからを活かす知恵を身に付けてきた。個々の暮らしを、一人で支えることはできない。災害復旧、稲作、水路、溜池、子育て、弔い……。そこに人々は、**共同体**として生きる仕組みと作法を作り出し、知恵と技を洗練させた。先達たちの手と足、体と心が、生きるための知恵や技、知識、集落の絆を次代に伝えた。この暮らしの営みが動植物とつきあう心得を生み出し生物多様性を守ってきた。

里山里海の生態系や動植物、水、土など自然環境を構成する要素には無用な物は何もない。一定範囲の土地で自給の暮らしを持続させるためには、収奪を繰り返すと行き詰まる。環境の容量をわきまえた自給と高望みしない収入が暮らしを支え、この一連の営みが地域の生態系と生物の多様性を育んだ。

里山や里地からの採取が限度を越えると、災害や凶作で生命と生活が犠牲になった。その戒めに山神や田の神様を祀り、礼拝と供物を続けた。また、被害の痛手を後世に伝えるために記念碑を設えるところもあった（写7-1）。沿岸では恵比寿神社を建立し、豊漁と海難防止を願った（写7-2）。そして人々は次代に対し、いのちの大切さ、つきあいの心得、子供や年寄りを大切にする心性を植え付けた。食べ物やエネルギー、水や空気等々……すべてを大切にする気持ち、自然の容量を察する技量を伝えた。自然とともに暮らした**共同体**の永い歴史が、地域特有の自然と人間との関係を作り出した。それはかけがえのない自然との共生の絆であった。このつながりが全国津々浦々に広がり、里山里海の景観を支えてきた。持続可能な環境社会、集落と人々の輪、そして絆を再生させるためには、里山里海が育んできた相互扶助と共同による暮らし、豊かな生態系を基盤とする自然環境に学ぶ必要がある。いのち、生態系、水、空気、食料、燃料、伝統文化のおおもとは、里山里海における**共同体**の営みにある。地域が存続してこそ多様な動植物と生態系を継承できる。

共同体が壊されようとしたとき、それを守ろうとする人々が現れる。今では過疎を跳ね返し、子供らを育て集落を存続させようと頑張る地域が増えている。**共同体**のなかには捨ててはならない絆と作法があること。ともに暮らすなかまを守らなければならないこと。ときにこの心性が蘇る。「里山」という文字は、田、土、山からなる。この里山は、われわれの暮らしと次代に必要なすべてを作り、再生するちからを持っている。それは物質だけではない。生まれる前から逝ったあとまで、家族と集落のみなが

写7－1　自然への戒めを後世に伝える水害記念碑

（福井県旧遠敷郡上中町［三方上中郡若狭町］河内、1950年代、山本吉次氏・若狭町歴史文化館提供）

写7－2　海難防止や豊漁を願って作られた恵比寿宮

（福岡県柳川市沖端町、1985年、野田種子氏提供）

こころをあわせ互いの絆を育む土台である。地球上において持続可能な暮らしを再構築していくためには、このことを次代に伝えていく義務がある。今でも日本の里山里海は、われわれが少し知恵を絞り、暮らしを携え、移り住む意思があれば、みなをこころから歓迎してくれる。都会に比べ所得は少ない。しかし、そこでは幾多の自然の恵みがわれわれを支えてくれる。

用語解説

畦切り　畦は水漏れを防ぎ田の水位を維持している。しかし一年も経過すると草の根やモグラなどが土中に穴を開け水漏れを起こす。畦切りとは、本田側の畦の背面を切取り、畦に積んで踏み固め強度を高め、また、開いた穴を粘土などで塞ぐ作業を指す。

畦塗り　畦切りを終えた本田側の背面に水を含ませ練った田土を鍬や鋤簾で塗りつけ水漏れをさらに防ぐ作業をいう。

海女　海に潜りアワビなどの貝や海藻等を採ることを生業とする女性。

網元　舟や漁網などの漁具を所有し、多くの漁師（網子）を雇い漁業を営む者。網主。

あらい　刺身の一種。魚の身を薄くそぎ切り冷水（氷水）に潜らせ、身を締めて食べる調理法。

暗渠　覆いを施し、地下に設置する水路や水抜きを指す。

維管束植物　維管束をもつ植物。シダ植物と種子植物。維管束は、体内の生産物を下方へ送る師部と水分を吸い上げて送る木部の束からなり、根、茎、葉を貫いて体を支えている。

イサザ　スズキ目ハゼ科に属するシロウオ。

一間　尺貫法の長さの単位。約一・八一八m。

稲木（稲架）　刈取った稲などの穀物を束にし、掛け並べて干す柵や木組み。稲掛けともいう。

入会山（入会、共有林）　一つの村、複数の村の住民が山林や原野を共同利用し、薪柴や落葉落枝等を採取し、放牧等を行う慣行。

囲炉裏　室内の床の一部を四角に切り抜き、火を焚くように設えた暖房や煮炊き用の炉。

臼　米や麦など穀類の脱穀、精白、製粉をはじめ、餅搗き、みそ搗き、コンニャク作りなどにも使われ、構造と機能の違いにより、搗臼と磨臼とに大別される。

産湯　生まれたばかりの赤ん坊を初めて入浴させること。またはその湯をいう。

瓜谷累層　音無川層群という地層に含まれる黒色をした泥

岩層であり礫状に破砕しやすい性質を持つ。この破砕土は通気性、保水性に優れている。

栄養繁殖　挿し穂、挿し芽、挿し木、接ぎ木、取り木、株分けなどのように、種子ではなく、根や茎葉などの栄養器官から親株と遺伝的に同じ個体を繁殖させる方法。

魞　川や湖沼で魚の通る場所に竹の簀を立てまわし、魚が入るともとへ戻れないようにした漁具。

柄鍬　土を深く耕し表下層土を入れ替える天地返しする農具。踏み込んで板ベラと柄の付け根まで土に押し込み、柄を押すと刃先が上がって土が起こされ、柄鍬を横に倒すと土が天地返しされる。

晩稲　開花・結実の時期が遅い品種。

落とし罠　獣道付近に深い穴を掘り、枝葉で隠し歩いて移動する獣を落とし捕る罠。

音無川層群　六千万年前の新世代初期、陸地から削り取られた泥が海に運ばれて堆積、固結し、のちの激しい造山活動によって曲げ寸断された状態で隆起した地層。

鬼皮　クリなどの実の堅い外皮。

御日待ち　講仲間が集って心身を清め、一夜を明かして日の出や月の出を待つ神事。一同飲食を共にして娯楽に興じて語り明かすなどした。

母屋　主人や家族が住む敷地内の中心になる家屋。本屋。

温水田　水田に配水する沢水などを温めるために設けた水田。

垣内　小規模集落、またはそのなかの一区画の家群、一区画の屋敷地、一区画の耕地などを指す。本文中では大字や字内において一つのまとまりを持った家々を指す。

貝掘り　稲刈り後、溜池の水を一旦落とし、貯水容量を維持するため水底に溜まった泥を流すこと。この泥には多くの栄養分が含まれるため田土を肥やした。このとき溜池で繁殖、成長した魚介を捕り、副食や生業に活かすところもあった。

庚午　干支の七番目。金性の陽干「庚」と夏の火性である「午」が一つになって成立している干支。

叺袋　筵を半分に折りたたみ、両脇を縫った袋。

竈　粘土や石、煉瓦などでつくった煮炊き用の炉。下で薪柴を焚き、上に釜や鍋をかけて食材を煮炊いた。

刈敷　代掻きの際、田の元肥として人力や牛馬で耕土に鍬込む刈取った山草。堆厩肥や金肥が普及するまで最も一般的な元肥であった。

間作　作物の間に他の作物を栽培する混作のことをいう。先に作付けすることやその作物を前作、後に作付することやその作物を後作という。

カンジキ　雪中に足を踏み込んだり、すべったりしないように靴などの下に付ける歩行具。木の枝や蔓などを輪にたわませたものや滑り止めに木爪を取りつけたものなどがある。

紀伊水道 紀伊半島と四国、淡路島に囲まれた海域。東西約三〇～五五㎞、南北約五〇㎞ほどあり、西南日本外帯山地の撓曲活動による海水の浸入により形成された。

木馬 木材を山から搬出するための用具。堅い材でソリ状の土台を作り、その上を人力によって丸太を滑走させる。

木地師 良材を求めて山中に入り、間引いた木材から椀や木鉢、杓子などを作ることを生業としてきた人々。

犠牲田 水不足のためイネの作付けを行わない田、また、干ばつなどのとき、一部の田に水を注いで育成し、残りは収穫を断念する。この断念する水田を犠牲田という。

共同体 『日本民俗大辞典』によると、「共同体」とは、血縁、地縁、心縁という人と人との関係で結びついた共同組織をいう。また、「協同体」とは、成員の一体感や同心、その契機である協調や協力などを顕著に窺わせている組織体や集団を指し、「共同体」とも現す。本書では両方の意味を含むものとして使用する。

巾着網 帯状の網の裾に締め綱が附属し、イワシやサバ、カツオなどの魚群を取り巻き、下方の網を締めて巾着のように捕る巻き網。

金肥 堆肥や下肥などの自給肥料に対し代金を支払って購入する肥料。

くくり罠 押しバネや引きバネを用いてワイヤーを輪状に広げて獣道などに設置する。獣の足が入ると自動的に輪が縮まり捕獲される罠。

クロ刈り 山あいで両側を斜面にはさまれた棚田では、日照を確保するため、田主が山主の意向によらず、二間から数間の幅で山裾を刈取ることができた。刈取る範囲をクロと呼ぶ。刈草は水田の刈敷や飼葉などに利用された。一間は、約一・八一八m。

鯉こく 輪切りにした鯉の味噌煮込み料理。

黒潮 北赤道海流の延長にある暖流であり、日本近海では最大の海流。八重山諸島付近で対馬海流を分かち、本流は日本列島の太平洋岸を北東に進み房総沖から東に流れる。

原木 原料・材料となる木。加工をする前の木。

小糸網 水中にカーテンのように張った網で漁獲する方法。

庚申塔（庚申塚） 道教による庚申信仰によって建てられた石塔。

交配 生物の雌雄を人為的に受精または受粉させること。

御詠歌 巡礼や浄土宗の信者などが仏の徳をたたえ、短歌や和讃に節をつけ唱える歌。和讃とは、仏教教義や仏・

菩薩、高僧の徳などを和語でたたえること。

肥桶　下肥や糞尿を運ぶ桶。

肥草　刈敷などのように田畑の有機質肥料に用いる草。

肥壺　便所の糞尿を受ける壺。

肥松　松明などに用いる幹や枝が太く松脂の成分が多いマツ。

古参　古くからある職や役、仕事についていること、または、その人。

こねもの　粉状の物に水などを加えて練って作った食材などを指す。

コンバイン　刈取りから脱穀、籾や夾雑物の選別機能を兼ね備えた大型農機。

座棺　遺体を座った姿勢で納めるように作った棺。寝棺：死体を仰向けに寝かせた状態で納める棺。

刺網　浮き刺網・底刺網・まき刺し網など、水中に浮子と沈子とで帯状に張り、魚を網目にかからせてとる網。

参詣　神社や寺にお参りすること。

産婆　助産師の旧称。

三本鍬　歯が三本の備中鍬。備中鍬は、土との摩擦面を少なくするため刃床が数本に分かれ水田など粘土質土壌の耕耘に適したもの。

三枚網　刺網に属し、外網（大目網）二枚の内側に内網（小目網）一枚を挟んだ三枚の網によって構成される。漁獲性能は一枚網より高く底刺網として用いられる。

鹿垣　猪垣に同じ。

自家受粉　雌雄同株の植物であって花粉が同株の花の雌しべについて受粉が起こることを指す。

柵組　対象地に杭を打ち込み、広葉樹の粗朶や縦割りにした竹を編み込む土留柵。土留の内側に立木などが定着して土が安定し、粗朶等が次第に腐食して土に戻る循環型工法である。

敷草　家畜小屋では餌や糞尿吸収などのため、作物では根元などに置き乾燥防止や地温調節、雑草発生の防止、有機物の補給のために敷く草。敷藁。

時化　強風などの悪天候のため海上が荒れること、また、海が荒れて魚が捕れないこと。

枝梗　イネ科植物の穂軸から分かれ、開花、結実して籾を着生させる枝状の部位を指す。

自在鉤　囲炉裏や竈などの上につり下げ、それに掛けた鍋や釜、やかんなどと炭や薪火との距離を自由に調節できるようにした鉤。

猪垣　野獣による農作物への食害を防ぐため耕地の周囲に木柵や土塁、石垣などを積んで囲み込む構造物を指し、鹿垣ともいう。

猪堀（ししほり）　野獣による農作物への食害を防ぐため耕地の周囲に溝を掘り侵入を防いだ。落穴にして獣を捕獲するものもある。

地引き網漁（じびあみりょう）　引き網の一つ。漁船で遠浅の沖合に張り回して魚を網で囲み、多人数で綱を引いて陸地に引き寄せて漁獲する漁。

シャグリ　箱メガネで水中のアユなどを確認し、長い竹竿の先についた釣り針に引っかけ捕獲する漁。

重要伝統的建造物群保存地区（じゅうようでんとうてきけんぞうぶつぐんほぞんちく）　歴史的な町並みや農山漁村の集落を保存するため、市町村の届け出によって文部科学大臣が審議会に諮問し答申を受けて選定される。選定されると建物の外観などの変更が制限されるが国や県などから補修の支援を受けることができる。

出役（しゅつやく）**（ムラ人足**（にんそく）**）**　共同事業などの役務のために出張すること。

主伐木（しゅばつぼく）　樹林のなかで収穫するために伐採する立木を指す。

背負子（しょいこ）　荷物を括（くく）りつけ背負（せお）って運搬するための木枠などで作られた運搬具。

子葉（しよう）　種子が発芽すると最初に出る葉。双葉。通常の葉と形態が異なり、シイやカシの子葉（ドングリ）のように養分を蓄えているものがある。

常会（じょうかい）**（部落会**（ぶらくかい）**）**　現在の自治会や区会を指し、その長を総代と呼んだ。

食草（しょくそう）　モンシロチョウではキャベツなど、アゲハではミカンやカラタチ、オオムラサキではエノキといったように、昆虫が餌に選ぶ特定植物。

食糧（しょくりょう）　食糧は特に主食とする米や麦を指し、食料は主食以外の食べ物のことをいう。

鋤簾（じょれん）　柄の先に竹で編んだ箕や歯を刻んだ鉄板を取りつけ土砂や塵などをかき寄せる用具。

汁の実（しるのみ）　汁物料理に加える具。

神饌（しんせん）　海川山野（うみかわやますそ）の産物や酒、塩、水など神に供える飲食物の総称。

簾（すだれ）　ヨシなどの乾燥した茎を平面に編み、窓の外や軒先に垂（た）らし日除けや目隠し、虫よけなどに使う雑貨。

簀子（すのこ）　竹や細板などを隙間を開けて並べた床。水はけや除湿を要する場所に用いられる雑貨。

蒸籠（せいろ）　釜上に載せ糯米や饅頭などを蒸す用具。木製の円形または方形の枠があり底に簀（す）を張り釜の湯気（ゆげ）で蒸す。

石灰岩（せっかいがん）　炭酸カルシウムを主成分とする堆積岩の一種。一般に細粒・塊状の岩石で化石をよく含んでいる。色は白色または灰色であるが、含有する不純物によって黄色や赤褐色、暗灰色などになる。

瀬干し（せぼし）**（漁**（りょう）**）**　一定区域内の水を排水して魚介を採捕する

漁法。

先駆植物　遷移の初期段階に定着する植物。火山の噴火や火災、地滑りなど自然発生する撹乱や森林伐採などの人為によって裸地化した場所にいち早く進入、定着する。

千歯扱き　長さ五〇cm程度の横木に長さ一五〜二〇cmの細い帯板や歯を並べて取り付け、それに穀粒を挟んで引き抜き脱穀する農具。

選抜育種　優良形質を有する実生木どうし花粉を交配させ、より良い、また、両方の優良形質を持つ品種を作り出していくこと。

添水　田畑を荒らす鳥獣を音で脅す仕掛け。竹筒に流水を導き、水の重みで筒が傾くと水が流れ、軽くなって跳ね返るときに石を打って音を出す。のちに庭園などに設けられ、音を楽しむようになった。

層積　一定の長さに切りそろえたものを積みあげた空間の体積。

送粉生物　植物の花粉を運んで受粉させ受精させる生物のこと。

粗朶沈床工　雑木の枝（粗朶）を束ねて格子状に組み、杭に結んでマット状の構造物にして石を重しに川底に敷く。しなやかな天然素材のため水位の変化に強く、また、水生生物の住処にもなる。

外便所　屋敷地の屋外に設置された簡単な建物を伴う便所。下肥を田畑へ利用する際に便利であり、また、農作業中に尿意をもよおしたとき、家内に入らずとも用を足せた。

堆厩肥　家畜糞尿と敷藁などを積んで発酵させた肥料。

タイドプール　干潮時に海辺の岩場などに生じる潮溜まり。

堆肥　家畜の糞尿を含まない藁や落葉、野草などを積んで発酵させた肥料。

松明　灯火の一種。タケやマツなどの割木を扱い良い太さに束ね、先端に点火し手に持って照明とするもの。

タイモ　サトイモの一種。二倍体であり栄養繁殖のほかに種子をつけて繁殖する。インドからインドシナ半島原産であり、わが国では沖縄諸島や奄美群島をはじめ、南西諸島において水田脇などの浅く水を張った場所で栽培される。

箍　桶や樽などの周囲にはめ、その胴体が崩れないように押さえつける金属や竹で作った輪。

高倉　奄美群島や沖縄諸島などにおいて、穀物を保存するために設けた高床式の倉。ネズミの被害を防ぎ、通風を促し湿気を抑える効果がある。床下は吹抜けの空間であり作業場としても使用される。

多自然型河川工法　治水上の安全性を確保しつつ生物の良

好な生息・生育環境をできるだけ改変せず、また、改変せざるを得ない場合でも最低限の改変にとどめ、良好な河川環境の保全あるいは復元を目指す自然環境に配慮した工法。

タチバナ　ミカン科の常緑低木。台湾から日本列島の暖地沿岸を原産とする、日本では唯一自生する柑橘。

建前　新築の際、基礎の上に柱や梁、棟など主な骨組みを組み立てること。またその時に行う祝いを指す。

種芋　種用の芋。ジャガイモのように植えて繁殖させるものとサツマイモのように苗をとるためのものがある。

種火　囲炉裏などで、いつでも火をおこせるように残しておいた少しの火。

頼母子講（無尽講）　金銭の融通を目的とする相互扶助組織。無尽講とも呼ぶ。

玉網（たもあみ）　魚をすくい上げるため使う柄の付いた丸い網。

反収　一反（約千㎡）当たりの収量。

反当　一反当たりの値。

反別　町、反、畝、歩の単位で表した田畑の面積。

中耕　通気性を改善し、地温を高めて根の呼吸や肥料や水の吸収を促すため、作物の生育の途中で畝を浅く耕すこと。中打ちともいう。

追肥　作物の生育期間中に施す肥料をいう。稲作などでは幼穂形成期から出穂前の穂肥や出穂期以降の実肥などに区分される。

筒（漁）　割竹などを円錐や円筒形に編み、内側に返しを取りつけ入ったら出ることが難しいように細工した漁具。このなかにエビなどの餌を入れて水底に沈めてウナギやアナゴ等を捕る漁。

定置網（漁）　海中に固定したみち網へ回遊魚の群を誘い込み、魚を捕獲する網。この網での漁を定置網漁と呼ぶ。

出不足金　共同出役する普請などで、一人前の労務に対する不足分に相当するお金や米。

天秤棒　両端に荷をかけ中央を肩にあてかついで物を運ぶための棒。

投網（漁）　人力によって網を投げて魚をとる漁。

唐箕　稲、麦、豆類、菜種などの穀粒の選別に使う農具。起風胴、選別風胴、選別口などからなり、起風胴の四枚の翼の回転によって生じる風力で、落下する穀粒を流動させ、籾や玄米などの重い粒から秕、砕米、殻、わら屑などの順に三つの口に分離して排出できる。

当屋（頭屋）　役や立場を世襲的に担当する家、輪番制で交代する家など当番を担う家を指す。もとは神社の祭や神事、講などにおいて準備や運営などの世話を担当する人、またはその家を指す。輪番制にするのは神事仏事の諸負担を均等化するためである。

篤農家（とくのうか）　農業に熱心で研究的な人。

友釣り（ともづり）　アユの釣り方の一つ。成魚のアユは川底に縄張りを作り、他のアユが近づくと攻撃をする。この習性を利用し、おとりアユの尾部後方に掛け針をつけ縄張りに誘導して追い上げてくるアユを針に引っ掛けて捕る漁法。

綯う（なう）　複数の糸や紐（ひも）などの材料を一つにねじり合わせること。

凪（なぎ）　風が止み、波が弱まり海面が静まること。

納屋（なや）　屋敷地に別棟に設けた物置用の小屋。特に農家では収穫物や農機具などを納める建物を指すことが多い。

鳴子（なるこ）　主に農作物への鳥獣害を防ぐため、綱（つな）に竹管などを多数吊（つ）り下げ、これを振りかざして音をたて驚かし追い払う道具。子どもや老人が鳴らす役目にあたる。

ニガタケ（メダケ）　関東地方以西南西諸島に分布する常緑のササの一種。川岸や海岸の段丘などに自生しタケノコは食用になる。

人工（にんく）　労働する業務量の単位。例えば二人工とは一人で二日を要する業務量を指す。

ヌタ和え（ぬたあえ）　酢と味噌をあわせた調味料で調理した料理。

野鍛冶（のかじ）　包丁（ほうちょう）や農具、漁具、山林刃物などを手がける鍛冶屋。

芒（のぎ（ぼう））　ススキやイネをはじめイネ科植物の種子先端にある針状の突起。

延縄（漁）（はえなわ（りょう））　縄に釣針をつけた糸を複数つけ、餌のゴリやミミズなどをつけ川や湖中に渡しウナギなどの魚を捕ること。

稲架木（はさぎ）　刈取った稲を掛けて乾かすため、竹や木を組んで作った設備。稲掛け。

離れ（はなれ）　敷地の主たる家屋である母屋（おもや）に対し、従たるものとして母屋から離れた場所に建てられる家屋。

ハレの日（はれのひ）　日常的な普通の生活を送る日に対し、改まった特別な日、または祝福すべき日などを指す。

半夏生（はんげしょう）　夏至から一一日目（七月二日頃）。梅雨明け後の田植え終了期。この時期までにイネを植付けないと収量が減少するという。

半栽培（はんさいばい）　里地里山など暮らしの近くに自生する植物のなかで、食用や薬用などに役立つ植物を半野生状態で選択的に保全育成すること。

番水（ばんすい）　用水区域内を地区に区分して順番に配水するほか、水田ごとに順番と時間を決めて配水し、また、水源からの取水日の間隔を調整するなど、節水のための水利慣行をいう。単独または複数の集落、水利組合などで運営していた。

般若心経　般若波羅蜜多心経を指し般若経を簡潔にまとめた経典。わが国の大半の仏教宗派で重要視されている。

樋　溜池や湖沼の水を放出、流下させるための水門と管。

火消し壺　燃えている炭や薪などを入れ、蓋で密閉して火を消す壺。

丙子　干支の一つ。干支の組み合わせのうち一三番目をいう。

火鉢　暖房器具。灰を入れ炭火を燃やして暖をとり、また、やかんなどで湯沸かしする容器。木製、金属製、陶製などがある。

畚　竹や藁、縄などを網状に編み、四隅に吊り紐をつけ物を入れて運ぶ用具。

普請　相互扶助によって住民らが広く平等に労力や資金を提供し、道や水路、社寺、家々を補修、維持していくこと。

ブッチメ　小鳥が餌に触れると仕掛けが外れ、首を絞めて生け捕りにする罠。

フナ豆　豆を洗い鍋底に敷き輪切りにしたフナを載せ醤油、味醂、酒を魚が浸かるまで加え煮炊く。煮汁が減ると番茶を加え、とろ火で半日ほど炊いて作る郷土料理。

不文律　集落などの集団内で、暗黙のうちに守られている約束ごと。

不和合性　花粉を受粉しても受精しないこと。花粉の不発芽、花粉管の形態異常や成長停止などによる。

ホウヤ（ホヤ、穂ニゴ、ニゴ坊主）　打ち立てた杭を軸に刈取って結束した稲藁を乾燥、保存させるため積み上げたもの。

母樹　種子を採取、または落下させる立木のほか、栄養繁殖に使う挿し穂や接ぎ穂を採取する立木を指す。

馬鍬　日本在来の畜力砕土機。一般に長さ一ｍほどの木製の桁に長さ二〇㎝ほどの鉄製の歯杆を並列させ鳥居形の取手を取りつけたもの。

万能鍬　主に土起こしに使う刃先が二～五本に分かれた備中鍬の一種。関東地方で伝統的に使用されてきた。

箕　運搬に加え穀物粒の選別、ゴミの除去などに使う竹や木の皮でできた作業具。

神酒　神に供える酒。おみき。

実生　接ぎ木や挿し木などによらず、種子から発芽して生育した植物。

道直し　住民ら自身による持続的な道路の維持補修を指す。

零余子　植物の栄養繁殖器官の一つ。葉の付け根などにでき、土面に落下すると根を出して一つの個体に成長する。ヤマノイモの零余子は茎が肥大した肉芽であり食用にもされる。

麦踏み　霜柱によって浮き上がった土を押さえ、麦の不必要な生長を抑制し根張りをよくするため、早春期に麦の芽を足で踏むこと。

筵　稲藁やイグサなどを編んだ簡易の敷物。菰とも呼ばれ茣蓙もその一つである。

ムラ組　村落社会の内部を地域区分した範囲。そこの家々で構成される組織。組内の家々は互助関係を持ち、道普請、水路修理など村落全体の仕事を分担し、内部を細分化した隣組が当番や全員が出役することによって集落の運営を分担した。

村八分　規約違反などによってムラの秩序を乱した者や家族に対し、全員の申しあわせによって葬式と火災を除いて交際を断つこと。

元肥　作物の播種、移植に先立って施す肥料。

籾殻燻炭　籾殻を燻し焼きして炭化させたもの。用土に混ぜると通気性や保水性が増す。また、根腐れを防止し酸性の土を中和させることができる。

モンドリ　割竹などを編んで筒型等に整形した漁具。片方に魚が入る穴があり、一度入ると出ることができなくなる仕掛け。

厄日　天候の変化などによって農作物への被害が多く起こるとされる日。二百十日や二百二十日などのように、災難に遭うので気をつけねばならないとされている日。

簎　長い柄の先に数本に分かれた鋭い鉄をつけ、魚介を突き刺して捕獲する漁具。

宿親　かつて若者宿あるいは娘宿として家屋の一部を提供した家の主人を指した。若者は宿に泊りに行くことによって宿親からムラ人としての訓練を受け、結婚に際しては宿親は仲人をすることもあった。

簗　急流や落差の大きい瀬を竹簀や築堤によって、真横、または斜め下流に向けて八の字形に狭め、末端に張った簀棚で魚を受けるなどして漁獲する漁法。

山持ち　山を所有する人。資産家。山主。

結（結組）・手間返し　家族相互間で双務的に力を貸し合う労働慣行。

雪囲い　積雪で屋敷や庭木等が倒伏するのを防ぐため、竹や板等で囲み守ること。

雪踏み　新雪が降ると、藁靴などを履いて通学路などの日常生活に必要な道などを先に踏み固め、歩きやすくすること。

柚餅子　くり抜いたユズに糯米粉や味噌、醤油、砂糖などを混ぜ合わせたものを詰め、自然乾燥させた和菓子。

葉腋　葉柄と茎との又になった部分を指し、枝はこの部分に生じた芽が伸長したもの。

葦簀（よしず） 日差しや人目を遮るために吊（つ）るし、立てかけるヨシの茎を編んで作った簀（す）。

四つ手網（よつであみ）（漁（りょう）） 十文字に組んだ竹の腕木（うでぎ）を留めた正方形の引き綱を水中に釣り下げ、魚を引き寄せ網の中央部分に集まった魚を長い柄のついた小網ですくい上げる漁法。

夜伽（よとぎ） 葬式が終わった際、夕方から喪主が皆を集めて行う慰労会。

寄合（よりあい） 郷村（ごうそん）における農民の自治的会合を指し、祭礼や入会地の運営、年貢の割りつけなどが協議された。

隆起珊瑚礁（りゅうきさんごしょう） 地殻変動によって隆起し、海水面より上位に現れた珊瑚礁。

林床（りんしょう） 林地の地面。

隣保扶助（りんぽふじょ） 集落、村落共同体に内在する相互扶助のこと。

早生（わせ） 開花・結実の時期が早い品種。

草鞋（わらじ） 藁で編んだ草履に似た履物。

引用文献

（1）畜産大辞典編集委員会『畜産大辞典』養賢堂、一九八五年
（2）苫田ダム水没地域民俗調査団編『奥津町の民俗』奥津町・苫田ダム水没地域民俗調査委員会、二〇〇四年
（3）田中幾太郎『西中国山地からクマを失うことの意味』日本森熊協会出版編集部、二〇〇一年
（4）中川重年「第一部小国盆地に見られる植生利用とその変遷」、佐藤宏之編『小国マタギ共生の民俗知』農文協、二〇〇四年
（5）安江多輔『レンゲ全書』農文協、一九九三年
（6）小川正巳・猪谷富雄『赤米の博物誌』大学教育出版、二〇〇八年
（7）安田健「加賀藩の稲作—土壌管理と稲の種類」、農業發達史調査會編『日本農業発達史、別巻上』中央公論社、一九五八年
（8）峰山和幸・山中成人・穂積隆夫・森野洋二郎「平成16年度試験成績概要集」滋賀県農業総合センター農業試験場、二〇〇五年
（9）湯川洋司「Ⅱ村の生き方」、湯川洋司・市川秀之・和田健『日本の民族6　村の暮らし』吉川弘文館、二〇〇八年
（10）室田武・三俣学『入会林野とコモンズ』日本評論社、二〇〇四年
（11）野本寛一『生態と民俗』講談社学術文庫、二〇〇八年
（12）小島孝夫「Ⅱ離島のくらしと変容」、安室知・小島孝夫・野地恒有『日本の民俗Ⅰ　海と里』吉川弘文館、二〇〇八年
（13）柳哲雄「姫島の漁業資源管理」九州大学大学院総合理工学報告第二六号、二〇〇四年

(14) 大分県漁業協同組合姫島支店「平成二三年度　共第八号漁業権行使規約」二〇一一年
(15) 大分県農林水産研究センター「姫島村漁業期節―先人から託された知恵袋―」おおいたアクア・ニュースNo．9、二〇〇〇年
(16) 大日本山林会『広葉樹林とその施業』地球社、一九八一年
(17) 環境省「生物多様性情報システム　http://www.biodic.go.jp/rdb/rdb_f.html」二〇〇九年
(18) 養父志乃夫『里山・里海暮らし図鑑』柏書房、二〇一二年
(19) 犬井正『里山と人の履歴』新思索社、二〇〇二年
(20) 養父志乃夫『田んぼビオトープ入門』農文協、二〇〇五年
(21) 農学大事典編集委員会『1997年訂正追補版　農学大事典』養賢堂、一九八三年
(22) 大舘勝治・宮本八恵子『農家のモノ・人の生活館』柏書房、二〇〇四年
(23) 犬井正『関東平野の平地林』古今書院、一九九二年
(24) 坂井健吉『さつまいも』法政大学出版局、一九九九年
(25) 農水省『昭和二八・三〇・三二・三四・三五年度農産年報』
(26) 横山彌四郎編『知夫村誌』知夫村、一九六〇年
(27) 平塚淳一・山室真澄・石飛裕『里湖モク採り物語』生物研究社、二〇〇六年
(28) 農政調査委員会農業百科事典編纂室『農業百科事典第Ⅲ巻』（財）農政調査委員会、一九六七年
(29) 安室知『水田をめぐる民俗学的研究』慶友社、一九九八年
(30) 安室知『水田漁撈の研究』慶友社、二〇〇五年
(31) 農林水産技術会議事務局・農林省農業技術研究所「昭和37～40年に収集したわが国の在来稲品種の特性」農林水産技術会議、一九七〇年
(32) 池谷和信『山菜採りの社会誌』東北大学出版会、二〇〇六年
(33) 養父志乃夫『里地里山文化論』下巻「循環型社会の暮らしと生態系」農文協、二〇〇九年

(34) 総務省統計局『日本長期総計総覧第2巻』(財) 日本統計協会、一九八八年
(35) 林野庁監修『日本林業年鑑一九六四年度版』林野共済会、一九六三年
(36) 内田和子『日本のため池』海青社、二〇〇三年
(37) 中藤容子「琵琶湖の水草利用と生活世界」、印南敏秀編『里海の自然と生活』みずのわ出版、二〇一一年
(38) 森永卓郎『物価の文化史事典』展望社、二〇〇八年
(39) 福井県内水面漁業協同組合連合会『三十年のあゆみ』一九八二年
(40) 畠山重篤『漁師さんの森づくり』講談社、二〇〇八年
(41) 柳哲雄『里海論』恒星社厚生閣、二〇〇六年
(42) 平島裕正『塩』法政大学出版会、一九七四年
(43) 有薗正一郎『ヒガンバナが日本に来た道』海青社、一九八八年
(44) 坂口裕子「和歌山県における杉皮葺き屋根の分布と消滅過程」和歌山大学大学院修士論文、二〇一一年
(45) 竹内利美「ムラの掟と自由」、坪井洋文編著『日本民俗文化体系第8巻　村と村人』小学館、一九八四年
(46) 佐藤常雄「農業技術の展開と村落生活」、日本村落史講座編集委員会『日本村落史講座第七巻』雄山閣出版、一九九〇年
(47) 赤田光男「第二章　一．同族とムラ組の特質」、坪井洋文編著『日本民俗文化体系第8巻　村と村人』小学館、一九八四年
(48) 平山和男「第二章　三．年齢と性の秩序」、坪井洋文編著『日本民俗文化体系第8巻　村と村人』小学館、一九八四年
(49) 宮本常一『忘れられた日本人』岩波文庫、一九八四年
(50) 内山節『共同体の基礎理論』農文協、二〇一〇年
(51) 内山節『「里」という思想』東書選書、二〇〇五年
(52) 宮本常一『家郷の訓』岩波文庫、一九八四年

(53)「日本の食生活全集福井」編集委員会『聞き書福井の食事』農文協、一九八七年
(54)佐藤洋一郎『イネが語る日本と中国』農山漁村文化協会、二〇〇三年
(55)「日本の食生活全集奈良」編集委員会『聞き書奈良の食事』農文協、一九九二年
(56)「日本の食生活全集岩手」編集委員会『聞き書岩手の食事』農文協、一九八五年
(57)農文協編『畑作全書　イモ類編』一九八一年
(58)平塚純一「二　中海。宍道湖のモク（モバ）採りと里湖システム」、印南敏秀編『里海の自然と生活』みずのわ出版、二〇一一年
(59)養父志乃夫『里地里山文化論』上巻「循環型社会の基層と形成」農文協、二〇〇九年
(60)鳥取県・島根県「中海に係る湖沼水質保全計画」二〇一五年
(61)佐瀬与次右衛門（庄司吉之助・長谷川吉次訳）『会津農書』（貞享四年、一六八七年）日本農書全集19、農文協、一九八二年
(62)建部清庵（我孫子麟・守屋嘉美訳）『民間備荒録』（宝暦五年、一七五五年）日本農書全集18、農文協、一九八三年
(63)岡光夫・守田志郎校注・作者不詳（延宝元～天和二年、一六七三～八二年頃）『百姓伝記』日本農書全集16、農文協、一九七九年
(64)宮崎安貞（山田龍雄・小山正栄・島野至・武藤軍一郎訳）『農業全書巻一～巻一〇』（元禄一〇年、一六九七年）日本農書全集12、13、農文協、一九八〇年
(65)宮永正運（広瀬久雄訳）『私家農業談』（寛政元年、一七八九年）日本農書全集6、農文協、一九七九年
(66)淵澤圓右衛門（古沢典夫訳）『軽邑耕作鈔』（弘化四年、一八四七年）日本農書全集2、農文協、一九八〇年
(67)和泉剛「北但馬（氷ノ山）のけものの保護と管理」、四手井綱英・川村俊蔵編『追われるけものたち』築地書館、一九七六年
(68)長尾重喬（岡光夫訳）『農稼録』（安政六年、一八五九年）、日本農書全集23、農文協、一九八一年
(69)作者不詳（小西正泰訳）『富貴宝蔵記』（享保一六年、一七三一年）日本農書全集30、農文協、一九八二年

(70) 大蔵永常（小西正泰訳）『除蝗録全』（文政九年、一八二六年）日本農書全集1、農文協、一九七七年
(71) 安部禎「日本農書全集月報、淵澤右衛門殿への手紙」農文協、一九八〇年
(72) 高橋春成編『日本のシシ垣』古今書院、二〇一〇年
(73) 樋口清之『梅干と日本刀』祥伝社、一九七四年
(74) 南部川村うめ振興館『常設展示図録』南部川村、一九九九年
(75) 山本賢「南部川の梅」、『南部川村戦後五十年史　上巻』南部川村、二〇〇一年
(76) 小谷六三・中西捷美「第五節南部梅林史料」、『南部町史　資料編』南部町史編さん委員会、一九九一年
(77) 西川裕「第二編第二章第二節　梅の歴史」、『上南部誌』上南部誌編纂委員会、一九六三年
(78) 谷口允「紀州の梅と南高育成の歴史を顧みる」、近畿農政局和歌山農林統計情報事務所編『紀州の梅』、二〇〇一年
(79) みなべ・田辺地域世界農業遺産推進協議会「世界農業遺産申請書　みなべ・田辺の梅システム」、二〇一五年
(80) 小山貞一『南高梅と共に歩んだ私の人生』永井印刷所、一九九一年
(81) 近畿農政局和歌山農政事務所『和歌山農林水産統計年報』和歌山農林統計情報協会、一九五九〜二〇〇六年
(82) 山田五良『むらおさ物語』ぎょうせい、二〇〇八年
(83) 和歌山県企画部編『和歌山県統計年鑑』和歌山県企画部、二〇〇七年
(84) 新潟県ホームページ「羽越水害復興40年記念事業巡回パネル展」http://www.pref.niigata.lg.jp/、二〇〇九年
(85) 若月学「粗朶材の保全・育成と活用状況」建設マネジメント技術一二月号、二〇〇〇年
(86) 三橋時雄『隠岐牧畑の歴史的研究』ミネルヴァ書房、一九六九年
(87) 横山彌四郎編『知夫村誌』知夫村、一九六〇年
(88) 村山勝茂「有機農法・自給自足の耕人舎」、『季刊地域と創造』銀河書房、一九七八年
(89) 森元順司編「脱都市宣言」週刊宝石7月10日号、光文社、一九八二年
(90) 色川地域協議会「ええだわ！　色川」二〇〇九年
(91) 和歌山県みなべ町「みなべ町地域福祉計画」二〇〇八年

(92) 佐藤敬二編『新造林学』地球社、一九七三年
(93) 佐藤敬二編『造林学』朝倉書店、一九六五年
(94)（財）林業科学技術振興所『有用広葉樹の知識』一九八五年
(95) 岡崎文彬『アカマツ林の実態調査と施業に関する考察』農林出版株式会社、一九五七年
(96) 経済安定化本部事務局『薪炭林経営の考察―ボイ山経営実態調査　新潟県北魚沼郡川口村』一九五二年
(97) 大西史豊・門脇清・竹本晃大・養父志乃夫「天然下種更新地におけるアカマツ林の成長特性」自然再生学会誌三号、二〇一二年
(98) 下西淳介・養父志乃夫・大西史豊・門脇清「伝統的な管理によるクヌギ・コナラ萌芽林の資源生産に関する研究」自然再生学会誌三号、二〇一二年
(99) 梶原祐介・大西史豊・養父志乃夫ほか「クヌギ・コナラの柴薪による実効的熱還元量に関する研究―昭和30年代の生活に準じて―」日本造園学会関西支部大会発表要旨集、二〇一五年
(100) 松井貞雄「第三編第三章第一節　農業」、足助町誌編集委員会編『足助町誌』東加茂郡足助町、一九七五年
(101) 足助町合併50周年記念誌編集委員会『足助物語―昭和30年の合併から50年―』足助町、二〇〇五年
(102) 足助町役場『'80、'87、'92、'97あすけ統計』、『あすけ統計』、『あすけ統計２００２』
(103) 足助町緑の村協会『あすけロマンのまちづくり』、一九八八年
(104) 足助町観光協会『足助町観光協会創立50周年記念誌』、二〇〇五年
(105) 伊東郷平「第三編第三章第三節　水産業～第六節観光」、足助町誌編集委員会編『足助町誌』東加茂郡足助町、一九七五年
(106) 三州足助公社「業務資料」、二〇〇九年
(107) 足助町観光協会『あすけ・ひと・まち　足助まちづくりガイド』、一九九八年
(108) 足助の川を守る会『美しく生きる―山・川・町』、一九八七年
(109) 足助の川を守る会「活動計画」、二〇〇六年

(110) 足助の町並みを守る会編「足助の町並み保存運動のあゆみ」、一九八六年
(111) 中馬のおひなさん研究会『地域イベントが小さな街の商店街活性化に及ぼす効果の研究』(財)サントリー文化財団、二〇〇二年
(112) 足助町観光協会「足助町観光協会通常総会資料」、一九九九〜二〇〇四年

著者略歴

1957年大阪市生まれ。和歌山大学大学院システム工学研究科教授。専門は、造園学、自然生態環境工学、環境民族学。1986年大阪府立大学大学院博士課程修了。農学博士。東京農業大学助手、鹿児島大学農学部助教授を経て、現職。

著書に、『アジアの里山　食生活図鑑』、『里山・里海暮らし図鑑』（以上、柏書房）、『ビオトープづくり実践帳』（誠文堂新光社）、中版『生物生境再生技朮』（北京建筑工業出版社）、『里地里山文化論』（上・下巻）、『ビオトープ再生技術入門―ビオトープ管理士へのいざない―』、『田んぼビオトープ入門』、『生きものをわが家に招く―ホームビオトープ入門―』、『荒廃した里山を蘇らせる―自然生態修復工学入門』（以上、農文協）、『生きもののすむ環境づくり』（環境緑化新聞社）、『野生草花による景観の創造』（東京農業大学出版会）など多数。

里山里海　生きるための知恵と作法、循環型の暮らし

2016年5月13日　第1版第1刷発行

著者　養父志乃夫（やぶしのぶ）

発行者　井村寿人

発行所　株式会社　勁草書房（けいそう）

112-0005 東京都文京区水道2-1-1　振替 00150-2-175253

（編集）電話 03-3815-5277／FAX 03-3814-6968

（営業）電話 03-3814-6861／FAX 03-3814-6854

堀内印刷所・松岳社

ISBN978-4-326-65399-7　Printed in Japan

索　引

か 行

さ 行

た 行

な　行

は　行

ま　行

や　行